Lars Bünning

Die Konvergenzkriterien des Maastricht-Vertrages

unter besonderer Berücksichtigung ihrer Konsistenz

PETER LANG
Europäischer Verlag der Wissenschaften

Die Deutsche Bibliothek - CIP-Einheitsaufnahme

Bünning, Lars:

Die Konvergenzkriterien des Maastricht-Vertrages : unter besonderer Berücksichtigung ihrer Konsistenz / Lars Bünning. - Frankfurt am Main ; Berlin ; Bern ; New York ; Paris ; Wien : Lang, 1997
(Schriften zur Wirtschaftstheorie und Wirtschaftspolitik ; Bd. 1)
Zugl.: Hamburg, Univ., Diss., 1997
ISBN 3-631-31618-6

D 705
ISSN 1433-1519
ISBN 3-631-31618-6

Die Konvergenzkriterien des Maastricht-Vertrages

Schriften zur Wirtschaftstheorie und Wirtschaftspolitik

Herausgegeben von
Rolf Hasse, Wolf Schäfer, Thomas Straubhaar und Klaus W. Zimmermann

Band 1

PETER LANG
Frankfurt am Main · Berlin · Bern · New York · Paris · Wien

Vorwort

Die vorliegende Dissertation entstand während der verfügbaren Zeit, die mir neben meinem Beruf als Marineoffizier in der wenigen Freizeit geblieben ist. Die internationalen Aufgaben der Marineinfanterie haben die Arbeit wie ein Puzzle am heimischen Schreibtisch genauso wie im Auslandshafen entstehen lassen.

Meinem Erstgutachter, Herrn Prof. Dr. Wolf Schäfer, möchte ich dafür danken, daß er sich bereit erklärt hat, auch unter diesen besonderen Umständen, eine Promotion zu ermöglichen. Mein Dank gilt ebenso Herrn Prof. Dr. Rolf Hasse, der das Zweitgutachten erstellt hat.

Während der langen Zeit stand mir meine Freundin Ulrike mit viel Geduld zur Seite.

Hamburg, 12. Januar 1997 Lars Bünning

Inhaltsverzeichnis

Abbildungsverzeichnis

Abkürzungsverzeichnis

1. Allgemeine Abkürzungen

BIP	Bruttoinlandsprodukt zu jeweiligen Preisen
BSP	Bruttosozialprodukt zu jeweiligen Preisen
EcoFin	(Council of) Economic and Finance Ministers
ECU	European Currency Unit (Europäische Währungseinheit)
EGV	EG-Vertrag, Vertrag zur Gründung der Europäischen Gemeinschaft
ESZB	Europäisches System der Zentralbanken
EU	Europäische Union
EUV	Vertrag über die Europäische Union vom 7. Februar 1992
EWI	Europäisches Währungsinstitut
EWS	Europäisches Währungssystem
EWWU	Europäische Wirtschafts- und Währungsunion
EZB	Europäische Zentralbank
OECD	Organisation für wirtschaftliche Zusammenarbeit und Entwicklung
WWU	Wirtschafts- und Währungsunion

2. Länderabkürzungen

BEL	Belgien
BRD	Bundesrepublik Deutschland
DAN	Dänemark
ESP	Spanien
FRA	Frankreich
GRI	Griechenland
IRL	Irland
ITA	Italien
LUX	Luxemburg
NED	Niederlande
PTG	Portugal
UK	Vereinigtes Königreich

3. Währungen

BLFR	Belgisch/ Luxemburgischer Franc
DKR	Dänische Krone
DM	Deutsche Mark
ECU	Europäische Währungseinheit
ESC	Portugiesischer Escudo
FF	Französischer Franc

HFL	Niederländischer Gulden
IRL	Irisches Pfund
LFR	Luxemburgischer Franc
LIT	Italienische Lira
PTA	Spanische Peseta
UKL	Pfund Sterling

4. Abkürzungen im Literaturverzeichnis

AaP	Auszüge aus Presseartikeln
WiSt	Wirtschaftswissenschaftliches Studium
WISU	Das Wirtschaftsstudium

Anhangverzeichnis

Symbolverzeichnis

1. Großbuchstaben

B	staatliche Schuldverschreibungen/ Schuldenquote (Sq)
C	Ausgaben für Konsumgüter
D	Staatsschuld
Dq	Defizitquote
E (...)	Erwartungswert
Ex	Export
G	Staatsausgaben
GM	Gütermenge
GS	Geldsummme
H	heimische Komponenten der Geldbasis
I	Ausgaben für Investitionsgüter (Nettoinvestitionen)
I_t	verfügbare Informationsmenge zum Zeitpunkt t
Im	Import
KB	Kapitalverkehrsbilanz
Kog b	Konvergenzobergrenze Defizitquote
Kog B	Konvergenzobergrenze Schuldenquote
Kog i	Konvergenzobergrenze Zinsen
Kog P	Konvergenzobergrenze Preise
L_n	Liquiditätspräferenz (Geldnachfrage)
LB	Leistungsbilanz
M	Geldmenge
M_0	monetäre Basis
M^d	Geldnachfrage
M^s	Geldangebot
N_0	Beschäftigungsvolumen
P	Gesamtwirtschaftliches bzw. allgemeines Preisniveau
$\varnothing dP_3^n$	Durchschnittswert der drei Länder mit der niedrigsten Inflationsrate
S	Ersparnis
Sq	Schuldenquote
T	Steuern
Y	Volkseinkommen, Nettosozialprodukt zu Faktorkosten, Produktionsmenge
Y^{r^*}	Vollbeschäftigungseinkommen
ZB	Zahlungsbilanz

2. Kleinbuchstaben

a_i	Gewichtungsfaktor
b	Defizitquote (Dq)
d	Nettoneuverschuldung/ Wachstumsrate für alle Größen
e	Wechselkurs
g	Gewinnaufschlagsatz/ Wachstumsrate des BIP bzw. BSP
i	Nominalzinssatz
k	Kassenhaltungskoeffizient
m	Geldangebotsmultiplikator
p	Primärsaldo des Sektors Staat
r	Realzinssatz
u_t	Arbeitslosenquote in der Periode t
u^*	natürliche Arbeitslosenquote
v	Geldumlaufgeschwindigkeit
w	Lohnsatz
x_t	Prognosefehler zum Zeitpunkt t

3. Indizes

a	Ausland
d	Nachfrage
e	erwartete Größen
i	Inland/ Land i (i = 1, 2, 3, ...)
l	langfristige Größen
n	nominale Größen/ Nachfrage
N	nichthandelsfähige Güter (non-tradeables)
r	reale Größen
s	Angebot
t	Periodenindizes
T	handelsfähige Güter (tradeables)

4. Griechische Buchstaben

α	Sektorengröße
β	Anpassungskoeffizient
γ	Einflußstärke der Arbeitslosenquote auf die Lohnsteigerung

σ	Arbeitsproduktivität (die Indizes N und T bezeichnen den Sektor der non-tradeables bzw. der tradeables)
δ	Anpassungskoeffizient der Preisentwicklung

5. Elastizitäten

$\eta X_i^T P_i^N$	Kreuzpreiselastizität der handelbaren Güter in bezug auf die nicht handelbaren Güter
$\eta X_i^N P_i^T$	Kreuzpreiselastizität der nicht handelbaren Güter in bezug auf die handelbaren Güter
ηImP	Elastizität der Importnachfrage in bezug auf den Preis (Preiselastizität der Nachfrage)
ηImY	Elastizität der Importnachfrage in bezug auf das Einkommen (Einkommenselastizität der Nachfrage)

Tabellenverzeichnis

Kapitel 2

Kapitel 3

Kapitel 4

Kapitel 5

Kapitel 6.2

1. Einleitung

1.1 Zur Problemstellung

Der Gipfel des Europäischen Rates der Staats- und Regierungschefs am 9. und 10. Dezember 1991 im niederländischen Maastricht beendete die seit einem Jahr tagende Regierungskonferenz über die Wirtschafts- und Währungsunion in Europa. Der vereinbarte Vertragsentwurf wurde am 7. Februar 1992 paraphiert, im Oktober 1993 mit der Hinterlegung der deutschen Ratifizierungsurkunde in Rom ratifiziert und am 1. November 1993 in Kraft gesetzt. Ein wesentliches Ziel dieser Vereinbarungen ist, eine neue europäische Währungsordnung zu schaffen, in der eine europäische Währung das nationale Geld als alleiniges gesetzliches Zahlungsmittel ablöst und von einer neuen zentralen Institution, der Europäischen Zentralbank, emittiert wird. Der Übergang soll in mehreren Phasen erfolgen, an dessen Ende die Bürger voraussichtlich im Jahr 2002 mit einer gemeinsamen und einheitlichen europäischen Währung - dem Euro- bezahlen. An der Europäischen Währungsunion sollen allerdings nur diejenigen Mitgliedstaaten der Europäischen Union teilnehmen, deren Volkswirtschaften ein hinreichendes und dauerhaftes Maß an wirtschaftlicher Übereinstimmung erreicht haben. Dazu sind vier sogenannte Konvergenzkriterien[1] festgelegt worden, nach denen die nationale Preis- und Zinsentwicklung sowie die Neu- und Gesamtverschuldung des Staates bestimmte Höchstgrenzen nicht überschreiten dürfen und der Wechselkurs im Europäischen Währungssystem (EWS) stabil gewesen sein muß. Aus ökonomischer Sicht stellen sich verschiedene Fragen: Sind diese Konvergenzkriterien notwendig und hinreichend für die Schaffung einer Währungsunion? Sind sie geeignet, einen optimalen Währungsraum abzugrenzen? Welche Beziehungen bestehen zwischen den einzelnen Kriterien? Sind sie miteinander konsistent? Gibt es Redundanzen? Können sie eine dauerhafte Konvergenz anzeigen? Wie sind sie zu interpretieren und anzuwenden, und welche Probleme können sich hieraus ergeben? Gibt es andere, vielleicht bessere Meßindikatoren?

Diese Auswahl zeigt bereits den Umfang der mit den Konvergenzkriterien verbundenen Fragestellungen und Problemkreise, die in der tagespolitischen Auseinandersetzung und in der wissenschaftlichen Debatte über die Europäische Währungsintegration aus historischer, politischer und

---

[1] In der vorliegenden Arbeit werden für diesen Begriff verschiedene Bezeichnungen synonym verwendet.

ökonomischer Sicht beurteilt und diskutiert worden sind. Ziel der vorliegenden Arbeit ist es, einige spezielle Fragestellungen herauszugreifen und unter einem ökonomischen Blickwinkel zu analysieren. Damit soll ein wissenschaftlicher Beitrag zu den Eingangsvoraussetzungen der Europäischen Wirtschafts- und Währungsunion geleistet werden, der Fragen zu der Konsistenz dieser Kriterien beantwortet. [2]

1.2 Gang der Untersuchung

Die vorliegende Arbeit gliedert sich neben den einleitenden und abschließenden Bemerkungen in ein Kapitel über Fragen der inhaltlichen Ausgestaltung aller Konvergenzkriterien, in jeweils ein gesondertes Kapitel zu drei Einzelkriterien, in dem ein spezielles bzw. charakteristisches Problem modelltheoretisch aufgearbeitet wird, und in ein Kapitel über die Interdependenzen zwischen den vier Kriterien.

Im zweiten Kapitel werden zunächst die im Vertragstext niedergelegten Stabilitätskriterien inhaltlich vorgestellt und anschließend der Zeitplan des Übergangs zur WWU dargestellt (Kap. 2.1). Im weiteren Vorgehen betrachten wir die Konvergenzanforderungen unter einem analytischen Blickwinkel, d.h. sie werden nach ihren spezifischen Merkmalen unterschieden und in verschiedene ökonomische Kategorien zusammengefaßt (Kap. 2.2). Das zentrale Anliegen des nachfolgenden Kapitels 2.3 besteht darin, zu zeigen, welche Unzulänglichkeiten und Widersprüche sie im Einzelfall aufweisen. Der bisher erreichte Konvergenzstand in der Europäischen Union wird im Kapitel 2.4 aufgezeigt und ausgewertet.

Das dritte Kapitel beschäftigt sich mit der Frage, ob ein Vergleich der Preissteigerungsraten auf der Basis von Verbraucherpreisen diejenigen Mitgliedstaaten der Europäischen Union zu einer Währungsunion zusammenführt, die unter wohlfahrtstheoretischen Gesichtspunkten optimal wäre. Dazu werden in Anlehnung an die Vorgehensweise Balassas (1964), der auf die Bedeutung von realen Faktoren für die langfristige Wechselkursentwicklung hinweist, mit Hilfe des von ihm abgeleiteten Preisstruktureffekts jene ökonomischen Wirkungsmechanismen herausgearbeitet, nach denen ein Bündel von mehreren Preisindizes zu berück-

---

[2] Die Konvergenzkriterien werden in der Regel lediglich als Bestandteil einer allgemeinen Betrachtung über die Europäische Währungsunion behandelt. In der Literatur finden sich nur einige Abhandlungen, die sich ausschließlich mit den Konvergenzkriterien selbst beschäftigen. Vgl. hierzu Bofinger (1994), Grosche (1994), Hasse (1994), Kees (1994), DIW (1995), Gößl und Vogl (1995) sowie die modelltheoretischen Untersuchungen von Klein (1993) und Lesch (1993).

sichtigen wäre, um ein differenziertes Bild über den tatsächlichen Konvergenzgrad einer Volkswirtschaft zu gewinnen. Hier schließt sich eine empirische Überprüfung dieses Theorieansatzes an, um die gewonnenen Erkenntnisse daraufhin zu überprüfen, inwieweit sie tatsächlich Auswirkungen auf die Zusammensetzung einer Europäischen Währungsunion gehabt hätten.

Nach einer weiterführenden Darstellung der mit dem finanzpolitischen Kriterium zusammenhängenden Vertragsbestandteile steht im vierten Kapitel die Frage nach der konsistenten Ausgestaltung der haushaltsrechtlichen Bestimmungen im allgemeinen und von Defizit- und Schuldenquote im besonderen im Mittelpunkt der Betrachtungen. Mit Hilfe des Modells einer tragbaren Staatsverschuldung von Blanchard (1990) kann gezeigt werden, daß eine Bewertung der von einem Land erreichten Konvergenz auf der Grundlage der Vertragsbestimmungen die Interdependenzen der Fiskalindikatoren zu anderen volkswirtschaftlichen Größen und deren Bedeutung unberücksichtigt läßt.

Ziel des fünften Kapitels ist, die makroökonomischen Zusammenhänge zwischen den volkswirtschaftlichen Größen Zinssatz, Preise und Wechselkurs zu analysieren, um zu prüfen, inwieweit und unter welchen Voraussetzungen der langfristige Nominalzins eine von Preis- und Wechselkursentwicklung unabhängige und damit eigenständige Größe ist. Dazu werden wir annehmen, daß die Dreieckskonstellation zwischen Zins, Preisen und Wechselkurs vollständig durch das Fisher-Theorem und die Zinsparitätentheorie erklärt werden kann. Aus diesen Ergebnissen lassen sich dann Redundanzen zwischen den einzelnen Konvergenzkriterien feststellen.

Die Frage, inwieweit die Konvergenzkriterien unter ökonomischen Aspekten ein sinnvolles Auswahlbündel für die Teilnahme an der geplanten WWU darstellen, gehört zu den noch strittigen und ungeklärten Fragestellungen im Zusammenhang mit der Währungsintegration. Die Überlegungen des sechsten Kapitels setzen an diesem Problem an und bilden den Schwerpunkt der Arbeit. Sie haben zum Ziel, die Interdependenzen zwischen den Konvergenzpostulaten aus der Perspektive eines keynesianischen und eines monetaristischen Denkansatzes aufzuzeigen. Dazu werden die einem Staat zur Verfügung stehenden wirtschaftspolitischen Strategien der Geld- und Fiskalpolitik dahingehend analysiert, inwieweit sie geeignet sind, den Konvergenzstand eines Landes zu verbessern. Vor diesem Hintergrund werden in einem weiteren Schritt die Möglichkeiten und Grenzen der politischen Handlungsträger aufgezeigt, mit wirtschaftspolitischen Mittel die für die Konvergenzprüfung relevanten volkswirtschaftlichen Kennziffern so zu beeinflussen, daß alle Konvergenzkriterien gleichzeitig erfüllt werden.

Die vorliegende Arbeit schließt mit einer Zusammenfassung der Untersuchungsergebnisse ab.

2. Die Konvergenzkriterien

2.1 Inhaltliche Darstellung und Zeitplan des Übergangs

Ziel dieses Kapitels ist die systematische und zusammenhängende Darstellung der vereinbarten zeitlichen Abfolge bis zur Verwirklichung der europäischen Wirtschafts- und Währungsunion und der darin integrierten Konvergenzkriterien. Hierbei steht der Zeitplan, wie er in den Maastrichter Verträgen[1] formuliert worden ist, im Vordergrund der Betrachtungen. Daran schließt sich ein kurzer Überblick über die zu einem späteren Zeitpunkt festgelegten Konkretisierungen und Veränderungen an. Eine tiefergehende theoretische Analyse erfolgt abschnittsweise in den nachfolgenden Ausführungen.

Den Anfangspunkt der inhaltlichen Darstellung bildet das im EG-Vertrag festgelegte Auswahlverfahren zur Ermittlung der an der Währungsunion teilnehmenden Länder am Ende der zweiten Stufe. Diese Vorgehensweise ergibt sich aus der Tatsache, daß die erste und zweite Stufe bereits am 1. Juli 1990 bzw. am 1. Januar 1994 begonnen haben und die Prüfkriterien erst in der Phase des Übergangs in die dritte und letzte Stufe eine Rolle spielen.

Der Eintritt in die dritte Stufe läuft gemäß Art. 109j EG-Vertrag nach einem festen Zeitplan ab. Zunächst berichten die Europäische Kommission und das Europäische Währungsinstitut (EWI) 1996 dem Rat, inwieweit die Mitgliedstaaten ihren Verpflichtungen bei der Verwirklichung der Wirtschafts- und Währungsunion nachgekommen sind. Darunter ist beispielsweise zu verstehen, daß die einzelnen Mitgliedsländer die Empfehlungen des Rates und die mehrjährigen Konvergenzprogramme umgesetzt haben, um die für die WWU notwendige dauerhafte Konvergenz zu erzielen.[2] Weiterhin haben die genannten Institutionen die Frage zu prüfen, ob die innerstaatlichen Rechtsvorschriften der einzelnen EU-Staaten einschließlich der Satzungen der nationalen Zentralbanken mit Art. 107 und Art. 108 EGV sowie der Satzung des Europäischen Systems der Zentralbanken (ESZB) vereinbar sind. Die aufgeführten Artikel legen fest, daß die nationalen Notenbanken spätestens zum Zeitpunkt

---

[1] Siehe hierzu den Vertrag zur Gründung der Europäischen Gemeinschaft (EGV) einschließlich der dazugehörigen Protokolle des Vertrages über die Europäische Union (EU).

[2] Vgl. die festgelegten Bestimmungen in Art. 103 Abs. (3) und (4) sowie Art 109e Abs. (2) EGV.

der Errichtung des ESZB von Weisungen der Organe oder Einrichtungen der Gemeinschaft bzw. der Einzelstaaten unabhängig sein müssen. Abschließend prüfen Europäische Kommission und EWI, inwieweit die EU-Länder einen hohen Grad an dauerhafter Konvergenz erreicht haben. Dieses Gesamtkriterium konkretisiert sich im Art. 109j EGV in vier Einzelkomponenten:

1. Erreichung eines hohen Grades an Preisstabilität, ersichtlich aus einer Inflationsrate, die der Inflationsrate jener –höchstens drei– Mitgliedstaaten nahe kommt, die auf dem Gebiet der Preisstabilität das beste Ergebnis erzielt haben.
2. Eine auf Dauer tragbare Finanzlage der öffentlichen Hand, ersichtlich aus einer öffentlichen Haushaltslage ohne übermäßiges Defizit im Sinne des Artikel 104c Absatz 6.
3. Einhaltung der normalen Bandbreiten des Wechselkursmechanismus des Europäischen Währungssystems seit mindestens zwei Jahren ohne Abwertung gegenüber der Währung eines anderen Mitgliedstaats.[3]
4. Dauerhaftigkeit der von dem Mitgliedstaat erreichten Konvergenz und seiner Teilnahme am Wechselkursmechanismus des Europäischen Währungssystems, die im Niveau der langfristigen Zinssätze zum Ausdruck kommt.

Diese Konvergenzkriterien werden in zwei Zusatzprotokollen operationalisiert und konkretisiert.[4] In dem Protokoll über die Konvergenzkriterien Art. 1-4 heißt es hierzu:

1. Das Kriterium der Preisstabilität bedeutet, daß ein Mitgliedstaat eine anhaltende Preisstabilität und eine während des letzten Jahres vor

---

[3] Die Erfüllung dieses Wechselkurskriteriums ist seit dem 2. August 1993 schwierig, weil die Bandbreiten für obligatorische Interventionen im Wechselkursmechanismus des EWS als Reaktion auf die anhaltenden Währungsturbulenzen seit dem negativen Ausgang des dänischen Referendums über den Maastricht-Vertrag am 2. Juni 1992 zeitlich befristet auf ± 15v.H. der bilateralen Leitkurse erweitert worden sind. Die Währungen von Finnland, Griechenland, Großbritannien, Italien und Schweden nehmen zur Zeit nicht am Wechselkursmechanismus teil. Aus diesen Gründen wird das EWS-Kriterium in der vorliegenden Arbeit nicht behandelt.

[4] Vgl. dazu das Protokoll über die Konvergenzkriterien nach Artikel 109j des Vertrages zur Gründung der Europäischen Gemeinschaft und das Protokoll über das Verfahren bei einem übermäßigen Defizit.

der Prüfung gemessene durchschnittliche Inflationsrate aufweisen muß, die um nicht mehr als 1,5 Prozentpunkte über der Inflationsrate jener –höchstens drei– Mitgliedstaaten liegt, die auf dem Gebiet der Preisstabilität das beste Ergebnis erzielt haben. Die Inflation wird anhand des Verbraucherpreisindexes auf vergleichbarer Grundlage unter der Berücksichtigung der unterschiedlichen Definitionen in den einzelnen Mitgliedstaaten gemessen.

2. Das Kriterium der Finanzlage der öffentlichen Hand bedeutet, daß zum Zeitpunkt der Prüfung keine Ratsentscheidung nach Art. 104c Abs. (6) dieses Vertrages vorliegt, wonach in dem betreffenden Mitgliedstaat ein übermäßiges Defizit besteht.[5]

3. Das Kriterium der Teilnahme am Wechselkursmechanismus des Europäischen Währungssystems bedeutet, daß ein Mitgliedstaat die im Rahmen des Wechselkursmechanismus des Europäischen Währungssystems vorgesehenen normalen Bandbreiten zumindest in den letzten zwei Jahren vor der Prüfung ohne starke Spannungen eingehalten haben muß. Insbesondere darf er den bilateralen Leitkurs seiner Währung innerhalb des gleichen Zeitraums gegenüber der Währung eines anderen Mitgliedstaats nicht von sich aus abgewertet haben.

4. Das Kriterium der Konvergenz der Zinssätze bedeutet, daß im Verlauf von einem Jahr vor der Prüfung in einem Mitgliedstaat der durchschnittliche langfristige Nominalzinssatz um nicht mehr als 2 Prozentpunkte über dem entsprechenden Satz in jenen –höchstens drei– Mitgliedstaaten liegt, die auf dem Gebiet der Preisstabilität das beste Ergebnis erzielt haben. Die Zinssätze werden anhand langfristiger Staatsschuldverschreibungen oder vergleichbarer Wertpapiere unter Berücksichtigung der unterschiedlichen Definitionen in den einzelnen Mitgliedstaaten gemessen.

Die Konvergenzkriterien sind zusammen mit der geforderten Umsetzung der länderspezifischen Verpflichtungen und Rechtsvorschriften Bestandteil des Konvergenzberichts von Europäischer Kommission und EWI. Hierin ist zusätzlich die Entwicklung der ECU, die Ergebnisse bei der In-

---

[5] Die Grundlage für diese Ratsentscheidung sollen im wesentlichen zwei Referenzwerte bilden. Erstens darf das Verhältnis zwischen dem geplanten oder tatsächlichen öffentlichen Defizit und dem Bruttoinlandsprodukt zu Marktpreisen 3,0 v.H. nicht übersteigen, und zweitens soll das Verhältnis zwischen dem öffentlichen Schuldenstand und dem Bruttoinlandsprodukt zu Marktpreisen nicht über 60,0 v.H. liegen. Vgl. hierzu ausführlicher Kapitel 4.2.

tegration der Märkte, der Stand und die Entwicklung der Leistungsbilanzen und die Entwicklung bei den Lohnstückkosten und anderer Preisindizes zu berücksichtigen.[6] Auf dieser Basis beurteilt der Rat mit qualifizierter Mehrheit[7],

a. welche Länder die notwendigen Voraussetzungen für die Einführung einer einheitlichen Währung erfüllen und

b. ob eine Mehrheit der EU-Staaten die Voraussetzungen für die dritte Stufe erfüllt.[8]

Anhand seiner Feststellungen leitet der Ministerrat eine Empfehlung für den Europäischen Rat ab. Die Staats- und Regierungschefs erhalten hierzu ebenfalls noch eine Stellungnahme des Europäischen Parlaments.

Als nächstes entscheidet der Europäische Rat der Staats- und Regierungschefs erstmals bis spätestens zum 31. Dezember 1996 mit qualifizierter Mehrheit[9] *unter gebührender Berücksichtigung*[10] der angeführten Berichte von der Europäischen Kommission und dem EWI sowie der Stellungnahme des Europäischen Parlaments,

a. ob eine Mehrheit der Mitgliedstaaten die notwendigen Voraussetzungen für die Einführung einer einheitlichen Währung erfüllt und

b. ob es für die Gemeinschaft zweckmäßig ist, in die dritte Stufe einzutreten.

---

6 Der Vertragstext enthält keine Aussage darüber, in welchem Verhältnis diese zusätzlichen Indikatoren zu den vier Hauptkriterien stehen. Sie werden auch nicht operationalisiert oder quantifiziert.

7 Beschließt der Rat mit qualifizierter Mehrheit, so wird jedem Mitgliedsland eine bestimmte Anzahl an verfügbaren Stimmen nach einem festgelegten Schlüssel zugeteilt. Zur Zeit ist eine qualifizierte Mehrheit bei mindestens 62 von 87 Stimmen erreicht. Vgl. hierzu Art. 148 EGV.

8 Zum jetzigen Zeitpunkt bilden acht EU-Länder die Mehrheit.

9 Normalerweise entscheidet der Europäische Rat im Konsensverfahren. Bei diesem Abstimmungsverfahren tagen die Staats- und Regierungschefs notwendigerweise als "Rat" und können so gemäß der Stuttgarter Formel analog zum Ministerrat auch mit einfacher oder qualifizierter Mehrheit beschließen.

10 Kursive Schriftzeichen stellen Hervorhebungen des Verfassers dar. Diese Formulierung wird im Maastrichter Vertragswerk nicht weiter präzisiert, so daß die Erfüllung der Konvergenzkriterien keine unabdingbare Voraussetzung darstellt, um an der Europäischen Währungsunion teilnehmen zu können. In dem Vertragstext finden sich auch keine anderen Hinweise über die Verbindlichkeit der Konvergenzkriterien.

Bei einem positiven Votum bestimmt der Europäische Rat den Zeitpunkt für den Beginn der dritten Stufe. Diejenigen Staaten, die sich nicht für die Europäische Wirtschafts- und Währungsunion qualifizieren konnten, erhalten einen Sonderstatus und werden als "Mitgliedstaaten, für die eine Ausnahmeregelung gilt", bezeichnet.[11]

Ist ein Jahr später, also bis Ende 1997, der Zeitpunkt für den Eintritt in die Endstufe noch nicht fixiert worden, beginnt die dritte Stufe am 1. Januar 1999. In diesem Fall wird der oben beschriebene Prüfungsprozeß bis zum 1. Juli 1998 wiederholt und anhand dessen festgelegt, welche Länder an der Währungsunion teilnehmen können.[12] Der Europäische Rat bestätigt hierzu die vom Rat aufgestellte Liste mit qualifizierter Mehrheit *unter Berücksichtigung*[13] der Berichte der Europäischen Kommission und dem EWI sowie auf Grundlage der Ratsempfehlungen. Bei diesem Übertrittsverfahren nach Art. 109j Abs. 4 ist keine Mehrheit der Teilnehmerstaaten für die Schaffung einer WWU erforderlich.

Der vorgesehene Termin 1. Januar 1999 ist bei einer am Vertragstext orientierten Betrachtungsweise nicht der Zeitpunkt, zu dem die Europäische Währungsunion spätestens verwirklicht sein muß. In dem Jahr zwischen dem 31.12.1996 und dem 31.12.1997 sagt der Vertrag lediglich aus, daß der Europäische Rat einen Stichtag festlegt, zu dem der Übergang in die Endphase vollzogen wird. Theoretisch kann dieser Zeitpunkt auch nach dem 1. Januar 1999 liegen, wie die schematische Darstellung 2.1 auf der folgenden Seite über die wesentlichen Abläufe bis zum Eintritt in die WWU u.a. veranschaulicht.

Bei einer anderen Lesart des Vertrages von Maastricht kann demgegenüber aus dem Protokoll über den Übergang zur dritten Stufe der Wirtschafts- und Währungsunion der 1. Januar 1999 als letzter Termin für den Beginn der Endphase herausgelesen werden. Hierin heißt es nämlich

---

[11] Vgl. hierzu Art. 109k EGV (Entscheidung über Ausnahmeregelung, Berichtspflicht, Stimmrecht). Aus dieser Formulierung kann die Schlußfolgerung gezogen werden, daß der Vertrag die Teilnahme aller Mitgliedsländer als Normalfall ansieht. Nur im unvorhergesehenen Ausnahmefall kann eine Sonderregelung getroffen werden.

[12] Strittig ist nach wie vor die Frage, ob ein Mitgliedsland durch einen Mehrheitsbeschluß und entgegen seinem Willen zu einer Teilnahme an der Endphase der WWU gezwungen werden kann, sofern es alle vier Konvergenzkriterien erfüllt.

[13] Im Gegensatz zur obigen Formulierung "unter gebührender Berücksichtigung" ist dieser Ausdruck unverbindlicher, d.h. bei einer späteren Konvergenzprüfung nimmt der Stellenwert der angeführten Berichte ab.

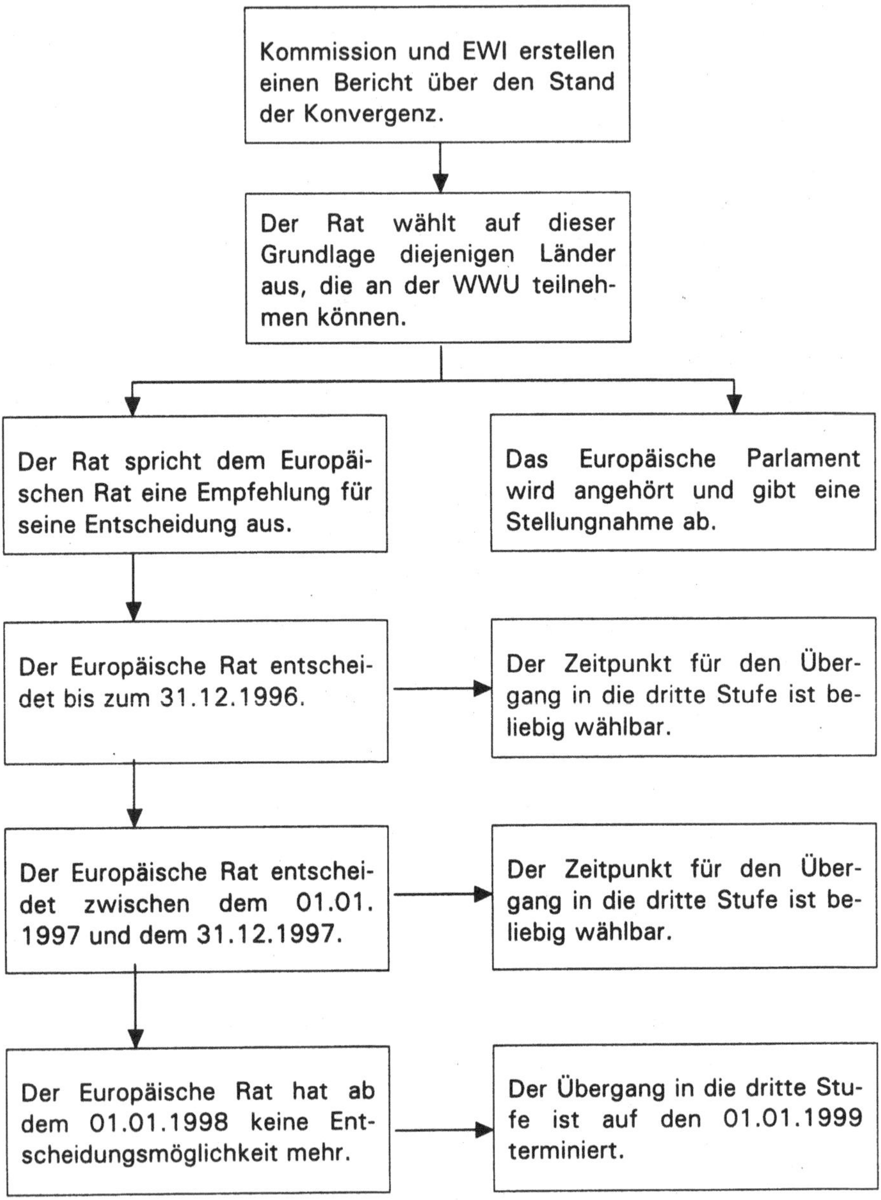

Abbildung 2.1: Der zeitliche Ablauf bis zum Beginn der dritten Stufe der WWU

konkret, daß alle EU-Mitglieder die vorbereitenden Arbeiten verstärken, wenn bis Ende 1997 noch kein Zeitpunkt für den Eintritt in die WWU festgelegt worden ist, damit die Gemeinschaft am 01.01.1999 unwiderruflich in die dritte Stufe eintreten kann. Demnach könnten die Staats- und Regierungschefs zwar den Zeitpunkt beliebig wählen, allerdings unter der Prämisse, daß dieser Termin vor dem 01.01.1999 liegt.

Unmittelbar nach dem Beschluß über den Zeitpunkt des Übergangs werden die Wechselkurse unwiderruflich fixiert und das ESZB mit der Europäischen Zentralbank (EZB) errichtet, die mit dem ersten Tage der Endstufe für eine einheitliche europäische Geldpolitik verantwortlich ist. Der ECU verliert seinen Korbcharakter und wird zu einer eigenständigen Währung, dem Euro.[14] Diejenigen Länder, die die genannten Anforderungen nicht erfüllen, führen vorerst ihre nationale Geld- und Währungspolitik weiter. Alle zwei Jahre bzw. auf Antrag eines Mitgliedstaates entscheidet der Europäische Rat der Staats- und Regierungschefs erneut auf der Basis der Konvergenzkriterien und hebt gegebenenfalls die Ausnahmeregelung auf.[15]

Der Europäische Rat der Staats- und Regierungschefs hat auf seiner Tagung in Madrid am 15. und 16. Dezember 1995 auf der Grundlage der in Zusammenarbeit mit der Europäischen Kommission[16] und dem Europäischen Währungsinstitut[17] erarbeiteten Vorschläge des ECOFIN-Rates weitere Einzelheiten des Übergangsszenarios zur einheitlichen Währung in Europa beschlossen. Danach verläuft die Einführung der gemeinsamen Währung in drei Phasen ab.[18] Die erste Phase beginnt so früh wie möglich im Jahr 1998, wenn der Europäische Rat auf der Grundlage der tatsächlichen Konvergenzdaten von 1997 über die teilnehmenden Mitgliedstaaten entscheidet, und endet mit dem Beginn der dritten Stufe am 1. Januar 1999. An diesem Tag, der den Anfangspunkt der auf drei Jahre festgelegten Phase zwei markiert, werden die Wechselkurse zwischen den Währungen der teilnehmenden Staaten und gegenüber der

---

[14] Vgl. Art. 109l (Beginn der dritten Stufe, Ernennung des Direktoriums) EGV.

[15] Vgl. zum genauen Ablauf der Wiederholungsprüfung Art. 109k Abs. 2.

[16] Vgl. Europäische Kommission (1995).

[17] Vgl. Europäisches Währungsinstitut (1995).

[18] Eine ausführliche Darstellung findet sich beispielsweise im Jahresbericht 1995 des Europäischen Währungsinstituts, S. 48-52, oder in Deutsche Bundesbank (1996), S. 55-63.

neuen Währung, dem Euro, endgültig und unwiderruflich fixiert, und das Europäische System der Zentralbanken wird verantwortlich für eine einheitliche Geld- und Währungspolitik im neuen Währungsraum. In der dritten Phase vom 1. Januar bis zum 1. Juli 2002 werden neue, auf die Währung Euro lautende Banknoten und Münzen in Umlauf gebracht. Danach ist die europäische Währung alleiniges gesetzliches Zahlungsmittel im Euro-Währungsraum und die EWWU ist vollendet.

2.2 Analytische Unterscheidung und Spezifizierung

2.2.1 Nominale, reale und wirtschaftspolitische Konvergenz

Der Begriff der Konvergenz wird in der Ökonomie unterteilt in nominale, reale und wirtschaftspolitische Konvergenz. Die Maastrichter Eintrittskriterien zur dritten Stufe der WWU, die die Entwicklung der Preise, der Zinsen und den Außenwert der Währungen messen, beinhalten nominale Indikatoren, das vierte Kriterium, das die Entwicklung der öffentlichen Finanzen prüft, fiskalische Indikatoren. Demnach sehen diese Vereinbarungen im wesentlichen eine nominale Konvergenz als eine wichtige Bedingung für die Funktionsfähigkeit einer Europäischen Währungsunion an.

Die reale Konvergenz kann anhand unterschiedlicher Indikatoren gemessen werden, die hauptsächlich Differenzen in der Wirtschaftsstruktur, in der Technologieentwicklung und im Lebensstandard abbilden.[19] Im einzelnen sind hierzu u.a. das Bruttoinlandsprodukt pro Kopf, der Leistungsbilanzsaldo, die Arbeitslosenquote, die Lohnstückkosten und die Wachstumsrate des BSP[20] zu zählen.

Unter wirtschaftspolitischer Konvergenz sind gleichgerichtete Vorstellungen über die Bedeutung und Ausgestaltung von ökonomischen Institutionen und ähnliche Präferenzen bei der Wirtschaftspolitik zu verste-

---

[19] Zu der Frage nach der Notwendigkeit realer Konvergenzkriterien und ihrer empirischen Ergebnisse vgl. u.a. Schmidt und Straubhaar (1995), S. 434–442, und die sehr detaillierten Ausführungen zu den ordnungs- und strukturpolitischen Anforderungen einer EWWU bei Wetter, Krägenau u.a. (1995).

[20] Beim Anstieg des Produktionspotentials kommt es nach allgemeiner Auffassung im Gegensatz zu den vorherigen Meßgrößen nicht in erster Linie auf eine konvergente Entwicklung der Wachstumsraten an, weil dadurch die bestehenden Entwicklungsunterschiede festgeschrieben würden, sondern auf eine größere Übereinstimmung der Konjunkturzyklen, um konjunkturbedingte Wechselkursschwankungen zu vermeiden. Vgl. beispielsweise Collignon (1994), S. 46.

hen.[21] Ausdruck dieser gleichgerichteten Prioritäten ist beispielsweise der Art. 108 EGV, wonach jeder Mitgliedstaat dafür zu sorgen hat, daß seine Zentralbank spätestens zum Zeitpunkt der Errichtung des ESZB unabhängig ist. Weiterhin formuliert der Art. 102a EGV in Verbindung mit Art. 2 EGV eine gemeinsame wirtschaftspolitische Zielsetzung, um zu einer Konvergenz der Wirtschaftsleistungen zu kommen.

2.2.2 Der Zeithorizont der Konvergenzkriterien

Die einzelnen Konvergenzkriterien bzw. die dazugehörigen Meßgrößen sollen an dieser Stelle dahingehend überprüft werden, ob sie Vergangenheits-, Gegenwarts- oder Zukunftswerte messen, um eine Antwort auf die Frage zu finden, ob ein Mitgliedstaat die Konvergenznormen erfüllen könnte, wenn es seine Konvergenzanstrengungen auf das bekannte Datum 1997 oder 1999 hin ausrichtet oder eine tatsächliche oder erwartete Konvergenzentwicklung über einen längeren Zeitraum vorweisen muß. Bei der anschließenden Analyse wollen wir uns dabei auf die wesentlichen Zeitvorgaben des Art. 109j EGV beschränken; die möglichen Interpretationsspielräume sollen an dieser Stelle noch nicht thematisiert werden.

Das Kriterium der Preisstabilität verlangt eine mit den preisstabilsten Ländern konvergierende Inflationsrate während des letzten Jahres vor der Prüfung. Nehmen wir vorerst an, mit dieser Formulierung ist ein Vergleich der durchschnittlichen Inflationsrate im letzten Jahr gemeint, so werden Vergangenheitsgrößen über einen Zeitraum von einem Jahr betrachtet.[22]

Das Kriterium der Budgetdefizite fordert von allen Ländern der Europäischen Staatengemeinschaft, daß keine Ratsentscheidung über ein übermäßiges Defizit vorliegt. Dazu darf nach Art. 104c (2) EGV der öffentliche Schuldenstand und das geplante oder tatsächliche öffentliche Defizit im Verhältnis zum BIP einen bestimmten Referenzwert nicht

---

[21] Diese Vorstellungen über eine notwendige Konvergenz zwischen den EU-Staaten liegt der Theorie optimaler Währungsräume von Kindleberger zugrunde. Vgl. Kindleberger (1986), S. 1ff.

[22] Einige Autoren äußern sich kritisch zu dieser kurzen Prüfungsperiode, weil sie eine manipulierbare Momentaufnahme darstellt. Das Preiskriterium sollte statt dessen eine längere Beobachtungsdauer von beispielsweise drei Jahren umfassen, um ein stichtagsbezogenes Konvergenzprogramm, bestehend aus kurzfristigen Steuersenkungen oder staatlicher Preissetzung, zu verhindern. Vgl. in diesem Sinne Collignon (1994), S. 55 und 56.

überschreiten.[23] Demnach handelt es sich zum ersten um eine Gegenwartsgröße und zum zweiten um einen Vergleich von gegenwärtigen oder zukünftigen Werten, je nachdem, ob tatsächliches oder geplantes Budgetdefizit zugrunde gelegt wird. Es hängt vom zeitlichen Verlauf des Haushaltsentwurfes ab, inwieweit die betrachtete Zeitspanne in die Zukunft reicht. Möglicherweise wird der Haushaltsplan auch erst im laufenden Geschäftsjahr verabschiedet. In aller Regel wird er aber länger als ein Jahr vor dem Inkrafttreten geplant. Demzufolge können wir für dieses Auswahlkriterium einen Konvergenzzeitraum von mindestens einem Jahr annehmen.

Nach dem Kriterium der Wechselkursstabilität muß ein Mitgliedstaat mindestens zwei Jahre vor der Prüfung die normale Schwankungsmarge im EWS ohne Abwertung eingehalten haben. Der Prüfungszeitraum ist also mit mindestens zwei Jahren eindeutig festgelegt, sofern an dieser Stelle auf die inhaltliche Auslegung verzichtet wird.[24] Dabei handelt es sich allerdings ausschließlich um eine vergangene Konvergenz. Lediglich unter der Annahme effizienter Devisenmärkte und einer rationalen Erwartungsbildungshypothese ist das EWS-Kriterium auch ein Gradmesser für eine zukünftig zu erwartende Konvergenz, weil unter diesen Prämissen der erwartete gleich dem aktuellen Kassakurs ist.

Das Kriterium der Zinskonvergenz macht den EU–Ländern zur Auflage, ein konvergierendes Niveau der langfristigen Nominalzinssätze im Vergleich zu dem der drei preisstabilsten Länder nachzuweisen. Wie aus den nachfolgenden Ausführungen in Abschnitt 5 ersichtlich werden wird, fließen in die Zinshöhe verschiedene Zukunftsfaktoren ein. Über welche Zeitspanne der Nominalzinssatz eine zukünftige Konvergenz anzeigt, hängt von der Art der Erwartungsbildung der Wirtschaftssubjekte einerseits und von der Laufzeit der bei der Prüfung verglichenen Wertpapiere andererseits ab.[25]

Es kann zusammenfassend gesagt werden, daß die Eintrittskriterien zur Währungsunion vergangene, gegenwärtige und zukünftige Konvergen-

---

[23] Die Referenzwerte sind in dem Protokoll über das Verfahren bei einem übermäßigen Defizit aufgeführt und betragen für das öffentliche Defizit 3,0 v.H. und für den öffentlichen Schuldenstand 60,0 v.H. im Verhältnis zum BIP.

[24] Vgl. hierzu die entsprechende Formulierung bezüglich des Wechselkurskriteriums im Protokoll zu dem Art. 109j EGV.

[25] Vgl. zu diesem Problembereich die näheren Ausführungen im Kapitel 5.

zentwicklungen zwischen den Mitgliedstaaten messen und aufzeigen. Im wesentlichen kommt es für ein Mitgliedstaat aber darauf an, im Jahr vor der Entscheidung des Europäischen Rates besondere Konvergenzanstrengungen zu unternehmen, um so die gestellten Hürden zu überspringen. Eine vorherige und eine anhaltende Konvergenz in der Zukunft sind demgegenüber von untergeordneter Bedeutung. Einen anschaulichen Überblick liefert hierzu die folgende Abbildung.[26]

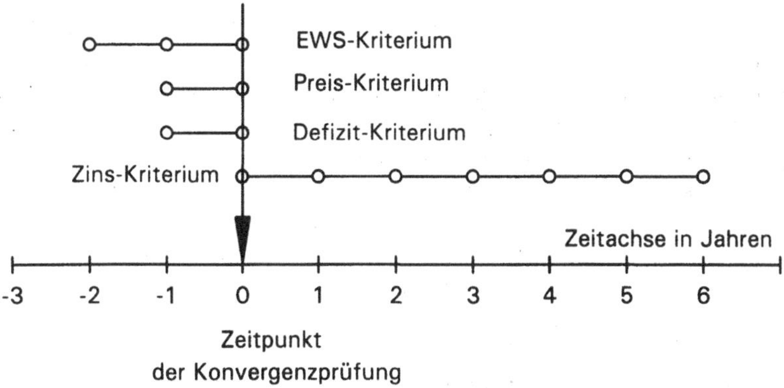

Abbildung 2.2: Die Zeitspanne der gemessenen Konvergenz zum Zeitpunkt der Konvergenzprüfung

2.2.3 Quantitativ definierte und inhaltlich unbestimmte Kriterien

Eine Untersuchung der Konvergenzkriterien kann auch bei der Frage ansetzen, inwieweit sie eindeutig formuliert und damit einheitlich anwendbar sind oder inwiefern sie Ermessens- und Interpretationsspielräume zulassen. Betrachten wir zunächst die Kriterien der Preis- und Zinsentwicklung. In beiden Fällen wird aus den Inflationsraten der drei (oder weniger) Länder mit der geringsten Preissteigerungsrate ein Bezugspunkt errechnet, von dem aus sich die Konvergenzobergrenze bestimmen läßt, indem 1,5 Prozentpunkte hinzu addiert werden. Ein Streitpunkt ist dabei, wie der Bezugspunkt festgelegt werden soll. Eine erste Möglichkeit besteht darin, das arithmetische Mittel der drei preisstabil-

[26] Dem Zinskriterium liegen staatliche Schuldtitel mit einer Laufzeit von sechs Jahren zugrunde.

sten Länder zu ermitteln.[27] Die Europäische Kommission führt dagegen in ihren Berichten[28] eine Referenzspanne bzw. einen Zielkorridor an, der sich ergibt, indem auf die Preissteigerungsraten des Landes mit dem niedrigsten und dem drittniedrigsten Preisanstieg jeweils 1,5 v.H. hinzu addiert werden. Die eigentliche relevante Konvergenzobergrenze kann bei dieser zweiten Möglichkeit im Vergleich höher sein, weil sie hier von dem Staat mit der drittniedrigsten Inflationsrate allein bestimmt wird.[29]

Aus der Formulierung, bei der Konvergenzprüfung die Ergebnisse der Preisentwicklung von höchstens drei Mitgliedstaaten zu berücksichtigen, kann geschlußfolgert werden, daß es den Teilnehmern der Regierungskonferenz nicht darum ging, grundsätzlich alle drei Staaten der Europäischen Union bei der Bildung des Referenzwertes zu beteiligen. Im Gegenteil könnten auch lediglich zwei Mitglieder oder ausschließlich das Land mit dem besten Ergebnis allein den Bezugspunkt und damit die Konvergenzobergrenze festlegen, und zwar beispielsweise dann, wenn eines der drei preisstabilsten Länder ein relativ hohes Zinsniveau hat und somit die Konvergenzobergrenze des Zinskriteriums auf Grund seines Einflusses deutlich nach oben verschiebt oder wenn die Inflationsraten in den drei betrachteten Staaten weit auseinander liegen. Andernfalls wären diese Beitrittsbedingungen nicht konform mit dem grundsätzlich im Vertragswerk verankerten Ziel der Preisstabilität. Damit ist aber die Entscheidung des Rates, wer das Preis- und Zinskriterium erfüllt, auf der Basis der verfügbaren Daten nicht vorhersehbar, weil es abzuwarten gilt, wie der Rat die Unterschiede in der Preisentwicklung einschätzt und welche Inflationsraten somit den Ausgangspunkt der Konvergenzprüfung bilden.

---

27 Der Analyse in den nachfolgenden Kapiteln liegt diese Methode zugrunde.

28 Vgl. Konvergenzbericht der Europäischen Kommission (1993b), S. 61 und S. 71 und Jahresbericht der Europäischen Kommission (1995), S. 168 und 190. In dem Konvergenzbericht der Europäischen Kommission für das Jahr 1995 bildet wieder der Durchschnittswert der drei preisstabilsten Länder den Bezugspunkt; vgl. Europäische Kommission (1996), S. 5 und S. 16.

29 In diesem Fall stellt sich die Frage, warum in den Vertragstexten nicht von vornherein das drittbeste Land in bezug auf die Preisstabilität als Bezugspunkt festgelegt worden ist; diese Interpretation ist deshalb umstritten. Eine empirische Auswertung der unterschiedlichen Ermittlung des Bezugspunktes und damit der Konvergenzobergrenze findet sich in bezug auf das Preis- und Zinskriterium in den Kapiteln 2.3.2 und 2.3.3, um die konkreten Auswirkungen auf den Teilnahmeumfang zu ermitteln.

Eine weitere Möglichkeit, in bezug auf das Preis- und Zinskriterium zu unterschiedlichen Ergebnissen zu kommen, ergibt sich aus dem jeweiligen Nachsatz. Darin heißt es, daß die Inflation anhand von Verbraucherpreisindizes auf vergleichbarer Grundlage und die Zinssätze anhand von langfristigen Staatsschuldverschreibungen oder vergleichbaren Wertpapieren gemessen werden sollen, wobei in beiden Fällen die unterschiedlichen Definitionen in den einzelnen Mitgliedstaaten zu berücksichtigen sind. Zur Zeit entwickelt die Europäische Kommission deshalb einen neuen einheitlichen Preisindex, um innerhalb der Europäischen Union zu vergleichbaren Ergebnissen zu kommen.

Die Rate der Preissteigerung wird hiervon unabhängig nach Art. 1 des Protokolls über die Konvergenzkriterien während des letzten Jahres vor der Prüfung gemessen. Diese Formulierung läßt die Wahl zwischen zwei möglichen Zeitspannen, um die Inflationsrate zu messen. Entweder bildet das letzte vollständig abgelaufene Kalenderjahr oder die letzten 12 Monate vor der Prüfung die Entscheidungsgrundlage. Die hieraus jeweils errechneten Referenzwerte können in einigen Fällen soweit voneinander abweichen, daß sie Einfluß auf die Länderzusammensetzung in einer Währungsunion haben.[30]

Das Konvergenzkriterium der Wechselkursstabilität sieht vor, daß ein Mitgliedstaat in den letzten zwei Jahren vor der Prüfung

a. die normale Schwankungsbreite der Wechselkurse im EWS *ohne starke Spannungen* eingehalten haben muß und

b. den bilateralen Leitkurs seiner Währung nicht *von sich aus* gegenüber einer anderen Währung abgewertet haben darf.[31]

Diese Vertragsformulierung ermöglicht den Einzelstaaten oder den Institutionen der Gemeinschaft, das Kriterium der Stabilität der Wechselkurse einerseits unterschiedlich zu interpretieren und andererseits teilweise zu umgehen. Auf der einen Seite ist der Ausdruck "ohne starke Spannungen" nicht an verbindliche Kriterien gebunden, und auf der anderen Seite kann die verbotene Abwertung aus eigenem Antrieb umgangen werden, indem

---

30 Vgl. DIW (1995), S. 592f und 594f.

31 Mit einem stabilen Wechselkurs im Vorfeld der Währungsunion wird angenommen, daß ein Mitgliedstaat auf den Wechselkurs als Anpassungsinstrumente bei monetären und realwirtschaftlichen Divergenzen oder asymmetrischen Schocks innerhalb der Union verzichten kann.

a. das Land der abwertungsverdächtigen Währung vom Rat oder Währungsausschuß gemeinschaftlich aufgefordert wird, seine Währung abzuwerten oder

b. die alleinige Abwertung einer Währung durch eine gemeinsame Aufwertung gegenüber dem betroffenen Mitgliedstaat ersetzt wird.

Inwieweit derartige Verhaltensweisen von den politischen Instanzen als zulässige Ausnahmen angesehen werden, kann an dieser Stelle nicht beurteilt werden. Möglicherweise soll mit dem Verbot, eine Währung aus eigener Initiative abzuwerten, lediglich eine kollektive Entscheidung sichergestellt werden, und der erste Halbsatz, der eine von Spannungen freie Wechselkursentwicklung fordert, soll bereits für sich allein einen zweijährigen Zeitraum generell ohne Abwertung implizieren.

Das Konvergenzkriterium der Budgetdefizite soll an dieser Stelle angesichts seiner Komplexität nicht betrachtet werden. Die vorhandenen Ermessens- und Entscheidungsspielräume sind Gegenstand einer gesonderten Untersuchung im Abschnitt 4.

2.3 Besonderheiten und Probleme bei der Anwendung der Konvergenzkriterien

2.3.1 Das Preiskriterium bei stark divergierender Preisentwicklung

Das Konvergenzkriterium der Preisstabilität kann eine Besonderheit aufweisen, wenn die Teuerungsraten der drei preisstabilsten Länder relativ weit auseinander liegen, wie folgendes Beispiel illustriert. Geht man davon aus, daß die drei preisstabilsten Länder Inflationsraten (dP) von 1,0 v.H., 3,0 v.H. und 5,0 v.H. aufweisen, ergibt sich bei einem Durchschnittswert der Inflationsraten der drei Länder mit der niedrigsten Preissteigerungsrate ($\varnothing dP_3^n$) von 3,0 v.H. eine Höchstgrenze von 4,5 v.H. Diese Konvergenzobergrenze (KogP) muß von jedem Land unterschritten werden, wenn es an der Währungsunion teilnehmen will, d.h. das Land mit der fünfprozentigen Inflationsrate müßte konsequenterweise hiervon ausgeschlossen werden, obwohl es den Referenzmaßstab mitbestimmt. Vergleicht man die Inflationsraten der EU-Länder seit Beginn des EWS, so kann eine derartige Konstellation, wie die nachfolgende Abbildung zeigt, in den Jahren 1981, 1982 und 1984 festgestellt werden.

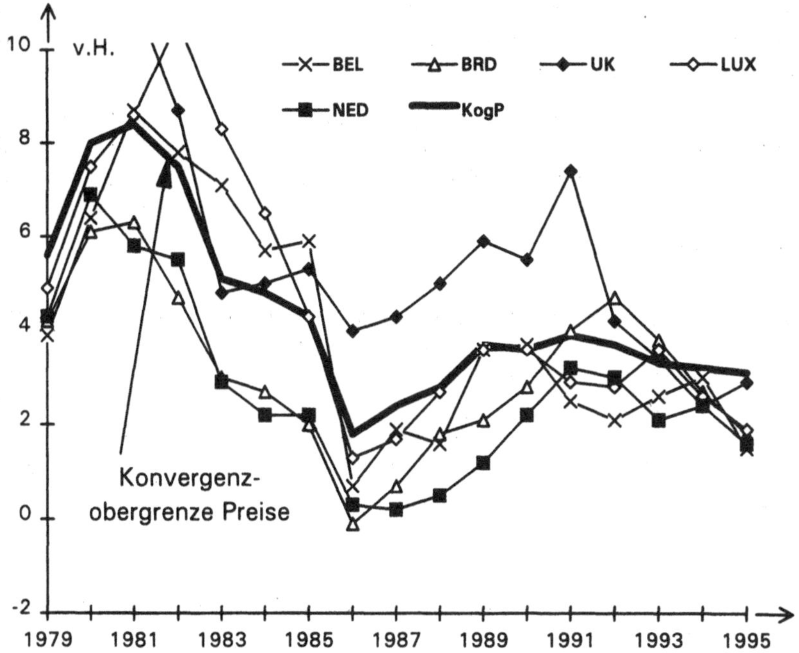

Abbildung 2.3: Verbraucherpreisentwicklung und Konvergenzobergrenze von 1979 bis 1995 (Quelle: Vgl. Anhang 1)

Das Vertragswerk von Maastricht gibt auf diese spezielle Problematik keine eindeutige Antwort.[32] Es wäre aber denkbar, daß die Inflationsrate eines Landes, das zu den drei preisstabilsten Staaten zählt, jedoch trotzdem den errechneten Referenzwert überschreitet, nicht mit in den ermittelten Durchschnittswert eingeht. In Art. 109j EGV und in dem dazugehörigen Protokoll heißt es nämlich diesbezüglich, daß ein Mitgliedstaat mit seiner Inflationsrate nicht mehr als 1,5 Prozentpunkte über der Inflationsrate jener –höchstens drei– Länder liegen darf, die das beste Ergebnis bei der Preisstabilität erzielt haben. Es ist also möglich, daß in

---

32 Für das Zinskriterium ließe sich in analoger Weise argumentieren. Allerdings sind in dem Zeitraum 1979–1995 keine relevanten Fälle feststellbar. Die Abbildung 2.3 berücksichtigt nicht alle EU–Staaten, um sie übersichtlicher zu gestalten. Der relevante Bereich wird hervorgehoben, indem der höchste Ordinatenwert auf 10 v.H. begrenzt wird.

die Berechnung des Bezugspunktes die Preissteigerungsraten von weniger als drei Länder eingehen. In unserem Beispiel ergebe sich dann ein Mittelwert der zwei preisstabilsten Länder von 2,0 v.H. und somit eine Konvergenzobergrenze von 3,5 v.H.

Nehmen wir ein anderes Beispiel, bei dem die Inflationsraten der drei Länder mit dem geringsten Preisanstieg 1,0 v.H., 5,0 v.H. und 6,0 v.H. betragen. Das beschriebene Problem kann in diesem Fall nur umgangen werden, wenn lediglich das preisstabilste Land berücksichtigt wird, wie die nachstehende Tabelle verdeutlicht.

Tabelle 2.1: Das Preisstabilitätskriterium bei relativ divergierender Preisentwicklung (in v.H.)

Land i	dP	$\varnothing dP_3^n$	KogP	$\varnothing dP_2^n$	KogP	$\varnothing dP_1^n$	KogP
1	1,0	4,0	5,5	3,0	4,5	1,0	2,5
2	5,0	4,0	5,5	3,0	4,5	–	–
3	6,0	4,0	5,5	–	–	–	–

Im ersten Vorgehen errechnet sich aus dem Mittelwert 4,0 v.H. der drei Länder mit dem niedrigsten Preisniveau eine Konvergenzobergrenze von 5,5 v.H., so daß das Land 3 mit einer Inflationsrate von 6,0 v.H. unter den genannten Gesichtspunkten bei der Berechnung der Eintrittsschwelle ausgeschlossen wird. Als nächstes läßt sich deshalb ein Durchschnittswert der zwei preisstabilsten Länder von 3,0 v.H. und somit eine Höchstgrenze von 4,5 v.H. ermitteln, die auch das Land 2 ausschließt. In einem letzten Schritt ergibt sich als Teilnahmevoraussetzung an der WWU eine Inflationsrate niedriger als 2,5 v.H.

2.3.2 Das Preiskriterium bei unterschiedlichen Methoden der Bezugspunktermittlung

In diesem Kapitel soll die vorangegangene Diskussion im Abschnitt 2.2.3 über die verschiedenen Verfahren bei der Ermittlung der Konvergenzobergrenze des Preiskriteriums wieder aufgegriffen und empirisch ausgewertet werden. Wir vergleichen dabei zum einen den Referenzwert aus einer Durchschnittswertberechnung der Inflationsraten der drei preisstabilsten Länder ($\varnothing dP_3^n$) und zum anderen die Methode der Europäischen Kommission, wonach in letzter Konsequenz das Land mit dem drittbesten Ergebnis (dP_3) den Referenzwert bestimmt. Mit dieser Art

Tabelle 2.2: Das Preiskriterium: Konvergenzobergrenzen und Konvergenzerfolg als Resultat unterschiedlicher Methoden der Bezugspunktermittlung

	1979	1980	1981	1982	1983	1984	1985	1986	1987	1988	1989	1990	1991	1992	1993	1994	1995
1. KogP $\varnothing dP_3^n$	5,6	8,0	8,4	7,5	5,1	4,8	4,3	1,8	2,4	2,8	3,7	3,6	3,9	3,7	3,3	3,2	3,1
2. KogP dP_3	5,8	8,4	10,1	9,3	6,3	6,5	5,8	2,2	3,2	3,3	4,7	4,2	4,0	3,9	3,6	3,9	3,3
Teilnehmerstaaten nach 1	BEL BRD LUX NED	BEL BRD LUX NED	BRD NED	BRD NED	BRD NED UK	BRD NED	DAN BRD LUX NED	BEL BRD LUX NED	BEL BRD IRL LUX NED	BEL BRD FRA LUX NED	BEL BRD FRA IRL LUX NED	BRD DAN FRA IRL LUX NED	BEL DAN FRA IRL LUX NED	BEL DAN FRA IRL LUX NED	BEL DAN FRA IRL NED	BEL DAN BRD FRA IRL LUX NED UK	BEL DAN BRD FRA IRL LUX NED UK
Zusätzliche Teilnehmerstaaten nach 2			BEL LUX	BEL UK		BEL DAN LUX UK	FRA IRL UK		FRA	IRL	DAN	BEL	BRD		LUX UK		

Quelle: Datenmaterial Anhang 1, eigene Berechnungen

der Konvergenzmessung kann sich die Anzahl der beitrittsfähigen Mitgliedstaaten erhöhen. Von besonderem Interesse ist aber dennoch die Frage, welche konkreten Auswirkungen auf den Teilnahmeumfang bisher festzustellen waren, um aus diesen Ergebnissen die Relevanz der unterschiedlichen Ermittlungsmethoden auf die zukünftige Zusammensetzung der WWU abschätzen zu können.

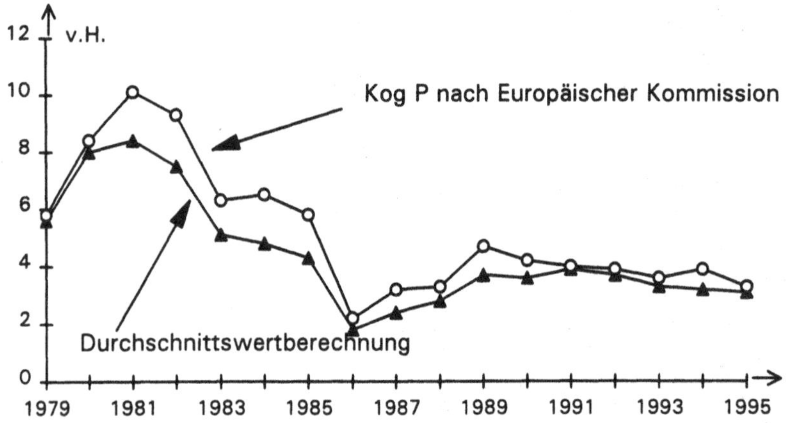

Abbildung 2.4:
Die unterschiedlichen Konvergenzobergrenzen des Preiskriteriums aufgrund abweichender Ermittlungsmethoden (Quelle: Tabelle 2.2)

Die Abbildung 2.4 zeigt die jeweiligen Konvergenzobergrenzen, die in der ersten Hälfte der achtziger Jahre bis zu 1,8 Prozentpunkte auseinander lagen. Die Tabelle 2.2 zeigt hierzu in den ersten beiden Zeilen die genauen Werte an und in den darauffolgenden Zeilen die konkreten Auswirkungen im einzelnen auf die Zusammensetzung in einer Währungsunion. Folgende Ergebnisse lassen sich hieraus ableiten: In den Jahren 1984 und 1985 hätte das weniger strenge Auswahlverfahren zusätzlich vier bzw. drei Ländern den Beitritt zur geplanten Währungsunion ermöglicht. 1981, 1982 und 1993 hätte sich die Länderanzahl um zwei und in fünf weiteren Jahren jeweils um einen Mitgliedstaat erhöht. In sieben von insgesamt 17 Fällen hätte sich keine Veränderung ergeben.

2.3.3 Das Zinskriterium bei unterschiedlichen Methoden der Bezugspunktermittlung

Die im vorherigen Abschnitt diskutierte Problematik gilt in gleicher Weise für das Zinskriterium. Die Europäische Kommission ermittelt auch hier aus den langfristigen Zinssätzen der drei preisstabilsten Länder eine Referenzspanne.[33] Der untere Referenzwert errechnet sich aus dem niedrigsten Zinssatz der drei ausgewählten Länder zuzüglich zwei Prozentpunkte und der obere Referenzwert (Kog i) entsprechend aus dem höchsten Zinssatz (i_3). Dieser Wert ist für die EU-Staaten der eigentlich wichtige Orientierungspunkt; er allein entscheidet letztlich über den Erfüllungsgrad.

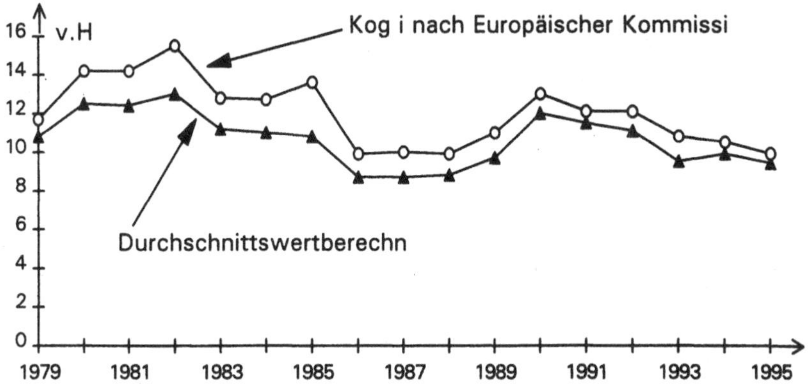

Abbildung 2.5: Die unterschiedlichen Konvergenzobergrenzen des Zinskriteriums aufgrund abweichender Ermittlungsmethoden

Alternativ zu dieser Berechnungsmethode wird im allgemeinen der Durchschnittswert aus den Zinssätzen der drei preisstabilsten Mitgliedstaaten als Bezugspunkt ermittelt, der zuzüglich des Additionsfaktors die Konvergenzobergrenze bestimmt. Die obige Abbildung zeigt die jeweiligen Referenzwerte von 1979 bis 1995 für beide Ermittlungsmethoden. Das Verfahren der Europäischen Kommission führt wiederum zu höheren Eintrittsschwellen, die Erfolgsaussichten für die EU–Staaten verbessern sich dementsprechend.

---

33 Vgl. Konvergenzbericht der Europäischen Kommission (1993b), S. 71.

Tabelle 2.3: Das Zinskriterium: Konvergenzobergrenzen und Konvergenzerfolg als Resultat unterschiedlicher Methoden der Bezugspunktermittlung

	1979	1980	1981	1982	1983	1984	1985	1986	1987	1988	1989	1990	1991	1992	1993	1994	1995
1. Kog i $\varnothing i_3^n$	10,8	12,5	12,4	13,0	11,2	11,0	10,8	8,7	8,7	8,8	9,7	12,0	11,5	11,1	9,5	9,9	9,4
2. Kog i i_3	11,7	14,2	14,2	15,5	12,8	12,7	13,6	9,9	10,0	9,9	11,0	13,0	12,1	12,1	10,8	10,5	9,9
Teilnehmerstaaten nach 1	BEL BRD LUX NED	BEL BRD LUX NED	BRD LUX NED	BRD LUX NED UK	BRD LUX NED UK	BRD LUX NED UK	BEL BRD LUX NED UK	BEL BRD FRA LUX NED	BEL BRD LUX NED	BEL BRD LUX NED	BEL BRD FRA IRL LUX NED UK	BEL BRD DAN FRA IRL LUX NED UK	BEL BRD DAN FRA IRL LUX NED UK	BEL BRD DAN FRA IRL LUX NED UK	BEL BRD DAN FRA IRL LUX NED UK	BEL BRD DAN ESP FRA IRL LUX NED UK	BEL BRD DAN FRA IRL LUX NED UK
Zusätzliche Teilnehmerstaaten nach 2	FRA GRI	FRA UK	BEL	BEL GRI	BEL	BEL FRA	DAN ESP FRA IRL	UK	FRA UK	FRA IRL UK	DAN				ESP		

Quelle: Datenmaterial Anhang 4 und 8, eigene Berechnungen.

Die Tabelle 2.3 gibt Auskunft darüber, welche Länder hiervon konkret profitiert haben. In der zweiten Zeile sind die Schwellenwerte nach der Durchschnittswertberechnung aufgeführt und in der Zeile vier dazu die jeweils qualifizierten Staaten. Die Werte der Europäischen Kommission in Zeile drei ermöglichen einigen Ländern zusätzlich, wie die fünfte Zeile zeigt, den Beitritt zur Europäischen Währungsunion. 1985 und 1988 wären vier bzw. drei Länder, in jeweils fünf weiteren Jahren ein Land bzw. zwei Länder hinzugekommen. Lediglich 1990–1992 und 1994–1995 hätten beide Ermittlungsmethoden zu identischen Ergebnissen geführt.

2.3.4 Das Zinskriterium bei einer preis– oder zinsorientierten Berechnung des Bezugspunktes

Beim Kriterium der Zinskonvergenz wird der Bezugspunkt nicht in Analogie zum Preiskriterium aus dem Durchschnittswert der drei niedrigsten Nominalzinssätze gebildet, sondern aus den nominalen Zinssätzen der drei preisstabilsten Länder. Wenn die drei Länder mit dem geringsten Preisanstieg auch gleichzeitig die niedrigsten Nominalzinsen aufweisen und damit zwischen Preis- und Zinsentwicklung eine Identitätsbeziehung besteht (vgl. Abschnitt 5), ergibt sich für die Konvergenzobergrenze unabhängig von seiner Ermittlungsmethode ein identischer Wert. In allen anderen Fällen, d.h. wenn die drei preisstabilsten Länder nicht gleichzeitig das niedrigste Zinsniveau aufweisen, wird entsprechend dem Protokoll über die Konvergenzkriterien ein höherer Referenzwert errechnet. Infolgedessen wird es für die Staaten der Europäischen Union leichter, sich für die geplante Währungsunion zu qualifizieren. In der ökonomischen Realität kommt dieser Besonderheit eine feststellbare Relevanz zu. In dem Zeitraum von 1979 bis 1995 sind lediglich für die Jahre 1981, 1986 und 1987 identische Ergebnisse festzustellen, wie die nachfolgende Abbildung zeigt.

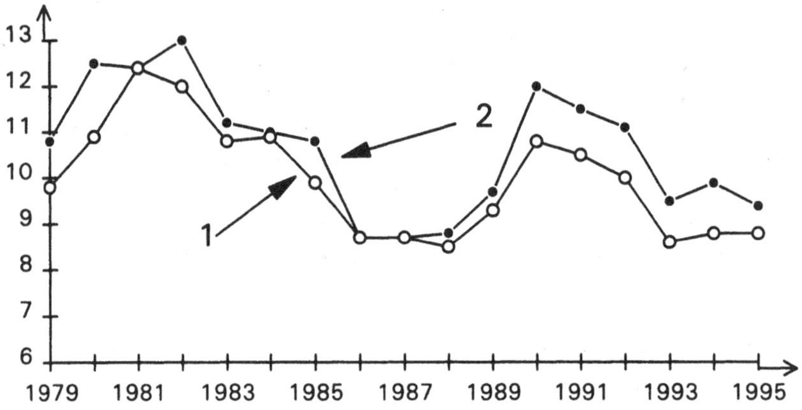

Erläuterungen:

1. Konvergenzobergrenze errechnet auf der Basis der durchschnittlichen langfristigen Nominalzinssätze der drei Länder mit dem niedrigsten Zinsniveau
2. Konvergenzobergrenze errechnet auf der Basis der durchschnittlichen langfristigen Nominalzinssätze der drei preisstabilsten Länder

Quelle: Anhang 8

Abbildung 2.6: Die Konvergenzobergrenzen des Zinskriteriums aufgrund unterschiedlicher Bezugspunkte

2.4 Dauerhafte Konvergenz und Erfüllungsgrad der Konvergenzkriterien im zeitlichen Rückblick

2.4.1 Der Untersuchungsgegenstand

In diesem Kapitel soll der Umfang der bisher tatsächlich erreichten Konvergenz innerhalb der Europäischen Union aufgezeigt werden. Die Zielsetzung ist dabei, die Zusammenhänge zwischen den einzelnen Kriterien auf empirischer Basis herauszuarbeiten und festzustellen, welche Schwierigkeiten die Einzelstaaten bisher hatten, diese Anforderungen zu erfüllen, und welche Anstrengungen hierfür in Zukunft noch notwendig sein werden. Dazu wird in der nachfolgenden Analyse zunächst jedes einzelne Kriterium ausgewertet, um danach die Untersuchung mit einer zusammenfassenden Darstellung unter den Gesichtspunkten einer Konvergenz in bezug auf alle Kriterien (kriterienspezifische Konvergenz) und in bezug auf jedes Land (länderspezifische Konvergenz) abzuschließen.

2.4.2 Das Konvergenzkriterium der Preisstabilität

Die Tabelle 2.4 über den Erfüllungsgrad des Preiskriteriums zeigt die Verbraucherpreisentwicklung in den EU-Staaten von 1979 bis 1995 . Aus diesen Werten ist für das jeweilige Jahr der Durchschnittswert der drei Länder mit der niedrigsten Preissteigerungsrate errechnet worden ($\varnothing dP_3^n$). Unter Addition des Aufschlagfaktors 1,5 v.H. ergibt sich hieraus die Konvergenzobergrenze (Kog P). Auf die unterschiedlichen Ermittlungsmethoden in bezug auf den oberen Referenzwert ist in Abschnitt 2.2.3 hingewiesen worden. Anhand dieses Schwellenwertes ist in der letzten Zeile die Anzahl der Länder ermittelt worden, die in dem entsprechenden Jahr diese Konvergenznorm erfüllt haben.[34] Hieraus ist zum ersten ein ansteigender Erfüllungsgrad zu ersehen und zum zweiten, daß trotzdem nur in den Jahren 1994 und 1995 eine Mehrheit der EU-Staaten die Konvergenzobergrenze unterschritten hat. Von allen Staaten haben lediglich die Niederlande ununterbrochen das Preiskriterium erfüllt. Auffällig sind des weiteren die unterschiedlichen Werte der Qualifikationsnorm, die zwischen 1,8 v.H. (1986) bis 8,4 v.H. (1981) schwanken.

---

[34] Die dazugehörigen Werte werden in der Tabelle kursiv dargestellt.

Tabelle 2.4: Die Konvergenzentwicklung der Verbraucherpreise von 1979 bis 1995

Land	1979	1980	1981	1982	1983	1984	1985	1986	1987	1988	1989	1990	1991	1992	1993	1994	1995
Belgien	*3,9*	*6,4*	8,7	7,8	7,1	5,7	5,9	*0,7*	*1,9*	*1,6*	*3,6*	3,7	*2,5*	*2,1*	*2,6*	*3,0*	*1,5*
Dänemark	10,4	10,7	12,0	10,2	6,8	6,4	*4,3*	2,9	4,6	4,0	4,3	*2,7*	*2,2*	*2,1*	*1,7*	*1,0*	*2,0*
BR Deutschland .	*4,2*	*6,1*	*6,3*	*4,7*	*3,0*	*2,7*	*2,0*	*-0,1*	*0,7*	*1,8*	*2,1*	*2,8*	4,0	4,7	3,8	*2,7*	*1,8*
Frankreich	10,7	13,3	13,0	11,5	9,7	7,7	5,8	2,7	3,1	*2,6*	*3,4*	*2,8*	*3,1*	*2,4*	*2,1*	*1,8*	*1,9*
Griechenland	16,5	21,9	22,7	20,7	18,1	17,9	18,3	22,1	15,7	14,2	14,4	19,2	18,8	15,1	13,6	10,8	9,2
Großbritannien ..	13,7	16,3	11,2	8,7	*4,8*	5,0	5,3	4,0	4,3	5,0	5,9	5,5	7,4	4,2	3,4	*2,4*	*2,9*
Irland	14,9	18,6	19,6	14,9	9,2	7,3	5,0	4,6	*2,3*	2,9	*3,2*	*1,4*	*2,5*	*2,8*	*1,6*	*2,7*	*2,5*
Italien	14,5	20,4	18,0	17,0	14,8	12,1	9,0	6,2	5,3	5,7	6,5	5,9	6,9	5,2	5,1	4,8	5,6
Luxemburg	*4,9*	*7,5*	8,6	10,6	8,3	6,5	*4,3*	*1,3*	*1,7*	*2,7*	*3,6*	*3,6*	*2,9*	*2,8*	3,6	*2,6*	*1,9*
Niederlande	*4,3*	*6,9*	*5,8*	*5,5*	*2,9*	*2,2*	*2,2*	*0,3*	*0,2*	*0,5*	*1,2*	*2,2*	*3,2*	*3,0*	*2,1*	*2,4*	*1,6*
Portugal	25,2	21,6	20,2	20,3	25,8	28,5	19,4	13,8	10,0	10,0	12,1	12,6	11,1	9,8	7,9	5,5	4,2
Spanien	16,5	16,5	14,3	14,5	12,3	11,0	8,2	9,4	5,7	5,0	6,6	6,5	6,3	6,4	5,7	5,1	4,9
$\varnothing dP_3^n$	4,1	6,5	6,9	6,0	3,6	3,3	2,8	0,3	0,9	1,3	2,2	2,1	2,4	2,2	1,8	1,7	1,6
KogP	5,6	8,0	8,4	7,5	5,1	4,8	4,3	1,8	2,4	2,8	3,7	3,6	3,9	3,7	3,3	3,2	3,1
Länderanzahl	4	4	2	2	3	2	4	4	5	5	6	6	6	6	5	8	8

Jährliche Veränderung in Prozentpunkten, Quelle: Anhang 1, eigene Berechnungen

2.4.3 Das Konvergenzkriterium der Budgetdefizite

Das Haushaltskriterium stellt ein komplexes Regelwerk dar und soll deshalb an dieser Stelle nur so weit erklärt werden, wie es für die weitere Untersuchung erforderlich ist. Ein Mitgliedstaat erfüllt diese Bedingungen im wesentlichen, wenn

1. das Verhältnis des geplanten oder tatsächlichen öffentlichen Defizits zum Bruttoinlandsprodukt 3,0 v.H. und
2. das Verhältnis des öffentlichen Schuldenstandes zum Bruttoinlandsprodukt 60,0 v.H. nicht überschreitet.[35]

Die Ausnahmemöglichkeiten von diesen Referenzwerten bleiben bei der empirischen Auswertung unberücksichtigt, weil sie nicht operationalisierbar sind und sich somit einer ökonomischen Auswertung entziehen. In der weiteren Analyse werden die tatsächlichen Werte deshalb allein daraufhin überprüft, ob sie unter- oder oberhalb der jeweiligen Konvergenzobergrenze liegen. Aus Vereinfachungsgründen wird die Untersuchung auch ausschließlich auf der Grundlage der angeführten Defizit- und Schuldenquote durchgeführt. Die weiteren Faktoren nach Art. 104c Abs. 3, die für die Ratsentscheidung relevant sein können, bleiben damit außerhalb der Betrachtungen.

Betrachten wir Defizit- und Schuldenquote zunächst getrennt. In der letzten Zeile der Tabelle 2.5 ist wiederum die Anzahl der Länder aufgeführt, die den geforderten Referenzwert für die jährliche Neuverschuldung der öffentlichen Haushalte unterschreiten. Die Ergebnisse schwanken auffällig zwischen den Jahren, wobei Anfang der achtziger und neunziger Jahre ein konjunkturbedingter Einfluß zu vermuten ist. Über den gesamten Zeitraum betrachtet haben Belgien, Italien und Portugal in keinem Jahr die 3,0 v.H.-Grenze unterschritten. Budgetüberschüsse waren für alle Länder die seltene Ausnahme. Hieraus erklärt sich auch u.a. der sinkende Erfüllungsgrad des Schuldenquotenkriteriums (Tab. 2.6). Haben 1979 noch zehn Länder die 60,0 v.H.-Grenze unterschritten, waren es 1993 nur noch fünf.

Das Budgetkriterium ist gemäß Art. 109j EGV in Verbindung mit Art. 104c EGV einschließlich der dazugehörigen Protokolle nur dann erfüllt, wenn ein Land beide Referenzwerte unterschreitet. Die Tabelle 2.7 führt

---

35 Vgl. Protokoll über die Konvergenzkriterien nach Art. 109j des Vertrags zur Gründung der Europäischen Gemeinschaft Art. 2 und Protokoll über das Verfahren bei einem übermäßigen Defizit Art. 1.

Tabelle 2.5: Die Konvergenzentwicklung der Neuverschuldung der öffentlichen Haushalte von 1979 bis 1995

Land	1979	1980	1981	1982	1983	1984	1985	1986	1987	1988	1989	1990	1991	1992	1993	1994	1995
Belgien	-7,5	-9,3	-13,0	-11,0	-11,5	-9,2	-8,8	-9,2	-7,4	-6,6	-6,2	-5,4	-6,5	-6,7	-6,6	-5,3	-4,5
Dänemark	*-1,7*	-3,3	-6,9	-9,1	-7,2	-4,1	*-2,0*	*+3,4*	*+2,4*	*+0,6*	*-0,5*	*-1,5*	*-2,1*	*-2,5*	-4,4	-3,8	*-2,0*
BR Deutschland .	*-2,6*	*-2,9*	-3,7	-3,3	*-2,6*	*-1,9*	*-1,2*	*-1,3*	*-1,9*	*-2,2*	*+0,1*	*-2,1*	-3,4	*-2,3*	*-2,9*	*-2,6*	-3,5
Frankreich	*-0,8*	*0,0*	*-1,9*	*-2,8*	-3,2	*-2,8*	*-2,9*	*-2,7*	*-1,9*	*-1,7*	*-1,2*	*-1,6*	*-2,2*	-3,9	-5,8	-6,0	-5,0
Griechenland	*-2,1*	*-2,4*	-8,5	-6,4	-7,1	-8,4	-11,7	-10,4	-9,7	-12,4	-14,7	-14,0	-13,0	-11,7	-13,3	-11,4	-9,3
Großbritannien ..	-3,3	-3,5	-4,0	*-2,9*	-3,4	-3,9	*-2,8*	*-2,8*	*-1,4*	*0,1*	*-0,1*	*-1,5*	*-2,6*	-6,1	-7,7	-6,8	-5,1
Irland	-11,1	-12,3	-12,9	-13,3	-11,4	-9,5	-10,8	-10,7	-8,5	-4,5	*-1,7*	*-2,2*	*-2,1*	*-2,2*	*-2,5*	*-2,1*	*-2,7*
Italien	-8,3	-8,6	-11,4	-11,3	-10,6	-11,6	-12,6	-11,6	-11,0	-10,7	-9,9	-10,9	-10,2	-9,5	-9,5	-9,0	-7,4
Luxemburg	*+0,7*	*-0,5*	-3,6	*-1,2*	*+2,3*	*+3,7*	*+7,2*	*+5,1*	*+3,3*	–	–	*+5,9*	*+2,3*	*+0,3*	*+1,1*	*+2,2*	*+0,4*
Niederlande	-3,7	-4,0	-5,5	-7,1	-6,4	-6,3	-3,6	-5,1	-5,9	-4,6	-4,7	-5,1	*-2,9*	-3,9	-3,3	-3,2	-3,1
Portugal	-6,1	5,6	-9,3	-10,4	-9,0	-12,0	-10,1	-7,2	-6,8	-5,4	-3,4	-3,5	-6,6	-3,3	-7,2	-5,8	-5,4
Spanien	*-1,6*	*-2,6*	-3,9	-5,6	-4,7	-5,4	-6,9	-6,0	-3,1	-3,3	*-2,8*	-3,9	-4,9	-4,2	-7,5	-6,6	-5,9
Kogb	3,0	3,0	3,0	3,0	3,0	3,0	3,0	3,0	3,0	3,0	3,0	3,0	3,0	3,0	3,0	3,0	3,0
Länderanzahl	6	4	2	3	2	3	5	5	5	5	7	6	6	4	3	3	3

Angaben in v.H. des BIP zu Marktpreisen. Quelle: Anhang 2, eigene Berechnungen. (–) Daten nicht verfügbar.

Tabelle 2.6: Die Konvergenzentwicklung des Schuldenstandes der öffentlichen Hand von 1979 bis 1995

Land	1979	1980	1981	1982	1983	1984	1985	1986	1987	1988	1989	1990	1991	1992	1993	1994	1995
Belgien	75,2	81,6	95,5	97,5	107,4	111,7	119,7	123,9	133,2	133,8	130,7	130,8	132,9	133,8	138,9	135,0	134,4
Dänemark	27,0	33,5	43,7	64,5	74,3	78,0	76,8	69,0	59,6	61,4	59,5	59,6	64,6	68,8	79,5	75,6	73,6
BR Deutschland	30,8	32,8	36,5	39,3	40,9	41,8	42,5	42,5	42,6	43,1	41,8	43,5	41,5	44,1	48,1	50,2	58,8
Frankreich	31,4	30,9	30,1	27,9	29,5	31,8	45,5	45,7	33,6	33,7	34,4	35,4	35,8	39,6	45,8	48,4	51,5
Griechenland	27,6	27,7	32,8	36,1	41,2	49,5	62,5	65,0	60,3	66,4	69,7	82,6	86,1	92,3	115,2	113,0	114,4
Großbritannien	54,9	54,1	54,3	58,1	57,7	59,2	59,0	58,0	49,5	43,1	37,5	35,3	35,7	41,9	48,3	50,1	52,5
Irland	71,0	72,5	77,2	87,2	97,3	102,1	107,9	119,9	116,0	111,9	101,8	96,8	96,2	93,4	96,1	91,1	85,9
Italien	61,5	59,0	61,1	66,4	72,0	77,1	82,2	86,2	90,5	92,6	95,6	97,9	101,3	108,4	118,6	125,4	124,9
Luxemburg	–	–	–	14,5	14,8	15,0	14,0	13,5	12,5	10,1	8,3	5,4	4,9	6,0	7,8	5,9	6,4
Niederlande	42,0	45,1	49,5	55,6	62,0	66,1	71,6	73,1	76,1	79,2	79,2	78,8	78,9	79,9	81,4	78,0	78,4
Portugal	25,7	37,5	47,3	50,1	56,0	61,4	70,9	69,5	72,9	75,2	72,1	67,7	69,3	61,7	66,9	69,4	70,5
Spanien	16,5	18,3	24,0	28,7	35,1	41,9	45,2	46,2	45,5	41,7	43,2	45,1	45,9	48,2	59,8	63,0	64,8
KogB	60,0	60,0	60,0	60,0	60,0	60,0	60,0	60,0	60,0	60,0	60,0	60,0	60,0	60,0	60,0	60,0	60,0
Länderanzahl	9	10	9	8	7	6	5	5	6	5	6	6	5	5	5	4	4

Angaben in v.H. des BIP zu Marktpreisen. Quelle: Anhang 3, eigene Berechnungen. (–) Daten nicht verfügbar.

Tabelle 2.7: Die Konvergenzentwicklung des Budgetkriteriums von 1979 bis 1995

Land	1979	1980	1981	1982	1983	1984	1985	1986	1987	1988	1989	1990	1991	1992	1993	1994	1995
Belgien	nein	nein	nein	nein	nein	nein	nein	nein	nein	nein	nein	nein	nein	nein	nein	nein	nein
Dänemark	*ja*	nein	nein	nein	nein	nein	nein	nein	*ja*	nein	*ja*	*ja*	nein	nein	nein	nein	nein
BR Deutschland .	*ja*	*ja*	nein	nein	*ja*	*ja*	*ja*	*ja*	*ja*	*ja*	*ja*	*ja*	nein	*ja*	*ja*	*ja*	nein
Frankreich	*ja*	*ja*	*ja*	*ja*	nein	*ja*	*ja*	*ja*	*ja*	*ja*	*ja*	*ja*	*ja*	nein	nein	nein	nein
Griechenland	*ja*	*ja*	nein	nein	nein	nein	nein	nein	nein	nein	nein	nein	nein	nein	nein	nein	nein
Großbritannien ..	nein	nein	nein	*ja*	nein	nein	*ja*	*ja*	*ja*	*ja*	*ja*	*ja*	*ja*	nein	nein	nein	nein
Irland	nein	nein	nein	nein	nein	nein	nein	nein	nein	nein	nein	nein	nein	nein	nein	nein	nein
Italien	nein	nein	nein	nein	nein	nein	nein	nein	nein	nein	nein	nein	nein	nein	nein	nein	nein
Luxemburg	*ja*	*ja*	nein	*ja*	*ja*	*ja*	*ja*	*ja*	*ja*	*ja*	*ja*	*ja*	*ja*	*ja*	*ja*	*ja*	*ja*
Niederlande	nein	nein	nein	nein	nein	nein	nein	nein	nein	nein	nein	nein	nein	nein	nein	nein	nein
Portugal	nein	nein	nein	nein	nein	nein	nein	nein	nein	nein	nein	nein	nein	nein	nein	nein	nein
Spanien	*ja*	*ja*	nein	nein	nein	nein	nein	nein	nein	nein	*ja*	nein	nein	nein	nein	nein	nein
Länderanzahl	6	5	1	3	2	3	4	4	5	4	6	5	3	2	2	2	1

Quelle: Tabelle 2.5 und 2.6.

beide vorangegangenen Tabellen zu einer Gesamtübersicht zusammen, wobei das Ergebnis logischerweise schlechter ausfällt, weil die Voraussetzungen nur erfüllt werden, wenn beide Teilbedingungen erreicht werden. Die Anzahl der erfolgreichen Länder schwankt in dem betrachteten Zeitraum von einem bis zu sechs Ländern und erreicht im ungefähren Mittel drei bis vier Länder. Dazu zählen insbesondere die BR Deutschland, Frankreich, Großbritannien und Luxemburg, während Belgien, Irland, Italien, Niederlande und Portugal unter Berücksichtigung einer ausschließlich schematischen Anwendung das Budgetkriterium bisher noch nicht erfüllt haben. Seit Beginn der neunziger Jahre hat sich die Europäische Union insgesamt weiter von den festgelegten Referenzwerten entfernt, so daß 1995 lediglich Luxemburg das Haushaltskriterium erfüllt hat.

2.4.4 Das Konvergenzkriterium der Wechselkursstabilität

Das Wechselkurskriterium wird bei dieser Untersuchung in der Form angewendet, daß ein Land die gestellten Anforderungen immer dann nicht erfüllt, wenn seine Währung innerhalb der letzten zwei Jahre gegenüber einer anderen Währung abgewertet worden ist, um so die im Kapitel 2.2.3 erläuterten Interpretationsschwierigkeiten zu umgehen. Bei einer umfassenden Neufestsetzung der Wechselkurse erfüllt hiernach lediglich das Land mit der höchsten Aufwertungsrate noch das EWS-Kriterium. Als Zeitpunkt der rückschauenden Prüfung ist im Hinblick auf den Zeitpunkt der Entscheidung des Europäischen Rates zum Eintritt in die dritte Stufe der WWU (31.12.1996) der 31. Dezember des jeweiligen Jahres gewählt worden.

Ausgangspunkt der Betrachtungen ist die Tabelle 2.8, in der die Paritätsänderungen im EWS seit Bestehen aufgeführt sind. Darüber hinaus sind die für die weitere Beurteilung ebenfalls wichtigen Ein- und Austrittsdaten aus dem Wechselkursmechanismus aufgeführt. Den vorläufigen Abschluß bildet die Brüsseler Reform vom 1. August 1993, die zu einer Ausweitung der obligatorischen bilateralen Interventionspunkte auf +/− 15 v.H. beiderseits der jeweiligen bilateralen Leitkurse geführt hat.

In der Tabelle 2.9 werden diese Daten so umgesetzt, daß sie für jedes Jahr zeigen, ob ein Land in den beiden letzten abgelaufenen Jahren ohne Abwertung geblieben ist (ja/nein). Bis 1989 hätten sich nur die BR Deutschland und die Niederlande für eine Währungsunion qualifizieren können. Seit Anfang 1987 konnten Belgien/ Luxemburg, Dänemark, die BR Deutschland, Frankreich und die Niederlande ihre Wechselkurse innerhalb der zulässigen Bandbreiten halten und erfüllen damit seit 1989

Tabelle 2.8: Die Paritätsänderungen im Europäischen Währungssystem (in % gegenüber allen beteiligten Währungen)

Währung	BLFR	DKR	DM	DR	ESC	FF	HFL	IRL	LIT	PTA	UKL
24.09.1979[a]	-	-2,86	+2,00	*	*	-	-	-	-[b]	*	*
30.11.1979	-	-4,76	-	*	*	-	-	-	-	*	*
23.03.1981	-	-	-	*	*	-	-	-	-6,00	*	*
05.10.1981	-	-	+5,50	*	*	-3,00	+5,50	-	-3,00	*	*
22.02.1982	-8,50	-3,00	-	*	*	-	-	-	-	*	*
14.06.1982	-	-	+4,25	*	*	-5,75	+4,25	-	-2,75	*	*
21.03.1983	+1,50	+2,50	+5,50	*	*	-2,50	+3,50	-3,50	-2,50	*	*
22.07.1985	+2,00	+2,00	+2,00	*	*	+2,00	+2,00	+2,00	-6,00	*	*
07.04.1986	+1,00	+1,00	+3,00	*	*	-3,00	+3,00	-	-	*	*
04.08.1986	-	-	-	*	*	-	-	-8,00	-	*	*
12.01.1987	+2,00	-	+3,00	*	*	-	+3,00	-	-	*	*
19.06.1989	-	-	-	*	*	-	-	-	-	-[b]	*
08.01.1990	-	-	-	*	*	-	-	-	-3,68[c]	-	*
09.10.1990	-	-	-	*	*	-	-	-	-	-	-[b]
06.04.1992	-	-	-	*	-[b]	-	-	-	-	-	-
14.09.1992	+3,50	+3,50	+3,50	*	+3,50	+3,50	+3,50	+3,50	-3,50	+3,50	+3,50
16.09.1992	-	-	-	*	-	-	-	-	-	-	*[d]
17.09.1992	-	-	-	*	-	-	-	-	*[d]	-5,00	*
23.11.1992	-	-	-	*	-6,00	-	-	-	*	-6,00	*
01.02.1993	-	-	-	*	-	-	-	-10,0	*	-	*
14.05.1993	-	-	-	*	-6,50	-	-	-	*	-8,00	*
06.03.1995	-	-	-	*	-3,50	-	-	-	*	-7,00	*

Erläuterungen:

1. * Währung am Wechselkursmechanismus nicht beteiligt
2. [a] Jeweils Datum des Inkrafttretens
3. [b] Teilnahme am EWS-Wechselkursmechanismus mit +/– 6,00 v.H.-Schwankungsmarge
4. [c] Teilnahme am EWS-Wechselkursmechanismus mit +/– 2,25 v.H.-Schwankungsmarge
5. [d] Teilnahme am EWS-Wechselkursmechanismus auf unbestimmte Zeit suspendiert
6. (–) keine Wechselkursänderung
7. Mit Wirkung vom 2. August 1993 sind die Bandbreiten im EWS auf +/– 15 v.H. erweitert worden, wobei die BR Deutschland und die Niederlande zwischen ihren beiden Währungen D-Mark und Gulden eine Schwankungsmarge von weiterhin +/– 2.25 v.H. vereinbart haben.

Quelle: Monatsberichte der Deutschen Bundesbank

Tabelle 2.9: Die Konvergenzentwicklung des EWS-Kriteriums von 1979 bis 1995

Land	1979	1980	1981	1982	1983	1984	1985	1986	1987	1988	1989	1990	1991	1992	1993	1994	1995
Belgien	nein	nein	nein	nein	nein	nein	nein	nein	nein	nein	*ja*	*ja*	*ja*	*ja*	*ja*	*ja*	*ja*
Dänemark	nein	nein	nein	nein	nein	nein	nein	nein	nein	nein	*ja*	*ja*	*ja*	*ja*	*ja*	*ja*	*ja*
BR Deutschland .	*ja*	*ja*	*ja*	*ja*	*ja*	*ja*	*ja*	*ja*	*ja*	*ja*	*ja*	*ja*	*ja*	*ja*	*ja*	*ja*	*ja*
Frankreich	nein	nein	nein	nein	nein	nein	nein	nein	nein	nein	*ja*	*ja*	*ja*	*ja*	*ja*	*ja*	*ja*
Griechenland	nein	nein	nein	nein	nein	nein	nein	nein	nein	nein	nein	nein	nein	nein	nein	nein	nein
Großbritannien ..	nein	nein	nein	nein	nein	nein	nein	nein	nein	nein	nein	nein	nein	nein	nein	nein	nein
Irland	nein	nein	nein	nein	nein	nein	nein	nein	nein	nein	*ja*	*ja*	*ja*	*ja*	nein	nein	*ja*
Italien	nein	nein	nein	nein	nein	nein	nein	nein	nein	nein	nein	nein	nein	nein	nein	nein	nein
Luxemburg	nein	nein	*ja*	*ja*	nein	nein	*ja*	*ja*	*ja*	*ja*	*ja*	*ja*	*ja*	*ja*	*ja*	*ja*	*ja*
Niederlande	nein	nein	nein	nein	nein	nein	nein	nein	nein	nein	nein	nein	nein	nein	nein	nein	nein
Portugal	nein	nein	nein	nein	nein	nein	nein	nein	nein	nein	nein	nein	nein	nein	nein	nein	nein
Spanien	nein	nein	nein	nein	nein	nein	nein	nein	nein	nein	nein	nein	nein	nein	nein	nein	nein
Länderanzahl	1	1	2	2	1	1	2	2	2	2	6	6	6	6	5	5	6

Erläuterungen:

1. Italien hat bis Juni 1990, Portugal und Spanien haben seit ihrem Beitritt zum Wechselkursmechanismus die 6,0 v.H.-Bandbreite genutzt, so daß für diese Zeiträume auch eine Zeitspanne von zwei Jahren ohne Realignment nicht zur Erfüllung des Wechselkurskriteriums ausreicht.
2. Der Erfüllungsgrad ergibt sich aus der Tabelle 2.8, die eine Auflistung der durchgeführten Paritätsänderungen im EWS zeigt.

Tabelle 2.10: Die Konvergenzentwicklung der langfristigen Nominalzinsen von 1979 bis 1995

Land	1979	1980	1981	1982	1983	1984	1985	1986	1987	1988	1989	1990	1991	1992	1993	1994	1995
Belgien	9,7	12,2	13,8	13,5	11,8	12,0	10,6	7,9	7,8	7,9	8,7	10,1	9,3	8,6	7,2	7,8	7,9
Dänemark	16,7	18,7	19,3	20,5	14,4	14,0	11,6	10,6	11,9	10,6	10,2	11,0	10,1	10,1	8,8	8,5	8,6
BR Deutschland .	7,4	8,5	10,4	9,0	7,9	7,8	6,9	5,9	5,8	6,1	7,0	8,9	8,6	8,0	6,3	6,7	7,1
Frankreich	10,9	13,1	15,9	15,7	13,6	12,5	10,9	8,4	9,4	9,0	8,8	9,9	9,0	8,6	6,8	7,5	7,8
Griechenland	11,2	17,1	17,7	15,4	18,2	18,5	15,8	15,8	17,4	16,6	–	–	–	–	–	–	18,4
Großbritannien ..	13,0	13,9	14,8	12,7	10,8	10,7	10,6	9,8	9,5	9,3	9,6	11,1	9,9	9,1	7,8	8,2	8,4
Irland	15,1	15,4	17,3	17,0	13,9	14,6	12,7	11,1	11,3	9,4	9,0	10,1	9,2	9,1	7,7	8,1	8,5
Italien	14,1	16,1	20,6	20,9	18,0	15,0	14,3	11,7	11,3	12,1	12,9	13,4	13,0	13,7	11,3	10,6	12,3
Luxemburg	6,8	7,4	8,7	10,4	9,8	10,3	9,5	8,7	8,0	7,1	7,7	8,6	8,2	7,9	6,9	6,4	6,2
Niederlande	9,2	10,7	12,2	10,5	8,8	8,6	7,3	6,4	6,4	6,3	7,2	9,0	8,7	8,1	6,7	7,2	7,2
Portugal	–	–	–	–	–	–	27,7	19,5	16,8	15,5	16,3	16,8	18,3	15,4	12,5	10,9	11,7
Spanien	13,3	16,0	15,8	16,0	16,9	16,5	13,4	11,4	12,8	11,7	13,7	14,7	12,4	12,2	10,2	9,7	11,5
$\varnothing i_3^n$ [1]	8,8	10,5	10,4	11,0	9,2	9,0	8,8	6,7	6,7	6,8	7,7	10,0	9,5	9,1	7,5	7,9	7,4
Kogi	10,8	12,5	12,4	13,0	11,2	11,0	10,8	8,7	8,7	8,8	9,7	12,0	11,5	11,1	9,5	9,9	9,4
Länderanzahl	4	4	3	4	4	4	5	5	4	4	7	8	8	8	8	9	8

Jährliche Veränderung in Prozentpunkten, [1]Durchschnittszinssatz der drei preisstabilsten Länder, Quelle: Anhang 4, eigene Berechnungen, (–) Daten nicht verfügbar.

das Wechselkurskriterium, wobei die EWS–Krisen 1992 und 1993 und ihre Folgen bei dieser Bewertung unberücksichtigt bleiben. Deshalb erfüllt ein Land dieses Konvergenzkriterium, solange sein Wechselkurs nicht offiziell abgewertet worden ist, auch wenn er sich nicht mehr ausschließlich in den ursprünglich normalen Bandbreiten bewegt.

2.4.5 Das Kriterium der Zinskonvergenz

Die Tabelle des Zinskriteriums ist analog zum Preiskriterium aufgebaut. Aus dem Durchschnittszinssatz der drei preisstabilsten Länder ergibt sich unter Berücksichtigung des Additionsfaktors 2,0 v.H. die Konvergenzobergrenze Zinsen. Die Anzahl der Länder, die diesen Referenzwert unterschreiten, ist wiederum in der letzten Zeile angegeben. Hieran läßt sich erneut eine ansteigende Tendenz erkennen, im Gegensatz zum Preiskriterium allerdings auf höherem Niveau. Als einzige Mitgliedsländer haben die Bundesrepublik Deutschland, Luxemburg und die Niederlande diese Bedingung immer erfüllt. Auffallend ist die weitgehende Parallelität der Ergebnisse der Tabellen 2.4 und 2.10. Sie läßt eine Abhängigkeit zwischen Preis- und Zinskriterium vermuten, die Gegenstand der Ausführungen im Kapitel fünf der vorliegenden Arbeit sein wird.

2.4.6 Die Ergebnisse der kriterienspezifischen Konvergenz

Aus den dargestellten Teilergebnissen läßt sich für jedes Land die Häufigkeit ermitteln, mit der die einzelnen Kriterien erfüllt worden sind. Die Tabelle 2.11 zeigt diese kriterienspezifische Konvergenz für den Zeitraum von 1979 bis 1995. Hieraus läßt sich beispielsweise entnehmen, daß das Budgetkriterium von keinem Land, das Preiskriterium nur von den Niederlanden, das Wechselkurskriterium nur von der BR Deutschland und das Zinskriterium nur von der BR Deutschland, Luxemburg und den Niederlanden über den gesamten betrachteten Zeitraum erfüllt worden sind. Insgesamt haben die Mitgliedstaaten der Europäischen Union das Kriterium der Zinskonvergenz am häufigsten erfüllen können; danach folgen das Preis-, Budget- und EWS-Kriterium. Die Abbildung 2.7 zeigt hierzu den zeitlichen Verlauf der Konvergenzentwicklung, woraus beispielsweise ersichtlich wird, daß sich das Konvergenzniveau mit Ausnahme des Budgetkriteriums in den neunziger Jahren insgesamt erhöht hat und die Konvergenzentwicklung des Preis- und Zinskriteriums annähernd parallel verläuft.

Tabelle 2.11: Die kriterienspezifische Konvergenz [1]

Land	$\sum P$	$\sum Dq$	$\sum Sq$	$\sum B$	$\sum EWS$	$\sum Z$
Belgien	11	0	0	0	7	13
Dänemark	7	10	6	4	7	6
BR Deutschland	14	13	17	13	17	17
Frankreich	8	12	17	12	7	8
Griechenland	0	2	6	2	0	0
Großbritannien	3	8	17	8	0	11
Irland	8	7	0	0	5	7
Italien	0	0	1	0	0	0
Luxemburg	12	16	17	16	7	17
Niederlande	17	1	4	0	13	17
Portugal	0	0	5	0	0	0
Spanien	0	3	15	3	0	1
Gesamtsumme	**64**	66	94	**51**	**44**	**80**

Erläuterungen: 1) Anzahl der Jahre, in denen die jeweilige Konvergenzbedingung erfüllt worden ist (in einer Summe von 1979 bis 1995)

$\sum P$ ⇒ Preiskriterium

$\sum EWS$ ⇒ Wechselkurskriterium

$\sum Z$ ⇒ Zinskriterium

$\sum B$ ⇒ Budgetkriterium

$\sum Dq$ ⇒ Defizitquote

$\sum Sq$ ⇒ Schuldenquote

Quelle: Tabellen 2.4 - 2.7, 2.9, 2.10

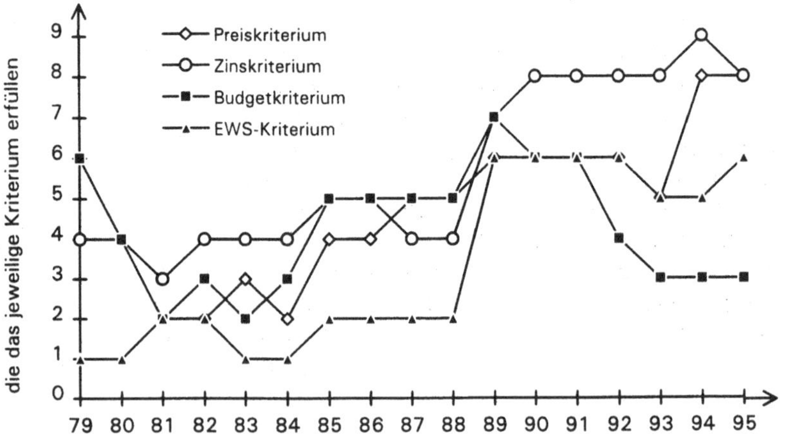

Abbildung 2.7:
Der Konvergenzverlauf der Konvergenzkriterien von 1979 bis 1995

2.4.7 Die Ergebnisse der länderspezifischen Konvergenz

In diesem Abschnitt wird der erreichte Konvergenzgrad zwischen 1979 und 1995 einmal für jedes Land und auf der anderen Seite für die gesamte Europäische Union aufgezeigt. Aus der Tabelle 2.12 kann hierzu abgelesen werden, welches Land wie viele Konvergenzkriterien in einem ausgewählten Jahr erfüllt hat. Italien, Portugal und mit zwei Ausnahmen Griechenland haben bisher in keinem Jahr den Anforderungen nur eines der Kriterien entsprechen können. Die BR Deutschland hat dagegen über den gesamten Zeitraum gesehen am häufigsten alle Eintrittsvoraussetzungen erfüllen können. In der letzten Zeile ist die Anzahl der Länder aufgeführt, die im jeweiligen Jahr die Konvergenzprüfung bestanden hätten, weil sie alle geforderten Bedingungen zeitgleich erfüllt haben. Eine graphische Darstellung liefert hierzu die folgende Abbildung.

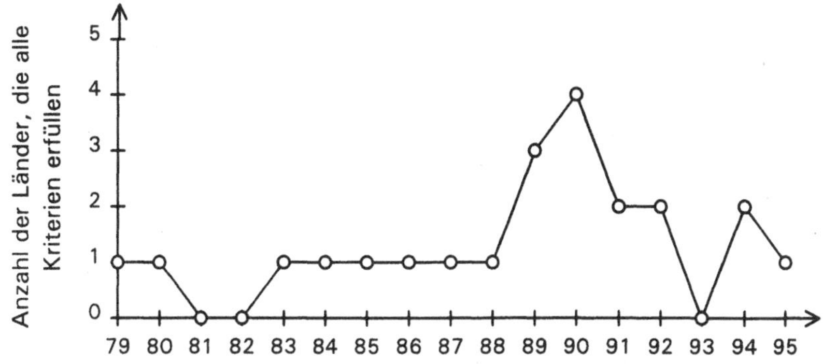

Abbildung 2.9: Die Anzahl der Länder mit bestandener Konvergenzprüfung von 1979 bis 1995

Danach hätten bisher im Höchstfall vier EU-Staaten gleichzeitig eine Währungsunion beginnen können. Nach 1990 hat sich das Konvergenzniveau, teilweise rezessionsbedingt, wieder verschlechtert.

Tabelle 2.12: Anzahl der erfüllten Konvergenzkriterien von 1979 bis 1995

Land	1979	1980	1981	1982	1983	1984	1985	1986	1987	1988	1989	1990	1991	1992	1993	1994	1995
Belgien	2	2	0	0	0	0	1	2	2	2	3	2	3	3	3	3	3
Dänemark	1	0	0	0	0	0	1	0	1	0	2	4	3	3	3	3	3
BR Deutschland .	4	4	3	3	4	4	4	4	4	4	4	4	2	3	3	4	3
Frankreich	1	1	1	1	0	1	1	2	1	1	4	4	4	3	3	3	3
Griechenland	1	1	0	0	0	0	0	0	0	0	0	0	0	0	0	0	0
Großbritannien ..	0	0	0	2	2	1	2	1	1	1	2	2	2	1	1	2	2
Irland	0	0	0	0	0	0	0	0	1	0	3	3	3	3	2	2	3
Italien	0	0	0	0	0	0	0	0	0	0	0	0	0	0	0	0	0
Luxemburg	3	3	1	2	2	2	3	3	3	3	4	4	4	4	3	4	4
Niederlande	2	2	3	3	2	2	3	3	3	3	3	3	3	3	3	3	3
Portugal	0	0	0	0	0	0	0	0	0	0	0	0	0	0	0	0	0
Spanien	1	1	0	0	0	0	0	0	0	0	1	0	0	0	0	1	0
Anzahl der Länder (alle Kriterien erfüllt)	1	1	0	0	1	1	1	1	1	1	3	4	2	2	0	2	1

Quelle: Tabellen 2.4, 2.7, 2.9, 2.10

3. Das Konvergenzkriterium der Preisstabilität

3.1 Inflationskonvergenz und preisliche Wettbewerbsfähigkeit

3.1.1 Das Modell des Preisstruktureffekts von Balassa

Annähernd gleiche Preissteigerungsraten in den Ländern, die sich zu einer Währungsunion zusammenschließen wollen, werden u.a. mit der Annahme begründet, daß die Wettbewerbsfähigkeit eines Landes im wesentlichen von der relativen Entwicklung der Kosten und Preise abhängig ist. Andere Faktoren, die die internationale Wettbewerbsposition beeinflussen, wie die Produktqualität, Gütervielfalt, Lieferfähigkeit, Service etc. verlieren ihre Bedeutung in Abhängigkeit von der Größe der Preisunterschiede bzw. der zeitlichen Dauer von Preisdivergenzen, sofern Wechselkursanpassungen unterbleiben. Übertrifft die Inflationsrate eines Landes die Teuerungsrate seiner Handelspartner über einen längeren Zeitraum, so wird sich die preisbedingte Wettbewerbsfähigkeit[1] vermindern. Infolgedessen kommt es bei einer normalen Reaktion zu einem ständig wachsenden Leistungsbilanzdefizit, daß bei festen Wechselkursen ohne handelshemmende Maßnahmen nicht ausgeglichen werden kann. Im Fall flexibler Wechselkurse wird die Währung des stärker inflationierenden Landes nach der relativen Kaufkraftparitätentheorie auf lange Sicht im Ausmaß des Inflationsunterschiedes abgewertet. Danach kommt es bei einer ausreichenden Elastizität der Import- und Exportnachfrage zu einer normalen Reaktion der Leistungsbilanz, so daß das externe Ungleichgewicht beseitigt wird. Im Mittelpunkt dieser Überlegungen steht die Erkenntnis, daß Länder mit annähernd gleichen Veränderungsraten des Preisniveaus auf flexible Wechselkurse verzichten und sich deshalb zu einer Währungsunion zusammenschließen können. Im Gegensatz dazu können Länder mit divergierenden Preissteigerungsraten ohne Beschränkungen des Devisenverkehrs auf längere Sicht den Wechselkurs als Anpassungsinstrument für Leistungsbilanzungleichgewichte nicht aufgeben.

Das Preiskriterium des Maastricht–Vertrages folgt anscheinend dieser Argumentation und sieht die Angleichung der Inflationsraten als notwendige Bedingung für einen lebensfähigen Währungszusammenschluß an. Im folgenden soll der Frage nachgegangen werden, inwieweit dieses

[1] Die Begriffe Wettbewerbsfähigkeit und Konkurrenzfähigkeit werden synonym verwendet.

Konvergenzkriterium geeignet ist, die Länder für eine Währungsunion auszuwählen, deren preisliche Wettbewerbsfähigkeit untereinander erhalten bleibt und in diesem speziellen Sinne einen "optimalen Währungsraum" bilden. Oder konkreter gefragt: Ist der vorgesehene Konsumentenpreisindex ein geeigneter Konvergenzindikator, um die tatsächlichen Wettbewerbsverhältnisse abzubilden? Dabei wird angenommen, daß sich nach diesem Zugangskriterium diejenigen Länder für die Währungsunion qualifizieren, deren Preissteigerungsrate innerhalb eines Korridors liegt, der von der niedrigsten nationalen Inflationsrate als untere Korridorgrenze und von dem durchschnittlichen Wert der drei preisstabilsten Länder zuzüglich 1,5 v.H. als obere Korridorgrenze gebildet wird.

Der gewählte Analyserahmen lehnt sich an das Preisstrukturmodell von Balassa an.[2] Danach führen strukturelle Veränderungen der Volkswirtschaften zu unterschiedlichen Preisentwicklungen der Außenhandels- und Binnengüter. Damit entwickeln sich die für die internationale Wettbewerbsfähigkeit vor allem relevanten Preise der handelbaren Güter anders als das Gesamtpreisniveau. Dieser sogenannte Preisstruktureffekt (Productivity Bias)[3] führt bei einem ausschließlich am allgemeinen Preisindex orientierten Vergleich der Inflationsraten zu einem verzerrten Bild der Wettbewerbsverhältnisse und ihrer temporären Entwicklung in den jeweiligen Ländern[4].

Die Inflationsraten werden für die Konvergenzprüfung in den Mitgliedstaaten anhand des Preisindex der Verbraucherpreise gemessen.[5] In diesem allgemeinen Preisindex gehen sowohl die Preise für international handelbare Güter (P^T) als auch die Preise der nichthandelsfähigen Binnengüter (P^N) ein. Der Einfluß der Preise für tradables und non-tradables auf das Gesamtpreisniveau wird von der Größe des Außenhandels- und Binnengütersektors bestimmt. Bezeichnet man die jeweilige Sektorgröße

---

[2] Vgl. Balassa (1964), S. 584ff.

[3] Zum empirischen Gehalt des Preisstruktureffekts vgl. die bei Heitger (1983) aufgeführten Untersuchungen.

[4] Für den Preisstruktureffekt kann auch eine unterschiedliche Nachfrage nach den beiden Güterkategorien ursächlich sein. Beispielsweise führt ein stärkerer Anstieg der Nachfrage bei den tradable goods im Gegensatz zu den non-tradables goods zu einem Anstieg des relativen Preises für handelbare Güter.

[5] Vgl. Protokoll über die Konvergenzkriterien nach Art. 109j.

mit den Variablen α bzw. $(1-\alpha)$ und läßt sich das gesamtwirtschaftliche Preisniveau (P) in den einzelnen Ländern als eine linear homogene Funktion der Außenhandels- bzw. Binnengüterpreise darstellen, so gilt für jedes Land i (i = 1,2,3,...) folgende Gleichung:

$$(3.1) \quad P_i = \alpha_i P_i^T + (1-\alpha_i) P_i^N \ .$$

Die gesamtwirtschaftliche Inflationsrate, definiert als dP_i, leitet sich hieraus in logarithmischer Darstellung ab zu

$$(3.1a) \quad dP_i = \alpha_i dP_i^T + (1-\alpha_i) dP_i^N \ .$$

Die Höhe der Inflationsrate wird in der Regel durch verschiedene Faktoren bestimmt. Die zahlreichen Erklärungsansätze über die Ursachen der Inflation lassen sich vereinfacht in monetäre und nichtmonetäre Inflationstheorien einteilen. In dieser Untersuchung wird aus dem Bereich der nichtmonetären Inflationstheorien die These der kosteninduzierten Inflation (cost push) ausgewählt. Demnach stellen Kostenerhöhungen eine wesentliche Ursache für Preissteigerungen dar. Unter der Annahme, daß in entwickelten Volkswirtschaften die Löhne anteilsmäßig die höchsten Kosten verursachen, können wir dann davon ausgehen, daß die Nominallohnsteigerung (dw) eng mit der Preissteigerungsrate korreliert.[6] Diese Beziehung wird wesentlich durch die Wachstumsrate der Arbeitsproduktivität ($d\sigma$) determiniert. In dem Maße, wie der Nominallohnanstieg den Produktivitätszuwachs übersteigt, erhöhen sich die Stückkosten. Kalkulieren die Unternehmer die Güterpreise auf der Grundlage der faktischen oder standardisierten Stückkosten unter Addition eines Gewinnaufschlags (mark-up-pricing), so steigen die Preise im Ausmaß der Stückkostenerhöhung, sofern andere Kostenkomponenten nicht reduziert werden können. Diese Preissteigerungshypothese läßt sich mathematisch in der Gleichung

$$(3.2) \quad P = (1+g)\frac{w}{\sigma}$$

ausdrücken. Demzufolge fordern die Unternehmer einen Preis, der um einen bestimmten Prozentsatz g über den Lohnstückkosten liegt, die sich definitionsgemäß aus dem Nominallohnsatz w dividiert durch die

[6] Neben der Lohnkosteninflation (wage-push) kann ein Kostendruck auch von Steuererhöhungen (tax-push) und Rohstoffpreiserhöhungen ausgehen.

Arbeitsproduktivität σ zusammensetzen.[7] Nehmen wir für g einen konstanten Wert an, so werden die Preise allein durch die Nominallöhne und die Arbeitsproduktivität determiniert. Diesem Modellrahmen liegt die Annahme zugrunde, daß die Unternehmer die erhöhten Kosten zu jeder Zeit vollständig auf die Preise überwälzen können.[8] Das Preisniveau bzw. der Preisanstieg für tradables und non-tradables läßt sich nun, ausgehend vom inflationstheoretischen Ansatz des cost-push und unter Einbeziehung der Bedeutung des Wechselkurses auf die Außenhandelsgüterpreise, in folgenden Gleichungen darstellen:[9] [10]

$$(3.3) \quad P_i^T = w_i - \sigma_i^T - e + g \quad \text{bzw.}$$

$$(3.3a) \quad dP_i^T = dw_i - d\sigma_i^T - de + dg$$

$$(3.4) \quad P_i^N = w_i - \sigma_i^N + g \quad \text{bzw.}$$

---

[7] Inwieweit die Unternehmer tatsächlich ihre erhöhten Kosten auf die Preise überwälzen können, hängt von verschiedenen Faktoren, wie der Geldpolitik der Notenbank, den Wettbewerbsverhältnissen und der Konjunktursituation ab.

[8] Diese Annahme ist gleich der häufig vorgebrachten Empfehlung, wonach die Lohnsteigerung dem Produktivitätsanstieg entsprechen sollte. Damit wird allerdings eine konstante Einkommensverteilung festgeschrieben, ohne der Frage nachzugehen, ob die bisherige Aufteilung unter sozialen, politischen oder ökonomischen Aspekten optimal ist.

[9] logarithmische Darstellung.

[10] Die obigen Gleichungen könnten noch um eine monetaristische Modellvariante erweitert werden, in dem der Einfluß der Arbeitslosenquote auf die Nominallohnsteigerung und somit auf das Preisniveau berücksichtigt wird. Ausgehend von der Lohngleichung

$$(a) \quad dw_i = dP_i + d\sigma_i - \gamma(u_t - u^*)$$

ließe sich die Preisgleichung in der allgemeinen Form als

$$(b) \quad dP_i = dw_i - d\sigma_i - de + dg - \gamma(u_t - u^*)$$

schreiben, wobei die Variablen und Parameter

u^* = die "natürliche" Arbeitslosenquote

u_t = die Arbeitslosenquote in der Periode t

γ = die Einflußstärke der Differenz zwischen natürlicher und tatsächlicher Arbeitslosenquote

symbolisieren. Demnach ist es für die Arbeitnehmer und Gewerkschaften in Zeiten knapper Arbeitsplätze schwerer, hohe Lohnabschlüsse zu erzielen, d.h. die Lohnsteigerungsrate ist mit der Höhe der Arbeitslosigkeit negativ korreliert.

(3.4a) $dP_i^N = dw_i - d\sigma_i^N + dg$

Der Buchstabe d vor den genannten Variablen bezeichnet jeweils deren Änderungsrate. Die Außenhandelspreisentwicklung (dP_i^T) muß, um eine Veränderung der internationalen Wettbewerbsfähigkeit zu ermitteln, von vorgenommenen Paritätsänderungen (de) auf dem Devisenmarkt bereinigt werden. In diesem Modell wird "de" gleich null gesetzt, um die weitere Forderung des Maastricht-Vertrages nach konstanten Wechselkursen zu berücksichtigen. Von einer Änderung des Gewinnaufschlagsatzes soll aus Gründen der Vereinfachung ebenfalls abstrahiert werden ($dg = 0$). Setzt man die Gleichungen (3.3) und (3.4) in (3.1) und (3.3a) und (3.4a) in (3.1a) ein, so ergibt sich unter Berücksichtigung der gemachten Annahmen für das allgemeine Preisniveau

(3.5) $P_i = \alpha_i(w_i - \sigma_i^T - e + g) + (1 - \alpha_i)(w_i - \sigma_i^N + g)$

und für den Preisanstieg

(3.5a) $dP_i = \alpha_i(dw_i - d\sigma_i^T) + (1 - \alpha_i)(dw_i - d\sigma_i^N)$.

Ausgangspunkt der theoretischen Analyse war die Frage, inwiefern das Konvergenzkriterium der Preisstabilität geeignet ist, die "richtigen" Länder für eine Währungsunion auszuwählen. Damit sind diejenigen Mitgliedstaaten gemeint, deren preisliche Wettbewerbsfähigkeit untereinander auf längere Sicht erhalten bleibt und die damit auf den Wechselkurs als Anpassungsvariable für externe Ungleichgewichte verzichten können. Bevor diese Frage nun anhand einiger Zahlenbeispiele in den nächsten Abschnitten beantwortet werden soll, müssen vier weitere Annahmen gemacht werden:

1. Preisveränderungen im Sektor der Außenhandels- oder Binnengüter führen nicht zu Nachfrageverschiebungen und damit bei konstantem Angebot zu Preisverschiebungen im jeweils anderen Sektor , d.h. die Kreuzpreiselastizitäten ($\eta x_i^T p_i^N$ / $\eta x_i^N p_i^T$) sind gleich Null.

2. Der Nominallohnanstieg ist unabhängig vom sektorspezifischen Produktivitätsanstieg, sondern orientiert sich bei einem homogenen Arbeitsmarkt an dem Produktionsbereich mit der größten Produktivitätssteigerung (Prozeß der Lohnangleichung/ "spill-over-Effekte").[11]

[11] Diese Annahme hat auch als wage-leadership-Theorie Eingang in die Literatur gefunden. Vgl. Brechling (1973).

3. Die Produktionsfaktoren sind international vollkommen immobil.
4. Die Kostenerhöhung führt zu keiner Verschiebung der gesamtwirtschaftlichen Angebots- und Nachfragefunktionen.

3.1.2 Das Preiskriterium bei unterschiedlicher Produktivitätsentwicklung

Vor dem Hintergrund der vorstehenden Modellstruktur soll in einem ersten Schritt gezeigt werden, inwieweit eine sektoral und innergemeinschaftlich divergierende Produktivitätsentwicklung zu Unterschieden zwischen dem allgemeinen Preisindex und dem der handelbaren Güter führt und damit die preisliche Wettbewerbsfähigkeit innerhalb der Gemeinschaft verändert. Die zentralen Zusammenhänge werden dabei mit Hilfe von Zahlenbeispielen erläutert. Unter der Voraussetzung gleich großer Außenhandels- und Binnengütersektoren in den einzelnen Ländern ergeben sich die in Tabelle 3.1 Spalte 5 aufgeführten Entwicklungen der allgemeinen Preisniveaus.

Tabelle 3.1:
Unterschiede zwischen allgemeinem Preisindex und Preisen der Außenhandelsgüter bei unterschiedlicher sektoraler Produktivitätsentwicklung

Land i	$d\sigma_i^T$	$d\sigma_i^N$	dw_i	dP_i [12]	dP_i^T
1	5,0	1,0	5,0	**2,0**	**0,0**
2	1,0	5,0	5,0	**2,0**	**4,0**
3	10,0	2,0	10,0	**4,0**	**0,0**
4	6,0	2,0	6,0	**2,0**	**0,0**

In Spalte 6 ist die Preisentwicklung der Außenhandelsgüter aufgeführt. Sie ergibt sich nach diesem Modell aus der Differenz zwischen Nominallohnsteigerung und Produktivitätswachstum im tradable Sektor. Ein internationaler Vergleich der relativen Wettbewerbspositionen anhand des allgemeinen Preisniveaus (Spalte 5) führt zu dem Ergebnis, daß Land 1, 2 und 4 einen optimalen Währungsraum bilden würden. Land 3 hingegen würde bei einem Anstieg des allgemeinen Preisindex von 4,0

[12] dP_i für $\alpha_i = 0{,}5$.

v.H. sukzessive an Wettbewerbsfähigkeit verlieren. Sind die Länder 1, 2 und 4 die drei preisstabilsten Länder, so würde Land 3 dementsprechend auch von der Währungsunion ausgeschlossen werden, weil es die Konvergenzobergrenze von 3,5 v.H. überschreitet.

Dieses Ergebnis verändert sich mit dem verwendeten Preisindex. Die Wettbewerbsfähigkeit einer Volkswirtschaft auf den Weltmärkten hängt vor allem von den Preisen der international handelsfähigen Güter ab, so daß ein Preisvergleich im Bereich der Außenhandelsgüter sinnvoll erscheint. Nach dieser Annahme würden jetzt die Länder 1, 3 und 4 mit einer einheitlichen Inflationsrate im Außenhandelsgüterbereich von null Prozent einen "optimalen Währungsraum" bilden, während das Land 2 mit einem jährlichen Verlust der internationalen Wettbewerbsfähigkeit von 4,0 v.H. sinnvollerweise von einer Währungsunion ausgeschlossen werden müßte.[13] Dieses widersprüchliche Ergebnis resultiert aus einer differenzierten internen Preisentwicklung zwischen Außenhandels- und Binnengütern in den jeweiligen Ländern. Die Ursache hierfür liegt in dem unterschiedlichen sektoralen Produktivitätsanstieg. Dieser wird im Regelfall im Industriesektor, in dem die meisten handelsfähigen Güter produziert werden, größer als im Binnengütersektor sein, der im wesentlichen aus Dienstleistungen besteht.[14] Angenommen, das Land 1 erzielt im tradable-Sektor vergleichsweise hohe Produktivitätsfortschritte und das Land 2 im Gegensatz dazu im non-tradable-Sektor, dann steigen im Land 1 die relativen Preise der Binnengüter bzw. sinken die relativen Preise der Außenhandelsgüter, sofern die Nachfragestruktur unverändert bleibt. Im Land 2 gelten diese Zusammenhänge mit umgekehrten Vorzeichen. Diese Preisstrukturveränderungen manifestieren sich allerdings zunächst lediglich in einer unterschiedlichen Entwicklung der Außenhandelspreise. Die allgemeine Preisentwicklung ist in beiden betrachteten Ländern mit 2,0 v.H. identisch. Demzufolge bliebe ein kaufkraftparitätischer Wechselkurs auf der Grundlage eines umfassenden Preisniveaus konstant. Infolge des internationalen Preiszusammenhangs werden sich die Preise der weltweit gehandelten Güter angleichen. Bei fle-

---

[13] Diese Schlußfolgerung gilt auch im Falle des internationalen Preiszusammenhangs. Danach können die Preise internationaler Güter nicht voneinander abweichen, so daß die preisliche Wettbewerbsfähigkeit gleichbleibt. Allerdings steigen dann die Kosten der Produzenten im Land 2 mit der Folge, daß einige Unternehmer in Abhängigkeit von den Wettbewerbsverhältnissen vom Markt verdrängt werden.

[14] Ein wesentlicher Grund hierfür ist in der unterschiedlichen Intensität des Wettbewerbs zu sehen.

xiblen Wechselkursen würde die Währung des Landes 1 aufwerten und bei festen Wechselkursen das Preisniveau im Land 1 relativ zum Land 2 ansteigen. Ein gleichgewichtiger Wechselkurs der international austauschbaren Güter erfordert demnach auf der Grundlage der Verbraucherpreisentwicklung eine reale Aufwertung der Währung des Landes 1. Damit verschlechtert sich nicht automatisch seine Stellung im Wettbewerb mit dem Land 2. Von entscheidender Bedeutung sind hierfür die Preise der Außenhandelsgüter, die sich im Land 1 infolge produktivitätsbedingter Kostenersparnis gegenüber dem Land 2 nicht erhöht haben.

Bei einem Vergleich der Länder 2 und 3 ist festzustellen, daß sich die Wettbewerbsfähigkeit des Landes 3 aufgrund des größeren Produktivitätsfortschritts im Außenhandelsgütersektor gegenüber dem Land 2 verbessert hat, obwohl in diesem Land der Anstieg des allgemeinen Preisniveaus niedriger ist. In dem angeführten Beispiel müßte deshalb die Währung des Landes 3 gegenüber der des Landes 2 aufwerten, um ein externes Gleichgewicht wiederherzustellen, tatsächlich wertet sie jedoch gemäß der KKP-Theorie auf der Basis von Konsumentenpreisen ab. In deren weiterer Folge vergrößern sich die Wettbewerbsunterschiede und damit die Leistungsbilanzungleichgewichte.

Als Ergebnis dieser Analyse kann demnach festgehalten werden, daß das Konvergenzkriterium der Preisstabilität unter diesen Voraussetzungen nicht diejenigen Länder zu einer Währungsunion zusammenschließen kann, die einen optimalen Währungsraum im Sinne einer beständigen preislichen Wettbewerbsfähigkeit bilden würden. Einerseits können Länder wegen einer zu hohen Inflationsrate –gemessen am allgemeinen Preisindex– von der Teilnahme an der dritten Stufe ausgeschlossen werden, obwohl außenwirtschaftliche Ungleichgewichte nicht auftreten müssen (Land 3). Andererseits erfüllen Länder dieses Kriterium, obwohl sich ihre Wettbewerbsposition gegenüber den anderen Teilnehmerstaaten einer Währungsunion deutlich verschlechtert (Land 2). Dieses Beurteilungskriterium bzw. ein Vergleich der preislichen Konvergenz führt demzufolge in diesem Modellrahmen nur dann zu sinnvollen Ergebnissen über den Teilnahmeumfang eines Währungszusammenschlusses, wenn auf die Preisentwicklung der Außenhandelsgüter abgestellt wird.

Ein sektoral und innergemeinschaftlich differenzierter Anstieg der Produktivität oder, gleichbedeutend, veränderte Angebots- und Nachfragestrukturen infolge einer veränderten Wettbewerbsintensität, technischen Fortschritts und gewandelter Präferenzen haben einen Bedarf an realen Wechselkursänderungen, d.h. ein systematisches Abweichen des nominalen Wechselkurses von der Kaufkraftparität zur Folge, um ein bestehendes internationales Gütermarktgleichgewicht zu erhalten. Das impliziert aber unmittelbar, daß die EU-Staaten den notwendigen Anpassungsbedarf nur über eine differenzierte Inflationsentwicklung bewerkstelligen können, wenn sie die nominalen Wechselkurse nicht verändern wollen, um gleichzeitig das Wechselkurskriterium zu erfüllen. Gleichgewichtige Wechselkurse können also unter gegebenen Umständen abweichende Preissteigerungsraten bedingen. Es existiert mithin eine wettbewerbsverzerrende Außenhandelslage bei identischer Preisentwicklung und eine leistungsbilanzneutrale Situation bei verschiedenen Inflationsraten. Demzufolge wäre der vorhandene Unterschied der allgemeinen Preisentwicklung zwischen den Ländern drei und vier zur Aufrechterhaltung einer gleichbleibenden Wettbewerbsfähigkeit notwendig. Das Kriterium der Preiskonvergenz würde aber das Land 3 von der Währungsunion ausschließen, weil es lediglich die Entwicklung der Konsumentenpreise berücksichtigt. Als Konsequenz müßte dementsprechend der Schluß gezogen werden, daß das Konvergenzkriterium um einen Vergleich anderer Preisindizes zu vervollständigen ist, die insbesondere den Verlauf der Wettbewerbsfähigkeit im Außenhandelsbereich widerspiegeln.

3.1.3 Das Preiskriterium bei unterschiedlicher Größe der Außenhandels- und Binnengütersektoren

Im vorherigen Abschnitt sind wir von gleich großen Außenhandels- und Binnengütersektoren ausgegangen. Diese strenge Annahme soll im folgenden bei ansonsten identischer Modellstruktur aufgegeben werden, d.h. das Größenverhältnis zwischen den Bereichen der tradables und non-tradables kann jetzt zwischen den Ländern variieren. In der Regel lassen sich Unterschiede in der Wirtschaftsstruktur durch voneinander abweichende Entwicklungsstände der Volkswirtschaften erklären.

Um den Einfluß unterschiedlicher Korbgewichte deutlich zu machen, soll auf die Gleichungen

$$(3.3a)\quad dP_i^T = dw_i - d\sigma_i^T - de + dg$$

und

$$(3.4a)\quad dP_i^N = dw_i - d\sigma_i^N + dg$$

zurückgegriffen werden. Hieraus läßt sich unter der Annahme $de = 0$ und $dg = 0$ die Wachstumsrate der Reallöhne ($dw_i^r - dP_i^T$ bzw. $dw_i^r - dP_i^N$) ableiten, die im Außenhandelsgütersektor mit

$$(3.6) \quad dw_i^r - dP_i^T = d\sigma_i^T$$

und im Binnengütersektor mit

$$(3.7) \quad dw_i^r - dP_i^N = d\sigma_i^N$$

beschrieben werden kann. Die Reallohnerhöhung ist abhängig vom Produktivitätszuwachs. Angenommen die Nominallohnsteigung ist in allen Ländern gleich groß, so ergibt sich nach Umstellen der Ausdrücke:

$$(3.8) \quad d\sigma_i^T + dP_i^T = d\sigma_i^N + dP_i^N$$

beziehungsweise

$$(3.9) \quad dP_i^T - dP_i^N = d\sigma_i^N - d\sigma_i^T .$$

Der Inflationsunterschied zwischen den Preissteigerungsraten der tradable und non-tradable goods ist wertmäßig gleich der Differenz zwischen dem sektoralen Produktivitätsanstieg. Aus der Gleichung (3.9) läßt sich die Preissteigerungsrate für die Binnengüter als

$$(3.10) \quad dP_i^N = dP_i^T + d\sigma_i^T - d\sigma_i^N$$

schreiben. Durch Einsetzen in die Gleichung

$$(3.1a) \quad dP_i = \alpha_i dP_i^T + (1-\alpha_i) dP_i^N \quad .$$

läßt sich der Anstieg des allgemeinen Preisindex in folgender Weise darstellen:

$$(3.11) \quad dP_i = \alpha_i dP_i^T + (1-\alpha_i)(dP_i^T + d\sigma_i^T - d\sigma_i^N)$$

oder

$$(3.12) \quad dP_i = dP_i^T + (1-\alpha_i)(d\sigma_i^T - d\sigma_i^N) .$$

Die nationale Preissteigerungsrate setzt sich demnach aus zwei Komponenten zusammen. Einem nicht beeinflußbaren Faktor dP_i^T (der weltweiten Preissteigerungsrate), die durch den internationalen Preiszusammenhang determiniert ist und einem länderspezifischen Faktor $(1-\alpha_i)(d\sigma_i^T - d\sigma_i^N)$, der von dem Gewicht der international nicht austauschbaren Güter am gesamten Güterkorb und von der Höhe der sektoralen Produktivitätsunterschiede abhängig ist. Infolgedessen steigt die Differenz zwischen dem inländischen und dem ausländischen Preisniveau um so mehr an, je höher der Anteil der nicht handelbaren Güter am

Preisindex ist. Die Bestimmung eines Währungsgebietes anhand der preislichen Wettbewerbsfähigkeit ist demnach vom Grad der Offenheit einer Volkswirtschaft abhängig. Dieser ist somit als Quotient der handelbaren zu den nichthandelbaren Gütern zu definieren.[15]

Auch unter diesem veränderten Analyserahmen soll versucht werden, die Frage zu beantworten, inwieweit das Konvergenzkriterium der Preisstabilität in der Lage ist, einen "optimalen Währungsraum" zu bilden. Beurteilungsmaßstab ist wiederum ein Gleichgewicht der Wettbewerbsverhältnisse, gemessen an der Preisentwicklung der Außenhandelsgüter. Diese Fragestellung soll mit Hilfe des folgenden Zahlenbeispiels erörtert werden.

Tabelle 3.2: Unterschiede zwischen allgemeinem Preisindex und Preisen der Außenhandelsgüter bei unterschiedlicher Sektorengröße

Land i	$d\sigma_i^T$	$d\sigma_i^N$	dw_i	α	dP_i	dP_i^T
1	5,0	1,0	5,0	0,5	**2,0**	**0,0**
2	5,0	1,0	5,0	0,2	**3,2**	**0,0**
3	5,0	1,0	5,0	0,8	**0,8**	**0,0**
4	1,0	5,0	5,0	0,2	**0,8**	**4,0**[16]

Die Werte für $d\sigma_i^T$, $d\sigma_i^N$ und dw_i sind für die Länder 1, 2 und 3 gleich groß gewählt worden, um den Einfluß unterschiedlicher Sektorengrößen auf die Preisindizes dP_i und dP_i^T zu verdeutlichen. Eine Variation von α zwischen 0,2 und 0,8 führt zu Differenzen zwischen den allgemeinen

---

[15] In formaler Hinsicht besteht hiermit Übereinstimmung zum Kriterium McKinnons für einen optimalen Währungsraum. Allerdings begründet er den Vorteil fester Wechselkurse bei offenen Volkswirtschaften damit, daß beispielsweise durch Nachfrageverschiebungen hervorgerufene Wechsel-kursänderungen im Falle eines kleinen Landes nicht zu preislichen Wettbewerbsvorteilen führen, weil sie mittelfristig durch ansteigende Lohnkosten kompensiert werden. Zusätzlich beeinträchtigen die gestiegenen Preise für international gehandelte Güter das Ziel der Preisstabilität. Vgl. McKinnon (1963), S. 717-724.

[16] Gilt der internationale Preiszusammenhang, so steigen statt der Außenhandelspreise die Kosten im Sektor der Handelsgüter, die genauso wie die Preise einen Maßstab für die Wettbewerbsfähigkeit bilden. Das Ergebnis ist grundsätzlich identisch.

Preisniveaus von 0,8 v.H. und 3,2 v.H. Die Preise für Außenhandelsgüter verändern sich in keinem der Länder 1, 2 und 3, d.h. die preisliche Wettbewerbsfähigkeit auf dem Weltmarkt verändert sich untereinander nicht. Demzufolge ist ceteris paribus ein Leistungsbilanzausgleich auch bei abweichenden Inflationsraten sichergestellt. Unter Berücksichtigung von Land 4 ergibt sich ein Durchschnittswert der Preissteigerungsraten der drei preisstabilsten Länder von 1,2 v.H. und somit eine Konvergenzobergrenze von 2,7 v.H. Demnach erfüllt Land 2 dieses Zugangskriterium nicht und würde von einer Währungsunion ausgeschlossen werden, obwohl im Sinne unserer Definition keine relevanten Gründe gegen eine Teilnahme sprechen. Interessant ist an dieser Stelle ein direkter Vergleich mit Land 4. Bei identischer Wirtschaftsstruktur bezüglich Handels- und Inlandsgüter führen divergierende sektorale Produktivitätssteigerungen zu unterschiedlichen Preisanstiegen. Im Bereich der tradables verschlechtert sich die preisliche Wettbewerbsfähigkeit des Landes 4 um 4,0 v.H., so daß eine Währungsunion zwischen den Ländern 1, 3 und 4 voraussichtlich auf Dauer nicht störungsfrei funktionieren würde. Die Konvergenzanforderungen gemäß der Maastrichter Verträge werden aber von Land 4 mit einer Inflationsrate von 0,8 v.H. erfüllt, und es kann somit an der geplanten Währungsunion teilnehmen. Im Gegensatz dazu bleibt Land 2 von der Teilnahme ausgeschlossen, ungeachtet der Tatsache, daß c.p. von einem stabilen Leistungsbilanzgleichgewicht auszugehen ist. Als Ergebnis dieser Betrachtungen kann wie in Abschnitt 3.1.2 festgehalten werden, daß das Konvergenzkriterium der Preisstabilität auch bei unterschiedlicher Größe der Außenhandels- und Binnengütersektoren nicht grundsätzlich diejenigen Länder zusammenfaßt, die nach den in diesem Modell gewählten Gesichtspunkten geeignet wären.

3.1.4 Das Preiskriterium bei unterschiedlicher Lohnkostenentwicklung

Für die vorliegende Fragestellung ist ebenfalls von Interesse, wie sich die länderspezifische Lohnpolitik der Gewerkschaften und die sich hieraus ergebende differenzierte Lohnkostenentwicklung in den einzelnen Staaten auf eine ökonomisch sinnvolle Zusammensetzung einer Währungsunion auswirkt. Dazu verändern wir im Rahmen unseres Modells die Annahme, daß sich die Nominallohnsteigerung an dem nationalen Sektor mit der höchsten Produktivitätssteigerung orientiert. Diese ist durch die Annahme zu ersetzen, daß die Gewerkschaften bestrebt sind, in allen Ländern gleiche Lohnsteigerungen durchzusetzen. Demnach gilt jetzt, daß die Nominallohnsteigerung prozentual dem europaweit höchsten Produktivitätsanstieg entspricht. Dieses Verhalten wird von vielen Autoren besonders nach Einführung einer einheitlichen Währung erwartet, weil dann das bestehende Lohngefälle in Europa offenkundig wird. Bei national unterschiedlichen Zuwachsraten der Produktivität hängt das prozentuale Ausmaß der Lohnsteigerungen über dem Produktivitätsanstieg hinaus davon ab, wie die Verhandlungsmacht der Gewerkschaften beschaffen ist. Als Machtfaktoren werden häufig Determinanten, wie der Organisationsgrad der Gewerkschaften, die Streik- und Kampfbereitschaft, ihr Durchsetzungsvermögen und die Verbandsstruktur herangezogen. Welches Gewicht den einzelnen Faktoren bezüglich des Tarifergebnisses zuzumessen ist, ist bisher empirisch nicht gesichert und deshalb umstritten. Es scheint aber plausibel anzunehmen, daß das gewerkschaftliche Durchsetzungsvermögen mit den Nominallohnsteigerungen positiv korreliert und insoweit die Entwicklung des (Lohn-)Kosten- und Preisniveaus zumindest indirekt beeinflußt.

Das folgende Zahlenbeispiel zeigt die Bedeutung unterschiedlicher Gewerkschaftsmacht auf die preisliche Wettbewerbsfähigkeit eines Landes und deren Einfluß auf die Zusammensetzung einer Währungsunion.

Tabelle 3.3: Unterschiede zwischen allgemeinem Preisindex und Preisen der Außenhandelsgüter bei gleicher Nominallohnsteigerung, aber unterschiedlicher Produktivitätsentwicklung

Land i	$d\sigma_i^T$	$d\sigma_i^N$	dw_i	dP_i [17]	dP_i^T
1	8,0	4,0	8,0	**2,0**	**0,0**
2	6,0	6,0	8,0	**2,0**	**2,0**
3	4,0	8,0	8,0	**2,0**	**4,0**
4	8,0	0,0	8,0	**4,0**	**0,0**

Hieraus ist ersichtlich, daß der Einfluß der Gewerkschaften zwischen den einzelnen Ländern und Sektoren variiert. Beispielsweise können die Gewerkschaften im Land 4 im non-tradable-Sektor Nominallohnsteigerungen durchsetzen, die den Produktivitätsanstieg um 8,0 v.H. übersteigen, während im Land 3 die Lohnquote im Binnengütersektor konstant bleibt. Die sich hieraus ergebenden Werte für den Anstieg der

[17] $\alpha_i = 0{,}5$

Preise aller Güter und der Außenhandelsgüter führen zu den schon bekannten Schlußfolgerungen. Das Konvergenzkriterium wird von den Ländern 1,2 und 3 erfüllt. Im Gegensatz dazu differieren die Außenhandelsgüterpreise jedoch auffällig zwischen 0,0 und 4,0 v.H. Diese Unterschiede vergrößern sich bei konstanter Entwicklung mit der Länge des betrachteten Zeitraumes. Paritätsänderungen können die voneinander abweichenden Preisentwicklungen zwar kompensieren, würden allerdings das Konvergenzkriterium einer mindestens zweijährigen Wechselkursstabilität verletzen. Das Land 4 hingegen erfüllt die Voraussetzungen für einen "optimalen Währungsraum", weil der für die preisliche Wettbewerbsfähigkeit und Leistungsbilanzentwicklung relevante Handelsgütersektor im Vergleich zu den anderen Ländern nicht an Wettbewerbsfähigkeit verliert; gegenüber den Ländern 2 und 3 erhöht sich die Konkurrenzfähigkeit sogar noch. Allerdings ist das Land 4 mit einer Inflationsrate von 4,0 v.H. zur Teilnahme an der geplanten Währungsunion nicht berechtigt, weil der Durchschnittswert der drei preisstabilsten Länder zuzüglich 1,5 v.H. bereits die Konvergenzobergrenze bei 3,5 v.H. festlegt.

3.1.5 Das Preiskriterium bei unterschiedlichen Preis- und Einkommenselastizitäten

Eine Veränderung der preislichen Wettbewerbsfähigkeit ist in dieser Untersuchung mit einer Veränderung des Leistungsbilanzsaldo gleichgesetzt worden. Deshalb ist es erforderlich, in einem weiteren Schritt die Reaktion der Import- und Exportwerte genauer zu analysieren, weil sie nicht ausschließlich von Preisen, sondern auch von Mengen abhängen. Bei der Betrachtung bliebe mithin ein wesentlicher Baustein unberücksichtigt, wenn der Einfluß der Preis- und Einkommenselastizitäten auf die Leistungsbilanzreaktion nicht mit einbezogen würde. Zur Vereinfachung der Analyse legen wir folgende Annahmen fest:[18]

1. In allen Mitgliedstaaten sind die Wachstumsraten des Bruttosozialprodukts, die Inflationsraten und die marginalen Importquoten gleich groß.

2. Es wird ausschließlich die Importseite betrachtet, d.h. nur die unterschiedlichen Importelastizitäten (Preis- und Einkommenselastizitäten)

[18] Die folgenden Überlegungen lehnen sich an ein Modell von Presley und Dennis an, das jedoch nur den speziellen Zwei–Länder–Fall umfaßt. Vgl. hierzu Presley und Dennis (1976), S. 39ff.

verursachen eine Leistungsbilanzreaktion. Der Exportwert wird in allen Ländern als konstant angenommen.

3. Die zu betrachtenden Länder bilden ein geschlossenes System, d.h. alle Defizite und Überschüsse in den Leistungsbilanzen gleichen sich zu Null aus.

In der nachfolgenden Analyse wird in bezug auf die Reaktion des Importwertes und der Leistungsbilanz auf relative Veränderungen abgestellt. Dadurch ist es möglich, mehrere Länder gleichzeitig in die Untersuchung mit einzubeziehen. Dementsprechend zeigt ein "+" an, daß sich die betrachtete Variable im Verhältnis zum Durchschnittswert vergrößert, bei einem "–" verkleinert und bei einer "0" dem Durchschnittswert entspricht. In der nachfolgenden Tabelle 3.4 ist in Spalte zwei die Einkommenselastizität der Importnachfrage η_{ImY} aufgeführt. Sie kann in dieser Untersuchung Werte von <1, $=1$ und >1 annehmen, womit die wesentlichen Standardfälle berücksichtigt sind. Der Importwert wird darüber hinaus von der Preiselastizität der Importnachfrage η_{ImP} beeinflußt, wobei nur die relevanten Fälle > -1, $= -1$ und < -1 berücksichtigt werden.[19] Die hieraus ableitbaren Veränderungen der einzelnen Importwerte können zu einer Gesamtreaktion addiert werden, aus der sich bei einem konstanten Exportwert die Wirkung auf die Leistungsbilanz ergibt.

Aus der Tabelle ist zu entnehmen, daß sich die Leistungsbilanz in den Ländern 1, 2 und 4 relativ passiviert, in den Ländern 3, 5 und 7 nicht verändert und in den restlichen Ländern 6, 8 und 9 aktiviert. Ein Ausgleich der Leistungsbilanz erfordert entsprechende Kapitalimporte oder -exporte. Sofern die Einkommens- und Preiselastizitäten unverändert bleiben, setzt sich die Passivierungs- bzw. Aktivierungstendenz fort. Dem Leistungsbilanzausgleich über die Kapitalbilanz sind insofern Grenzen gesetzt.

Ein Ausweg aus dieser Situation können relative Preisveränderungen zwischen den betrachteten Ländern sein. Beispielsweise führt eine im Verhältnis zu den anderen Staaten niedrigere Preissteigerungsrate zu einer Aktivierungstendenz und eine höhere zu einer Passivierungstendenz der Leistungsbilanz. Ist dieser Effekt auf die Leistungsbilanz dem elastizitätsbedingten Effekt genau entgegengesetzt, so verändert sich der

---

[19] Der Fall $\eta_{ImP} > 0$ wird nicht betrachtet (Giffensches Paradoxon).

Tabelle 3.4: Die Reaktion der Leistungsbilanz bei unterschiedlichen Preis- und Einkommenselastizitäten

Land i	ηImY	Relative Veränderung Importwert	ηImP	Relative Veränderung Importwert	Gesamtreaktion Importwert	Gesamtreaktion Leistungsbilanz	Notwendige relative Preis-veränderung
1	> 1	+	> – 1	+	+ +	Passivierung	– –
2	> 1	+	= – 1	0	+0	Passivierung	–0
3	> 1	+	< – 1	–	0	keine Reaktion	0
4	= 1	0	> – 1	+	0+	Passivierung	0–
5	= 1	0	= – 1	0	0	keine Reaktion	0
6	= 1	0	< – 1	–	0–	Aktivierung	0+
7	< 1	–	> – 1	+	0	keine Reaktion	0
8	< 1	–	= – 1	0	–0	Aktivierung	+0
9	< 1	–	< – 1	–	– –	Aktivierung	+ +

Saldo der Leistungsbilanz nicht. Demzufolge muß die Inflationsrate in den Ländern 1, 2 und 4 niedriger und in den Ländern 6, 8 und 9 höher sein als die durchschnittliche Geldentwertungsrate, um einen Leistungsbilanzausgleich zu erzielen.

Aus diesen Überlegungen können wir folgende Schlußfolgerungen ziehen: Gleiche Inflationsraten stellen keine notwendige und hinreichende Bedingung für ein Leistungsbilanzgleichgewicht dar. Wie bereits eingangs erwähnt, müssen neben der Entwicklung der Inflationsunterschiede auch die Preis- und Einkommenselastizitäten der Außenhandelsgüter (in unserem Modell nur die Importelastizitäten) mit in die Betrachtungen einbezogen werden, um eine vollständige Reaktion der Leistungsbilanz zu erhalten. Selbst gleiche Inflationsraten können bei unterschiedlichen Elastizitäten zu Leistungsbilanzungleichgewichten führen.

Für unsere Ausgangsfragestellung hinsichtlich der Eignung des Konvergenzkriteriums der Preisstabilität, die im ökonomischen Sinne "richtigen" Länder für eine Währungsunion auszuwählen, läßt sich aus diesem Ergebnis die Erkenntnis ableiten, daß dieses Kriterium möglicherweise Länder zu einer Währungsunion zusammenfaßt, zwischen denen ein Leistungsbilanzausgleich nicht sichergestellt ist und die somit gemäß unserer Definition keinen "optimalen Währungsraum" bilden. Unter Berücksichtigung der Preis- und Einkommenselastizitäten ist eine vollständige Angleichung der internationalen Inflationsraten nicht grundsätzlich erforderlich, in einigen Fällen sogar einem Leistungsbilanzgleichgewicht abträglich. Nicht gleiche, sondern im Gegenteil differierende Teuerungsraten, deren Höhe von den Elastizitätswerten[20] abhängen, können für eine funktionsfähige Währungsunion unerläßlich sein. Insofern ist der Fall denkbar, daß ein Staat aufgrund einer zu hohen Inflationsrate von der Währungsunion ausgeschlossen wird, obwohl gerade diese Preissteigerungsrate ein außenwirtschaftliches Gleichgewicht gewährleistet.[21] Umgekehrt besteht auch die Möglichkeit, daß sich ein Land aufgrund seiner gegenüber anderen Ländern gleich hohen Inflationsrate als Teilnehmer an der Europäischen Währungsunion qualifiziert, aber sukzessive sein außenwirtschaftliches Gleichgewicht verliert, weil die Importelastizitäten unterschiedlich sind.

---

[20] In welcher Weise sich die Elastizitäten in einer WWU ändern oder zwischen den Teilnehmerstaaten angleichen, bleibt hierbei unberücksichtigt.

[21] Außerhalb der Betrachtungen bleiben die grundsätzlich negativen Auswirkungen einer Inflation.

3.1.6 Das Preiskriterium im Vergleich unterschiedlicher Preisindizes

Vor dem Hintergrund der vorstehenden Analyse soll an dieser Stelle danach gefragt werden, welche Länder der Europäischen Gemeinschaft sich auf der Grundlage verschiedener Preisindizes im Zeitraum 1980 bis 1990[22] für eine Währungsunion qualifiziert hätten. Dabei geht es darum festzustellen, welcher Einfluß von dem verwendeten Preisindex tatsächlich ausgeht. Anders gefragt: Wie oft wäre das Preiskriterium zu "Fehlurteilen" gekommen, weil die Mitgliedstaaten ausschließlich auf der Basis der Verbraucherpreisentwicklung ausgewählt worden sind.

Tabelle 3.5: Das Konvergenzkriterium der Preisstabilität auf der Grundlage unterschiedlicher Preisindizes im Jahr 1980

1980	Verbraucherpreise	Exportpreise	Großhandelspreise	Produzentenpreise	Ausfuhrpreise
Belgien	**6,4**	**10,8**	**3,8**	**5,3**	9,3
BR. Deutschland	**5,9**	**9,6**	**4,9**	**7,1**	**6,2**
Dänemark	10,7	13,8	8,2	16,7	14,6
Frankreich	13,5	**11,4**	11,6	9,3	12,0
Griechenland	21,9	43,3	17,7	28,4	34,0
Großbritannien	16,3	15,2	19,5	14,0	13,9
Irland	18,6	**10,6**	14,7	10,9	10,8
Italien	20,4	19,3	20,0	17,3	23,6
Luxemburg	**7,5**	**10,8**	7,9	–	**7,5**
Niederlande	**6,9**	13,3	**5,7**	**8,2**	12,3
Portugal	21,6	23,4	20,9	31,6	25,2
Spanien	16,5	19,1	14,2	17,4	19,3
$\varnothing dP_3^n$	6,4	10,3	4,8	6,9	7,7
KogP	7,9	11,8	6,3	8,4	9,2
Kriterium erfüllt	**4**	**5**	**3**	**3**	**2**

Quelle: siehe Anhang 9

Die empirische Auswertung erfolgt durch einen Vergleich von Verbraucherpreisen mit Export-, Großhandels-, Produzenten- und Ausfuhrpreisen. In der Tabelle 3.5 ist für jedes Land der EU die Preisentwicklung in v.H. auf der Basis der genannten Indizes dargestellt. Sie gliedert sich in einzelne Jahrestabellen auf, die sich bis auf das Jahr 1980 im Anhang 9 befinden. Zu jedem Preisindex wird aus den drei Ländern mit dem nied-

[22] Der Betrachtungszeitraum umfaßt die über 1990 hinausgehenden Jahre nicht mehr, weil hier nicht für alle Preisindizes Datenmaterial verfügbar ist.

rigsten Preisanstieg ein Durchschnittswert ($\varnothing dP_3^n$) ermittelt, aus dem sich die Konvergenzobergrenze (KogP) durch die Addition von 1,5 v.H. ergibt. In der jeweils letzten Zeile ist aufgeführt, wie viele Länder das Preiskriterium erfüllen. Die Preissteigerungsraten dieser Länder sind in der Tabelle fett markiert.

Für den betrachteten Zeitraum läßt sich erkennen, daß die Anzahl der Länder, die den Referenzwert unterschritten hätten, in einigen Jahren auf der Basis anderer Preisindizes sehr unterschiedlich gewesen wäre. Das gilt insbesondere für die Jahre 1986, 1989 und 1990. Im Gegensatz dazu hätten sich in den Jahren 1982, 1983 und 1984 bis auf wenige Ausnahmen immer die gleichen Mitgliedstaaten für die WWU qualifiziert, unabhängig von der Wahl des Preisindizes.

Im Mittelpunkt der Betrachtungen steht die Frage, ob sich an Hand der einzelnen Jahrestabellen Fälle finden lassen, bei denen, wie modelltheoretisch abgeleitet, eine Währungsunion aus Ländern gebildet worden wäre, deren Teilnahme unter ökonomischen Gesichtspunkten nicht gerechtfertigt gewesen wäre, oder ob Mitgliedstaaten zu Unrecht von einer WWU ausgeschlossen worden wären. Derartige Konstellationen finden sich für den zuerst genannten Fall 1983 für Großbritannien und 1989 für Belgien und Luxemburg. Der zweite Fall wäre eindeutig 1985 für Belgien, 1989 für Spanien und 1990 für Luxemburg eingetreten.

Tabelle 3.6: Anzahl der Jahre von 1980 bis 1990, in denen sich ein Mitgliedstaat für die WWU qualifiziert hätte, bezogen auf verschiedene Preisindizes.

Länder	Verbraucherpreise	Exportpreise	Großhandelspreise	Produzentenpreise	Ausfuhrpreise
Belgien	6	4	5	6	1
BR. Deutschland	11	7	9	8	8
Dänemark	2	3	1	1	2
Frankreich	2	2	1	2	1
Griechenland	0	0	0	0	0
Großbritannien	1	4	1	3	2
Irland	3	2	1	2	2
Italien	0	0	0	0	0
Luxemburg	5	4	4	1	4
Niederlande	11	8	10	10	8
Portugal	0	1	0	0	0
Spanien	0	1	0	0	0
Anzahl der qualifizierten Länder	41	36	32	33	28

Ein anderer Aspekt unserer Untersuchung betrifft die Frage, ob die Teilnahme an der Europäischen Währungsunion für ein Land wahrscheinlicher wird, wenn ein bestimmter Preisindex angewendet wird. In der Tabelle 3.6 sind für jedes Land und für jeden Preisindex die Anzahl der Jahre aufgeführt, für die das entsprechende Land das Konvergenzkriterium der Preisstabilität in bezug auf den entsprechenden Preisindex erfüllt hätte. Aus der letzten Zeile ist erkennbar, wie viele EU-Staaten sich insgesamt über einen Zeitraum von 1980 bis 1990 qualifiziert hätten. Auf der Grundlage von Export-, Großhandels-, Produzenten- und Ausfuhrpreisen hätten die Länder der Europäischen Union insgesamt 28 bis 36 mal die Konvergenzobergrenze unterschritten, wobei die Anzahl der qualifizierten Länder im jeweiligen Jahr teilweise stark differiert. Im Vergleich dazu hätten die Mitgliedstaaten das Preiskriterium auf der Basis der Verbraucherpreise insgesamt 41 mal erfüllt.

Hier schließt sich unmittelbar die Frage an, ob ein einzelnes Land besonders häufig das Konvergenzkriterium der Preisstabilität erfüllt, wenn ein spezieller Preisindex herangezogen wird. Oder anders formuliert, begünstigt einer von den vier Preisindizes die Teilnahme eines oder mehrerer ausgewählter Länder?

Tabelle 3.7: Die Mitgliedstaaten der Europäischen Union in der Reihenfolge der Qualifikationshäufigkeit für die WWU, bezogen auf verschiedene Preisindizes

Verbraucherpreise	Exportpreise	Großhandelspreise	Produzentenpreise	Ausfuhrpreise
BR. Deutschland	Niederlande	Niederlande	Niederlande	BR. Deutschland
Niederlande	BR. Deutschland	BR. Deutschland	BR. Deutschland	Niederlande
Belgien	Belgien	Belgien	Belgien	Luxemburg
Luxemburg	Luxemburg	Luxemburg	Großbritannien	Dänemark
Irland	Großbritannien	Irland	Frankreich	Großbritannien
Dänemark	Dänemark	Dänemark	Irland	Irland
Frankreich	Irland	Frankreich	Dänemark	Belgien
Großbritannien	Frankreich	Großbritannien	Luxemburg	Frankreich
Griechenland	Portugal	Griechenland	Griechenland	Griechenland
Italien	Spanien	Italien	Italien	Italien
Portugal	Griechenland	Portugal	Portugal	Portugal
Spanien	Italien	Spanien	Spanien	Spanien

Dazu bringt die Tabelle 3.7 als Ergänzung zur vorherigen Übersicht die EU-Staaten für jeden einzelnen Preisindex in die Reihenfolge der Häufigkeit, mit der ein Land zwischen 1980 und 1990 das Preiskriterium erfüllt hätte. Die Länderabfolge ist bei allen vier Indizes bis auf wenige Abweichungen fast identisch, d.h. die Länderzusammensetzung einer WWU ändert sich über einen längeren Zeitraum betrachtet nicht, wenn dieses Konvergenzkriterium auf der Basis anderer Preisindizes angewendet wird. Die augenfälligsten Unregelmäßigkeiten ergeben sich für Belgien bei den Ausfuhrpreisen und für Großbritannien bei allen Preisindizes. Das schlechte Abschneiden Luxemburgs bei den Produzentenpreisen beruht darauf, daß nicht für alle Jahre Daten verfügbar sind.

4. Das Konvergenzkriterium der Budgetdefizite

4.1 Fragestellungen und Vorgehensweise

Im Mittelpunkt der theoretischen Überlegungen zu den fiskalpolitischen Haushaltsregeln im Vertragswerk von Maastricht standen im wesentlichen zwei Fragestellungen: [1]

1. Sind für eine funktionsfähige Währungsunion Begrenzungskriterien für staatliche Haushaltsdefizite und Schuldenstände notwendig?
2. Können die verschuldungsbezogenen Kriterien stabilitätspolitisches Fehlverhalten wirksam sanktionieren?

Hinter diesen beiden Problembereichen stehen unterschiedliche Auffassungen über die Wirksamkeit des Marktmechanismus zur Begrenzung von Haushaltsdefiziten einerseits und über die mögliche und tatsächliche politische Einflußnahme bei der Entscheidung, welche Länder im Zweifelsfall das Kriterium der Budgetdefizite noch erfüllen, andererseits. In der vorliegenden Arbeit werden beide Fragestellungen nicht thematisiert. Statt dessen wird das Haushaltskriterium aus einem anderen Blickwinkel heraus betrachtet. Ziel ist es dabei, die Interdependenzen zwischen der Defizit- und der Schuldenquote untereinander und im Verhältnis zu anderen volkswirtschaftlichen Größen zu ermitteln, um Aufschluß darüber zu gewinnen, ob und inwieweit diese Eintrittsklausel für die Europäische Währungsunion konsistent ist. Oder anders gefragt: Unter welchen gesamtwirtschaftlichen Bedingungen kann ein Mitgliedstaat den gestellten Anforderungen überhaupt gerecht werden? Dem geht zunächst eine Darstellung der wesentlichen Vertragsbestimmungen und Verfahrensabläufe sowie des von deutscher Seite geforderten Stabilitätspaktes voraus.

4.2 Inhaltliche Darstellung

4.2.1 Die Bestimmungen des Budgetkriteriums

Die Bestimmungen der Begrenzungskriterien für staatliche Defizite und Schuldenstände sind im Verhältnis zu den anderen Konvergenzkriterien wesentlich umfangreicher, weil sie ausgehend von dem Konvergenzartikel 109j EGV nur im Zusammenhang mit dem Art. 104c EGV (Überwachung der Haushaltslage in den Mitgliedstaaten), einschließlich

---

[1] Vgl. zu der ersten Fragestellung bspw. Scheide und Trapp (1990), Duwendag (1991), Leibfritz (1991), Frenkel und Klein (1991) und (1992), Gandenberger (1992), Caesar (1993), Fuest (1993) und zu dem zweiten Diskussionspunkt Klein u.a. (1993).

des dazugehörigen Protokolls über das Verfahren bei einem übermäßigen Defizit, vollständig erfaßt werden können.[2] Das Konvergenzkriterium der Budgetdefizite verlangt von jedem Mitgliedstaat eine auf Dauer tragbare Finanzlage der öffentlichen Haushalte. Diese Bedingung wird im Art. 104c EGV in drei Stufen konkretisiert, wie die Abbildung 5.1 verdeutlicht. Eine tragbare Haushaltsführung der öffentlichen Hand ist gegeben, wenn kein übermäßiges Defizit besteht. Hierüber befindet der Rat nach einem festgelegten Prüfungsverfahren, in dem in erster Linie zwei Konvergenzindikatoren die Entscheidung bestimmen sollen.

1. Das Verhältnis des geplanten oder tatsächlichen öffentlichen Defizits zum Bruttoinlandsprodukt darf einen bestimmten Referenzwert nicht überschreiten.

2. Das Verhältnis des öffentlichen Schuldenstandes zum Bruttoinlandsprodukt darf einen bestimmten Referenzwert nicht überschreiten.[3]

Für die Referenzwerte werden in einem beigefügten Protokoll[4] für die Defizitquote 3,0 v.H. des BIP und für die Schuldenquote 60,0 v.H. des BIP genannt. Sie dienen im Rahmen eines gemeinschaftlichen Überwachungsverfahrens der Haushaltspolitik als Anhaltspunkte vertragskonformer Haushaltsdisziplin. Ein Mitgliedstaat kann diese Konvergenzobergrenzen überschreiten, ohne von vornherein die Anforderungen des Budgetkriteriums zu verfehlen, wenn folgende Voraussetzungen gegeben sind:

1. Der Wert der Defizitquote ist erheblich und laufend zurückgegangen und hat einen Wert in der Nähe des Referenzwertes erreicht, oder er hat den Referenzwert nur ausnahmsweise und vorübergehend überschritten und bleibt in der Nähe des Referenzwerts.

2. Der Wert der Schuldenquote ist hinreichend rückläufig und nähert sich rasch genug dem Referenzwert.

---

[2] Die Tatsache, daß die Verschuldungskriterien in das haushaltsrechtliche Verfahren bei einem erhöhten Defizit eingebunden sind, führt zu der Übertragung der Problembereiche, die sich vorzugsweise aus den teilweise nicht operationalisierbaren Vertragstexten und der hieraus resultierenden Möglichkeit der politischen Einflußnahme ergeben.

[3] In dem Protokoll über das Verfahren bei einem übermäßigen Defizit Art. 2 werden die im Art 104c EGV verwendeten Begriffe wie "öffentlich", "Defizit", "Investitionen" und "Schuldenstand" definiert. Beispielsweise umfaßt der öffentliche Sektor neben dem Zentralstaat auch die regionalen und lokalen Gebietskörperschaften sowie die Sozialversicherungseinrichtungen.

[4] Vgl. Protokoll über das Verfahren bei einem übermäßigen Defizit Art. 1.

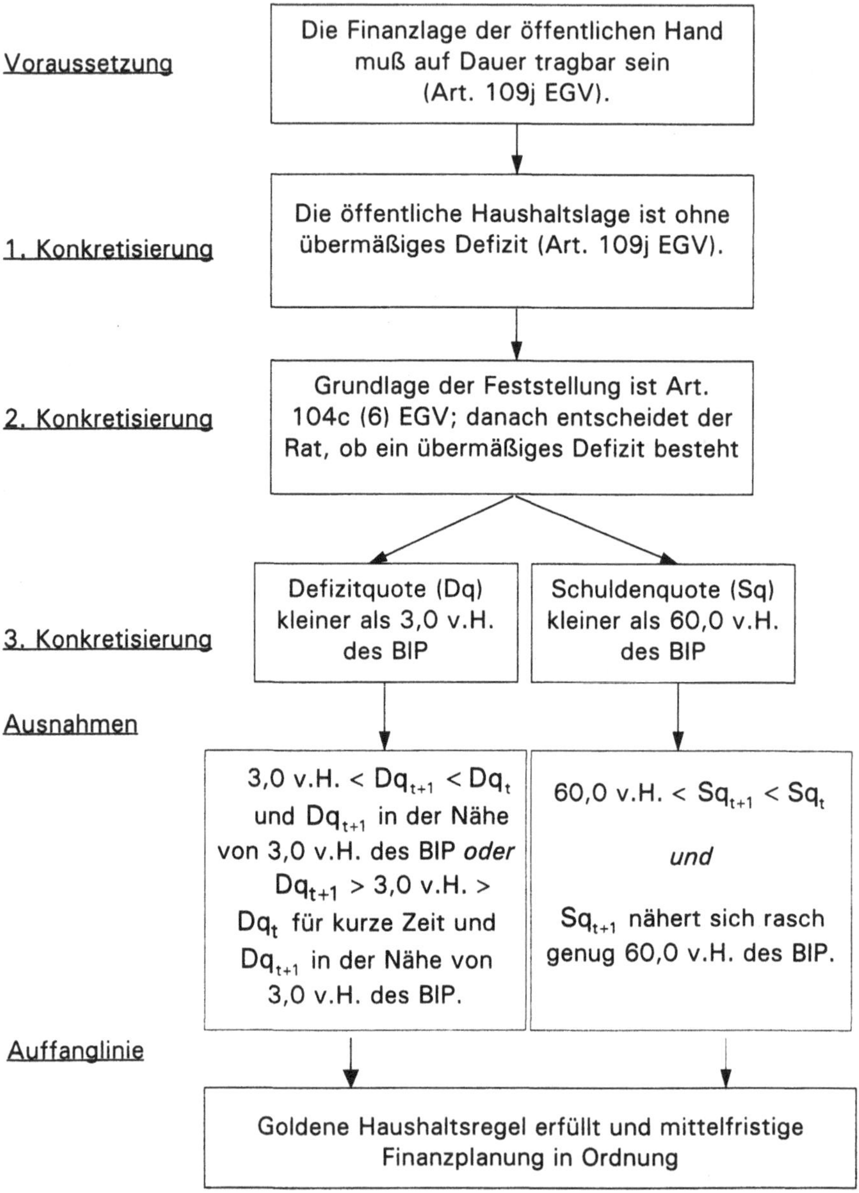

Abbildung 4.1: Das Konvergenzkriterium der Budgetdefizite: Bedingungen, Konkretisierungen und Ausnahmeregelungen

Wenn trotz dieser Ausnahmeregelung keines oder nur eines von beiden Einzelkriterien erfüllt wird, erstellt die Europäische Kommission einen Bericht zur Haushaltslage des betreffenden Staates. Hierin wird weiterhin geprüft, ob das öffentliche Defizit die Ausgaben der öffentlichen Hand für Investitionszwecke übertrifft und ob alle sonstigen einschlägigen Faktoren, einschließlich der mittelfristigen Finanzplanung, eine Konsolidierung der Staatsfinanzen anzeigen.[5]

4.2.2 Das Verfahren bei einem übermäßigen Defizit

In dem vorherigen Abschnitt über die inhaltlichen Bestimmungen des Budgetkriteriums ist auf die zentrale Bedeutung des Art. 104c EGV hingewiesen worden. Hiernach entscheidet der Rat, ob in einem Mitgliedstaat ein übermäßiges Defizit besteht, und damit zwangsläufig auch, welche Staaten der Europäischen Union das Haushaltskriterium erfüllen. Ausgangspunkt dieses Verfahrensganges ist die Aufforderung an die Mitgliedstaaten, übermäßige Defizite zu vermeiden (Art. 104c(1) EGV). Die Kontrolle der Haushaltslage und Einhaltung der Haushaltsdisziplin obliegt der Europäischen Kommission. Sie überwacht "die Entwicklung der Haushaltslage und die Höhe des öffentlichen Schuldenstands in den Mitgliedstaaten im Hinblick auf die Feststellung schwerwiegender Fehler".[6] Beurteilungsmaßstab sind hierbei die geplanten oder tatsächlichen BIP-Anteile der öffentlichen Neuverschuldung und des Schuldenstandes. Sofern ein Mitgliedstaat die Konvergenzobergrenzen von 3,0 v.H. bzw. 60,0 v.H. des BIP einhält, ist die Haushaltslage als ordnungsgemäß einzuschätzen, und das weitere Prüfungsverfahren entfällt. Andernfalls erstellt die Europäische Kommission einen Bericht, in dem weitere fiskalpolitische Indikatoren überprüft werden (Berichtsphase). Anschließend nimmt der Wirtschafts- und Finanzausschuß (in der 2. Stufe der Währungsausschuß) zu dem von der Europäischen Kommission vorgelegten Bericht Stellung, bevor die Kommission ihrerseits wieder dem Rat eine Stellungnahme vorlegt, wenn nach ihrer Meinung ein übermäßiges Defizit besteht oder entstehen könnte (Beurteilungsphase). Die eingeleiteten Prüfungsmaßnahmen schließen mit der Beschlußfassung des Rates ab, der mit qualifizierter Mehrheit[7] darüber befindet, ob die

---

[5] Neben der zuerst genannten Relativierung der Referenzwerte wird hiermit in einem zweiten Schritt die Bedeutung der Konvergenzindikatoren selbst relativiert.

[6] Vgl. Art. 104c(2) EGV.

[7] Bei diesem Entscheidungsverfahren werden die Stimmen der Mitgliedstaaten nach einem festgelegten Schlüssel gewichtet; vgl. Art. 148 EGV.

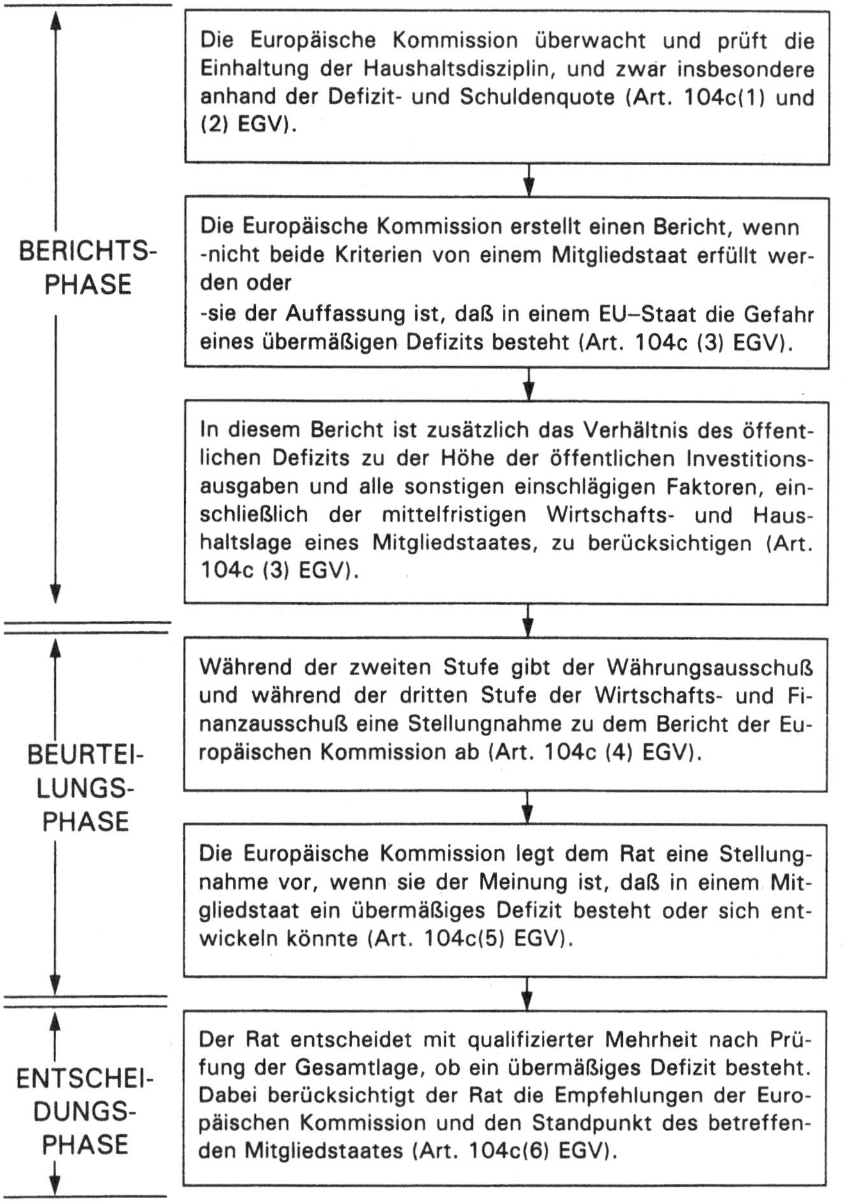

Abbildung 4.2: Der zeitliche Ablauf des Verfahrens bei einem übermäßigen Defizit nach Art. 104c EGV

Haushaltslage in einem EU–Staat zu beanstanden ist (Beurteilungsphase). In diesem Fall erhält das betreffende Land einen sogenannten "blauen Brief", der Empfehlungen zur Konsolidierung der öffentlichen Finanzen enthält.[8] Die nebenstehende Abbildung 4.2 verdeutlicht und präzisiert die wichtigsten Abläufe bei diesem Prüfungs- und Feststellungsverfahren, an das sich das Sanktionsverfahren bei fortlaufender Mißachtung der haushaltspolitischen Regeln des Maastricht–Vertrages anschließt.

4.2.3 Der Sanktionsmechanismus

Die Bestimmungen über die Sanktionsregeln bei einem übermäßigen Defizit finden sich im Art. 104c(7)–(13) EGV. Die Abbildung 4.3 verdeutlicht hierzu die stufenweise Abfolge von Sanktionsmaßnahmen. Nachdem der Rat ein überhöhtes Defizit in einem Mitgliedstaat nach Art. 104c(6) EGV festgestellt hat, läuft zunächst ein Verfahren ab, das noch keine eigentlichen Strafmaßnahmen beinhaltet. Der Rat kann hierbei nacheinander mit Zweidrittelmehrheit der nach Art. 148 EGV gewogenen Stimmen ohne die Stimme des betreffenden EU–Staates[9] folgende Schritte einleiten (Art. 104c (7)-(9) EGV):

1. Empfehlungen zur Verbesserung der Haushaltslage aussprechen, die nicht veröffentlicht werden.
2. Die unter Punkt 1 genannten Empfehlungen veröffentlichen, sofern die Konsolidierungsmaßnahmen in dem jeweiligen Mitgliedstaat erfolglos bleiben.
3. Das betreffende Mitgliedsland mit einer Mehrheit von Zweidritteln im Rat in Verzug setzen, d.h. innerhalb einer bestimmten Frist muß der Staat seinen Haushalt mit erfolgversprechenden Konsolidierungsmaßnahmen sanieren.

Die Länge des zugestandenen Zeitraums wird in den Vertragstexten nicht näher spezifiziert. Nach Ablauf der Bedenkzeit kann der Rat wiederum durch ein Zweidrittelvotum folgendes Bündel von Sanktionen erwirken, die gegebenenfalls zu verschärfen sind (Art. 104c (11) EGV):

---

[8] Für das Haushaltsjahr 1995 haben alle EU–Länder außer Dänemark, Irland und Luxemburg eine derartige Mitteilung erhalten.

[9] Der Art. 104c(12) EGV sieht diese Form der Beschlußfassung für alle Abstimmungen im Rahmen des Sanktionsverfahrens vor.

Hat der Rat ein übermäßiges Defizit festgestellt, so richtet er an das betroffene Land nicht zu veröffentliche Empfehlungen, um das übermäßige Defizit innerhalb einer bestimmten Frist zu beseitigen (Art. 104c(7) EGV).

↓

Der Rat hat die Möglichkeit, seine Empfehlungen zu veröffentlichen, wenn der entsprechende EU–Staat nicht innerhalb der gesetzten Frist geeignete Maßnahmen ergriffen hat (Art. 104c(8) EGV).

↓

Wenn dieses Land die Empfehlungen des Rates weiterhin nicht befolgt, kann der Rat von diesem Mitgliedstaat verlangen, daß er Maßnahmen zum Abbau des erhöhten Defizits trifft, und ihn gleichzeitig ersuchen, nach einem konkreten Zeitplan Berichte vorzulegen, um dessen Bemühungen zu kontrollieren (Art. 104c(9) EGV.

↓

Befolgt das Mitgliedsland diese Beschlüsse des Rates nicht, so kann er in dieser Zeit verschiedene Sanktionen nach Art. 104c Abs. 11 EG–Vertrag ergreifen.

↓

Ist der Rat der Meinung, daß kein übermäßiges Defizit mehr besteht, so nimmt er seine Ratsentscheidung und die verhängten Sanktionen zurück (Art. 104c(12) EGV).

Abbildung 4.3: Der zeitliche Ablauf des Sanktionsverfahrens nach Feststellung eines übermäßigen öffentlichen Defizits in einem Mitgliedstaat

1. Vor der Emission von staatlichen Schuldverschreibungen und sonstigen Anleihen sind von dem Rat festgelegte "zusätzliche Angaben" zu veröffentlichen.
2. Die Europäische Investitionsbank wird gebeten, die an den betreffenden Mitgliedstaat geleisteten Darlehen zu überprüfen.
3. Das Mitgliedsland muß eine unverzinsliche Einlage "in angemessener Höhe" auf einem gesonderten Depot der Gemeinschaft hinterlegen.
4. Der EU–Staat muß eine Geldstrafe "in angemessener Höhe" zahlen.

In der wissenschaftlichen Debatte stehen folgende Fragestellungen im Vordergrund der Betrachtungen, die das Sanktionsverfahrens und die Sanktionsmittel vor allen Dingen im Hinblick auf ihre Wirksamkeit bewerten:

1. Ist das Verfahren zur Feststellung eines übermäßigen Defizits im allgemeinen und zur Verhängung von Sanktionen im speziellen in einer Zeitspanne abzuschließen, die eine unmittelbare Disziplinierungswirkung erzeugt?
2. Sind die Sanktionsmittel geeignet, um haushaltspolitisches Fehlverhalten zu korrigieren?
3. Verhindert die Notwendigkeit einer Zweidrittelmehrheit aufgrund möglicherweise strategischen Abstimmungsverhaltens innerhalb der Gemeinschaft einen Sanktionsbeschluß?

Als Reaktion auf diese Problemfelder hat die deutsche Bundesregierung Vorschläge unterbreitet mit der Zielsetzung, haushaltspolitisches Fehlverhalten der Mitgliedstaaten auf Dauer zu verhindern.

4.2.4 Der Vorschlag eines Stabilitätspaktes

Der Vorschlag des deutschen Bundesministers der Finanzen Dr. Theo Waigel eines "Stabilitätspaktes für Europa"[10] verfolgt nach eigener Darstellung das Ziel, die Haushaltsregel, die fiskalpolitischen Konvergenzkriterien und das Sanktionsverfahren des EG-Vertrages zu präzisieren und zu operationalisieren. Damit soll die Stabilität der Europäischen Wirtschafts- und Währungsunion dauerhaft gesichert werden, ohne dabei den Vertrag von Maastricht zu ändern. Der Stabilitätspakt bezieht sich

---

[10] Dieser Vorschlag findet sich in Bundesministerium der Finanzen (1995) und (1996), Waigel (1995a) und (1995b), Thiele (1996), S. 18 und S. 66.

Tabelle 4.1: Gegenüberstellung der wesentlichen Unterschiede des Stabilitätspaktes

Vertragstext	Stabilitätspakt
Defizitquote von 3,0 v.H. des BIP zulässig, dann kein übermäßiges Defizit.	Defizitquote in wirtschaftlichen Normallagen mittelfristig bei 1,0 v.H. des BIP, nur in wirtschaftlich ungünstigen Perioden 3,0 v.H. des BIP zulässig. Länder mit hoher Ausgangsverschuldung (über 50 v.H.) verpflichten sich, die 1,0 v.H.-Grenze möglichst noch zu unterschreiten.
Defizitquote kann über 3,0 v.H. des BIP liegen, wenn 1. sie erheblich und laufend zurückgegangen ist und einen Wert in der Nähe des Referenzwertes erreicht hat, 2. sie den Referenzwert nur ausnahmsweise und vorübergehend überschreitet und in seiner Nähe bleibt.	Ausnahmen von dieser Obergrenze sind nur mit Zustimmung einer qualifizierten Mehrheit der Teilnehmer an der Währungsunion in extremen Ausnahmefällen zulässig, beispielsweise Naturkatastrophen.
Schuldenquote von 60,0 v.H. des BIP zulässig, dann kein übermäßiges Defizit.	Der Schuldenstand ist auch unterhalb der Maastricht-Grenze nachhaltig weiter abzubauen.
Die Europäische Kommission überwacht die Entwicklung der Haushaltslage in den Mitgliedstaaten auf schwerwiegende Fehler.	Ein Europäischer Stabilitätsrat[11] tagt zweimal jährlich oder auf Antrag eines Mitgliedstaates und überwacht die Eckpunkte und Ziele des Stabilitätspaktes.
Der Rat entscheidet mit qualifizierter Mehrheit, ob ein übermäßiges Defizit besteht.	Ein Europäischer Stabilitätsrat entscheidet über Ausnahmen beim Defizitziel im Fall extremer Ausnahmefälle.
Der Rat richtet an den Staat mit einem übermäßigen Defizit Empfehlungen, kann diese veröffentlichen, Fristen setzen und einen konkreten Zeitplan verlangen.	Ein Europäischer Stabilitätsrat kann allgemeine finanzpolitische Leitlinien beschließen und öffentliche Empfehlungen für die nationale Finanzpolitik geben.

[11] Es wird nicht gesagt, wie sich der Europäische Stabilitätsrat personell zusammensetzt.

Der Rat kann beschließen, daß ein Mitgliedstaat eine unverzinsliche Einlage in angemessener Höhe bei der Gemeinschaft hinterlegt, bis das übermäßige Defizit nach Ansicht des Rates korrigiert worden ist oder eine Geldbuße in angemessener Höhe verhängen.	Wird die Defizitgrenze von 3,0 v.H. des BIP überschritten, muß der betroffene Mitgliedstaat automatisch eine unverzinsliche Einlage von 0,25 v.H. des BIP pro angefangenem Prozentpunkt der Defizitüberschreitung hinterlegen. Diese Stabilitätsein-lage wird zurückgezahlt, wenn der Referenzwert innerhalb von zwei Jahren wieder unterschritten wird, ansonsten wird die Einlage in eine Geldbuße umgewandelt und einbehalten.[12]

den Vertrag von Maastricht zu ändern. Der Stabilitätspakt bezieht sich auf einen Zeitraum nach Schaffung einer einheitlichen Währung. Die Teilnehmer an der dritten Stufe erlegen sich freiwillig strengere Maßstäbe bei der Beurteilung ihrer Haushaltslage auf. Die Eintrittsbedingungen selbst sollen unverändert bleiben.

Mit dieser Selbstverpflichtung der Teilnehmerstaaten an der Endstufe der WWU ersetzt der vorgeschlagene Europäische Stabilitätspakt ein zeitlich nicht gebundenes Sanktionsverfahren durch eine halbjährliche Prüfung mit anschließender Entscheidung, die unverzinslichen Einlagen und Geldbußen in nicht näher spezifizierter Höhe durch eine festgelegte Stabilitätseinlage bzw. Geldbuße von jährlich 0,25 v.H. des BIP und eine Entscheidung des Rates mit qualifizierter Mehrheit durch einen automatischen Sanktionsmechanismus. Die folgende Tabelle zeigt die wesentlichen Unterschiede auf. Die Gegenüberstellung der Tabelle 4.1 zeigt, daß die Bestimmungen des Stabilitätspaktes ein Lösungsvorschlag insbesondere für die im vorherigen Abschnitt aufgeworfenen Fragen und den damit verbundenen Problemen darstellen soll.

Ein automatischer Sanktionsmechanismus für den Fall eines finanzpolitischen Fehlverhaltens kann neue und andere Schwierigkeiten mit sich bringen, wie beispielhaft anhand der Stabilitätseinlage gezeigt werden kann. Die Bundesrepublik Deutschland mit einem Bruttoinlandsprodukt von 3503 Millarden D-Mark[13] hätte 1995 eine Einlage von 8,75 Millarden D-Mark hinterlegen müssen, weil die Defizitquote 3,6 v.H. des BIP betrug. Ein Anreiz zu einer stabilitätsorientierten Finanzpolitik ist damit

---

[12] Es wird nicht genannt, wer diese Gelder erhält.

[13] Vgl. Europäische Kommission (1995), S. 206.

auf jeden Fall gegeben, auf der anderen Seite kann sich die Haushaltslage dadurch verschärfen. Ein Staat kann in dieser Situation entweder die Kreditaufnahme erhöhen, die Ausgaben kürzen oder die Steuern erhöhen. Die erste Möglichkeit erhöht die Gefahr, auch im nächsten Haushaltsjahr die Konvergenzobergrenze zu überschreiten und damit die gesamte Einlage zu verlieren. Die anderen beiden Möglichkeiten dämpfen kurzfristig die Konjunktur und erschweren ebenfalls die Einhaltung der Defizitauflagen. Infolgedessen kann ein Land auch im Folgejahr sanktioniert werden, obwohl das strukturelle Defizit sinkt.

Eine grundsätzliche Frage betrifft die Vorstellung des Stabilitätspaktes, daß zusätzliche finanzpolitische Haushaltsregeln notwendig sind, um das erklärte Ziel einer auf Dauer stabilen Europäischen Wirtschafts- und Währungsunion zu verwirklichen, weil die Kräfte des Marktes angeblich hierfür nicht ausreichen. Es bleibt allerdings vorerst abzuwarten, ob dieser Vorschlag überhaupt von allen Mitgliedstaaten akzeptiert werden und ob die Selbstverpflichtung immer Bestand haben wird.

4.3 Die Interdependenzen von Defizit- und Schuldenquote

4.3.1 Die Konsistenz des Budgetkriteriums

4.3.1.1 Das Modell einer tragbaren Staatsverschuldung

Seit dem Delors-Bericht wurde die währungspolitische Diskussion in der Bundesrepublik Deutschland, aber auch innerhalb der Europäischen Gemeinschaft vor allem darüber geführt, ob Regeln zur Defizitbegrenzung der staatlichen Haushalte notwendig sind und, wenn ja, zu welchem Zeitpunkt des dreistufigen Integrationsplanes und in welchem Umfang. Zu dieser Problematik wurde auch die Frage nach einer zweckmäßigen Ausgestaltung der Verschuldungsregeln gestellt. Von einigen Wissenschaftlern ist demgegenüber das theoretische Konzept einer auf Dauer tragbaren Budget- und Verschuldungsposition des Staates als Alternative zu starren Defizitobergrenzen in die Diskussion eingeführt und propagiert worden. Nach diesem Denkansatz muß die Haushaltspolitik darauf ausgerichtet werden, die Schuldenquote zu stabilisieren, um ein unkontrollierbares Anwachsen der Staatsschuld zu vermeiden. Eine konstante Schuldenquote ist dann mit einer auf Dauer tragbaren Lage der öffentlichen Finanzen gleichzusetzen.

Die Europäische Kommission hat dieses sogenannte Tragbarkeitskriterium in einer Studie von 1990 aufgegriffen und zur Beurteilung der Mitgliedstaaten in bezug auf ihre Haushaltspolitik vorgeschlagen.[14] Diese Empfehlung hat insoweit Eingang in die Verträge von Maastricht gefunden, als daß der Konvergenz–Artikel 109j EGV von jedem Kandidaten für die Europäischen Währungsunion "eine auf Dauer tragbare Finanzlage der öffentlichen Hand"[15] fordert, um die Eintrittsbedingungen für die 3. Stufe zu erfüllen. Diese Anforderung wird über den Art 104c EGV konkretisiert und durch das dazugehörige Protokoll[16] an zwei Referenzwerte gebunden. Die Haushaltslage ist danach als tragbar (sustainable) anzusehen, wenn eine Defizitquote von höchstens 3,0 v.H. und eine Schuldenquote von höchstens 60,0 v.H. des BIP eingehalten wird.[17] Die Tragfähigkeit der Staatsverschuldung kann in dreifacher Hinsicht beurteilt werden:

1. Ist die Staatsschuld im Verhältnis zur Steuerlast tragbar?
2. Kann die Zentralbank die Verschuldung in Zukunft monetär alimentieren?
3. Sind die Staatschulden in bezug auf den Neuverschuldungsbedarf tragbar?

Die haushaltsrechtlichen Regelungen im Maastrichter Vertragswerk sind in erster Linie Spiegelbild der letztgenannten Fragestellung. Im weiteren Verlauf der vorstehenden Analyse wird deshalb auch nur dieser Punkt thematisiert werden. Dabei steht der formulierte Zusammenhang von tragbarer Haushaltslage und Verschuldungsquoten im Zentrum der Betrachtungen. Können die fiskalischen Konvergenz-indikatoren überhaupt eine tragbare Finanzführung des Staates feststellen? Besteht eine konsistente Relation zwischen den genannten Anforderungen? Grundlage und damit Beurteilungsmaßstab einer Antwort auf die gestellten Fragen wird das eingangs erwähnte Modell einer Stabilisierung der Schuldenquote sein. Im weiteren Vorgehen wird dazu in einem ersten Schritt die Modellstruktur entwickelt, um daraus anschließend einige Schlußfolgerungen zur Konsistenz des gesamten Budgetkriteriums ziehen zu können. In einem zweiten Schritt werden die gewonnenen Ergebnisse empirisch ausgewertet, um festzustellen, welche Länder der Europäischen Union

---

14 Vgl. Kommission der Europäischen Gemeinschaft (1990d), S. 118-127.

15 Vgl. Art. 109j(1) EGV, zweite Spiegelstrichaufzählung.

16 Vgl. Protokoll über das Verfahren bei einem übermäßigen Defizit.

17 Die Ausnahmeregelungen von diesen Werten sind nicht Gegenstand der folgenden Ausführungen.

das Budgetkriterium in Abhängigkeit von den verwendeten Meßindikatoren erfüllen.

Das theoretische Modell der vorliegenden Untersuchung baut auf einen speziellen Ansatz von Blanchard[18] auf. Danach ist die Frage nach der Finanzierbarkeit des öffentlichen Schuldenstandes nur im Zusammenhang mit anderen volkswirtschaftlichen Variablen zu beantworten. Bei einem bestimmten Zusammenspiel von Primärsaldo, Realzins und realer Wachstumsrate bleibt die Schuldenquote konstant.[19]

Das Sustainability-Konzept von Blanchard kann wie folgt formalisiert werden. Ausgangspunkt der Betrachtungen ist die Budgetgleichung des Staates:[20]

$$(4.1) \qquad G_1 + rD_0 = T_1 + d_1 \ .$$

Die tiefer gestellten Ziffern geben die Periodenindizes an. Im Gleichgewichtszustand sind die laufenden Ausgaben des Staates (G_1) und die Zinszahlungen auf die vorhandene Staatsschuld (rD_0) gleich den Steuereinnahmen (T_1) und der Nettoneuverschuldung (d_1).[21] Das Budgetdefizit kann explizit als Differenz des Schuldenstandes der Periode 1 zur Periode 0 formuliert werden:

$$(4.2) \qquad d_1 = D_1 - D_0 \ .$$

Einsetzen in die Gleichung (5.1) unter gleichzeitiger Umstellung der Variablen führt zu

$$(4.3) \qquad D_1 = (G_1 - T_1) + (1 + r)D_0 \ .$$

Der Ausdruck ($G_1 - T_1$) steht für die Differenz der laufenden Ausgaben ohne Zinszahlungen abzüglich der Steuereinnahmen und wird auch als Primärsaldo p_1 bezeichnet. Diese Größe bereinigt das jährliche Budgetdefizit um die Zinsverpflichtungen

---

[18] Vgl. Blanchard (1984), Blanchard (1990) und Blanchard u.a. (1990). Eine Weiterentwicklung dieses Theorieansatzes findet sich bei Chouraqui u.a. (1990) und Gramlich (1990).

[19] Eine Darstellung dieses Ansatzes findet sich u.a. bei Duwendag (1991), S. 234–243, Lesch (1993), S. 60–67 und Gäckle (1992a), S. 175–185.

[20] Aus Vereinfachungsgründen wird auf die Darstellung des Geldschöpfungsgewinns (Seigniorage) verzichtet.

[21] Alle Variablen stellen reale Größen dar.

(4.4) $$-p_1 = d_1 - rD_1$$

und gibt somit den tatsächlichen budgetpolitischen Spielraum an. Das negative Vorzeichen erklärt sich dadurch, daß ein Primärüberschuß für sich allein den Schuldenstand verringert. Das periodische Wachstum des Sozialprodukts läßt sich als

(4.5) $$Y_1 = (1+g)Y_0$$

mit g als Wachstumsrate schreiben. Ersetzen von $(G_1 - T_1)$ durch $-p_1$ und anschließende Division durch das Volkseinkommen in der Gleichung (5.3) führt zu der Quotendarstellung

(4.6) $$\frac{D_1}{Y_1} = -\frac{p_1}{Y_1} + \frac{(1+r)D_0}{(1+g)Y_0} .$$

Der Quotient $((1+r)/(1+g))$ läßt sich für hinreichende kleine Werte von r und g durch die Näherungsformel $(1+r-g)$ approximieren, so daß sich die obige Gleichung nach Umstellung der Ausdrücke zu

(4.7) $$\frac{D_1}{Y_1} - \frac{D_0}{Y_0} = -\frac{p_1}{Y_1} + (r-g)\frac{D_0}{Y_0}$$

vereinfachen läßt. Bei stetiger Betrachtung und Ersetzen der Quoten durch die definierten Quotenbuchstaben B und p geht diese Gleichung über zu

(4.8) $$\frac{dB}{dt} = -p + (r-g)B$$

ohne Periodenindizes. Die Entwicklung der Staatsschuld wird demnach von dem Verhältnis primärer Defizitquote zu realer Zinslast determiniert. Die Höhe dieser Zinsbelastung ergibt sich aus der Differenz zwischen dem realen Kapitalmarktzins auf die gegebene Staatsverschuldung und der Wachstumsrate des Bruttoinlands-produktes. Eine tragbare Haushaltslage erfordert definitionsgemäß eine konstante Schuldenquote:

(4.9) $$\frac{dB}{dt} \overset{!}{=} 0 .$$

Der stabilisierende Primärsaldo (p^{stab}) ergibt sich dann aus der Gleichung (5.8) als

(4.10) $$p^{stab} = (r-g)B .$$

Danach verbleibt die Schuldenquote auf dem bestehenden Niveau, wenn die Primärdefizitquote der Differenz zwischen realem Zinssatz und realer Wachstumsrate, multipliziert mit der Staatsschuldenquote entspricht. Die Konstellation der Variablen r und g bestimmt, inwieweit ein Mitgliedstaat einen Primärüberschuß im Haushalt erwirtschaften muß oder sich gegebenenfalls ein Primärdefizit leisten kann. Der bestehende Schuldenbestand entscheidet über die erforderliche Höhe eines Primärüberschusses. Bei dem Verhältnis von Realzins und gesamtwirtschaftlicher Wachstumsrate sind drei Fälle zu unterscheiden.

Der Schuldenstand stabilisiert sich bei einem Primärsaldo von Null, wenn Zins und Wachstumsrate den gleichen Wert aufweisen. Der absolute Schuldenstand verändert sich parallel mit dem Sozialprodukt. Ein Primärüberschuß verringert die Verschuldungsquote, ein Primärdefizit erhöht sie. Im zweiten Fall ist der Realzins größer als die reale Wachstumsrate des Volkseinkommens. Der Staat muß im Haushalt einen primären Überschuß erzielen, d.h. er kann die verbindlichen Zinszahlungen nur teilweise über ein Budgetdefizit finanzieren. Ist die mit dem Faktor (r–g) gewichtete Verschuldung größer als der Primärsaldo, wird die Entwicklung des Schuldenstandes instabil, und bei einer anhaltenden Budgetlücke nimmt sie exponentiellen Charakter an. Bei einer Konstellation (r<g) kann die Schuldenquote selbst bei einem Primärdefizit stabilisiert werden. Der Staat kann sich über den Betrag an Zinszahlungen hinaus verschulden. Die Volkswirtschaft wächst schneller als die Verschuldung, somit ist eine explosive Entwicklung ausgeschlossen. Ein ausgeglichener oder positiver Primärsaldo reduziert das Verhältnis von BIP zur Verschuldung.

Die mit dem dargestellten Denkansatz von Blanchard verbundenen Vorteile seien kurz genannt: Erstens kann eine auf Dauer tragbare Finanzlage der öffentlichen Haushalte im Sinne einer konstanten Schuldenquote unmittelbar durch einen Vergleich des tatsächlichen mit dem schuldenstabilisierenden Primärsaldo erkannt werden. Diese Differenz wird auch als Primärsaldolücke bezeichnet. Zweitens zeigt die primäre Defizitquote den tatsächlichen budgetpolitischen Spielraum an, weil die Zinszahlungen auf die bestehende Staatsschuld nicht Bestandteil dieser Quote sind. Den Zahlungsverpflichtungen aus der Zinsschuld muß ein Staat in jedem Fall nachkommen, wenn er seine Bonität nachweisen will. Die Ausgabenpolitik kann sich demnach nur an dem finanzpolitischen Spielraum aus dem Primärsaldo orientieren.[22] Drittens ist die Höhe der Zinszahlungen von dem Schuldenstand abhängig und somit Resultat vergangener Haushaltspolitik. Demgegenüber ist der Primärsaldo ein Spiegelbild der augenblicklichen Konsolidierungsbemühungen des Staates.[23] Der wesentliche Unterschied zwischen diesem Konzept und den beschlossenen Budgetregeln des Maastrichter Vertragswerkes liegt darin, daß sich für jedes Land in Abhängigkeit von den jeweiligen historischen Ausgangsbedingungen und der aktuellen Konjunkturlage unterschiedliche Defizitquoten ergeben und nicht eine für alle gleiche Neuverschuldungsgrenze von 3,0 v.H. des BIP existiert, die von der individuellen Situation eines Mitgliedstaates abstrahiert.

4.3.1.2 Die empirische Auswertung

Ziel dieser empirischen Auswertung ist zum einen, die theoretischen Erkenntnisse exemplarisch zu verdeutlichen und zum anderen die unterschiedlichen Auswirkungen der verwendeten Meßindikatoren auf das Budgetkriterium zu ermitteln. Daraus können Hinweise gewonnen werden, ob ein auf dem Primärsaldo basierendes Defizitkriterium bisher höhere oder geringere Anforderungen an die Länder der EU gestellt hätte.

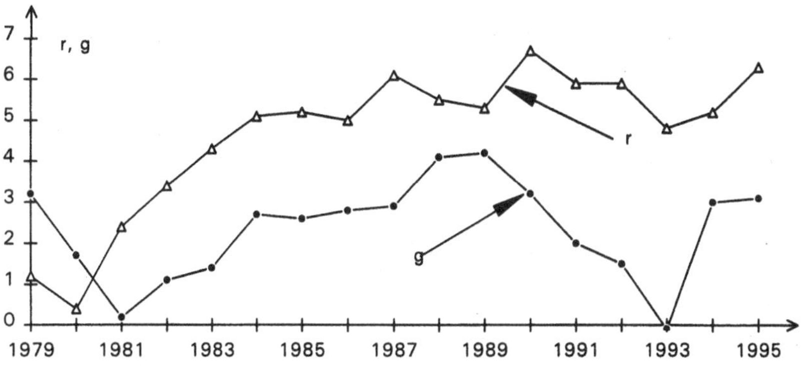

Quelle: Anhang 5 und 7

Abbildung 4.4: Reales Zinsniveau und reales Wachstum innerhalb der Europäischen Union

22 Vgl. Duwendag (1992), S. 83.

23 Vgl. Gäckle (1992b), S. 267.

Weiterhin soll geprüft werden, ob die theoretischen Unterschiede zwischen der Defizitquote und dem Primärsaldo insoweit relativiert werden, als sich anhand der empirischen Ergebnisse keine andere Zusammensetzung einer Währungsunion ergeben hätte.

Ausgangspunkt der empirischen Analyse ist die Abbildung 4.4, die einen Überblick über das Verhältnis von durchschnittlichen Realzins und durchschnittlicher Wachstumsrate des realen BIP innerhalb der Gemeinschaft gibt. Ihr ist zu entnehmen, daß das Zinsniveau in aller Regel höher als die Wachstumsrate des Sozialprodukts ist. Bei der innerhalb der Gemeinschaft üblichen Verschuldungslage der öffentlichen Haushalte ist hieraus bereits zu erkennen, daß die Mitgliedstaaten normalerweise Primärüberschüsse erzielen mußten. Dies zeigt auch der in der Tabelle 4.2 in Spalte 4 ermittelte Primärsaldo, der erforderlich ist, um die Schuldenquote konstant zu halten. Dieser Wert errechnet sich aus der Multiplikation der Spalten 2 und 3 entsprechend der Gleichung (4.10). Die Spalte 1 führt im Vergleich das öffentliche Haushaltsdefizit in Prozent des BIP an. Dem erforderlichen Primärsaldo ist in Spalte 5 die tatsächliche Primärquote gegenübergestellt. Aus der Differenz dieser beiden Werte ermittelt sich die Primärsaldolücke oder Stabilisierungslücke, die darüber Auskunft gibt, ob und in welchem Maße ein Mitgliedstaat seine Konsolidierungsbemühungen verstärken muß, um eine gleichbleibende Verschuldungsquote zu erzielen. Ein positives Vorzeichen zeigt an, um wieviel Prozentpunkte der Primärsaldo erhöht werden muß, um die Schuldenquote zu stabilisieren, und ein negatives Vorzeichen gibt an, um welchen Prozentsatz der Primärüberschuß theoretisch verringert werden könnte, bis die Schuldenquote steigt.

In dem Untersuchungszeitraum 1994 wiesen sechs Mitgliedstaaten eine positive und sechs Länder eine negative Stabilisierungslücke auf. Damit hätten Belgien, Dänemark, die BR Deutschland, Irland, Luxemburg und die Niederlande das Tragbarkeitskriterium erfüllt, weil die Schuldenquote konstant geblieben ist oder sinkt. Im Vergleich dazu hätten lediglich drei Staaten, die BR Deutschland, Irland und Luxemburg die Bedingung einer Neuverschuldung unter 3,0 Prozentpunkte erfüllt. Die sechs Staaten mit einer positiven Primärsaldolücke konnten ihre Schuldenquote nicht stabilisieren, sie hätten aber auch den Referenzwert des Defizitkriteriums nicht unterschritten. Die Reihenfolge der besten Länder verändert sich ebenfalls (Spalte 7), wenngleich gravierende Unterschiede nicht festzustellen sind. Belgien und Italien hätten bei einer Entscheidung über die Haushaltspolitik auf der Grundlage der Primärsaldolücke besser und die BR Deutschland und Frankreich schlechter abgeschnitten.

Tabelle 4.2: Fiskalindikatoren 1994 in den Staaten der Europäischen Union

	1	2	3	4	5	6	7	
Länder	Defizitquote	Schulden-quote	(r–g)	p (erf.)	p (tats.)	Primärsaldo-lücke (4–5)	Rang nach Spalte 1	6
Belgien	-5,3	135,0	2,6	3,5	5,0	-1,5	6	3
Dänemark	-3,8	75,6	3,1	2,3	3,3	-1,0	5	5
BR Deutschland	-2,6	50,2	1,1	0,6	0,8	-0,2	3	6
Frankreich	-6,0	48,4	3,0	1,5	-2,2	3,7	8	10
Griechenland[1]	-11,4	113,0	7,5	8,5	3,2	5,3	12	12
Großbritannien	-6,8	50,1	2,0	1,0	-3,5	4,5	10	11
Irland	-2,1	91,1	-1,3	-1,2	3,8	-5,0	2	1
Italien	-9,0	125,4	3,6	4,5	1,7	2,8	11	7
Luxemburg	+2,2	6,4	-0,6	0,0	2,5	-2,5	1	2
Niederlande	-3,2	78,4	2,1	1,6	2,8	-1,2	4	4
Portugal	-5,8	70,5	4,3	3,0	-0,1	3,1	7	8
Spanien	-6,6	64,8	2,6	1,7	-1,5	3,2	9	9

Quelle: Anhänge 2, 3, 5, 7 und 10.

[1] Für Griechenland Werte für 1995.

Die Abbildung 4.5 zeigt hierzu, wie die Staaten der Europäischen Union auf der Basis der Defizitquote und der Primärsaldolücke (p-lücke) bei der Bewertung der Haushaltspolitik abgeschnitten hätten.

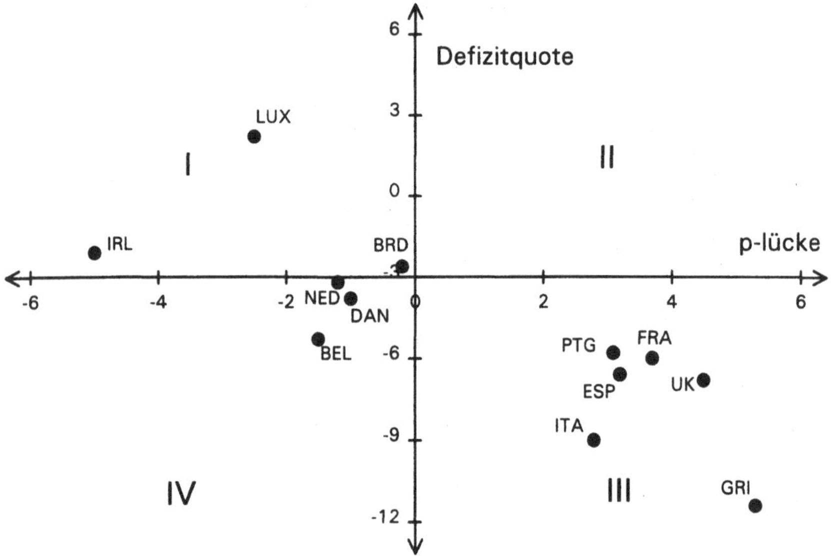

Abbildung 4.5: Defizitquote und Primärsaldo im Jahr 1994

Im Quadranten I sind diejenigen Länder aufgeführt, die sowohl das Tragbarkeitskonzept einer konstanten Schuldenquote als auch eine Defizitquote von unter 3,0 v.H. des BIP erfüllen; im Quadranten II und IV befinden sich diejenigen Staaten, die entweder das Defizitquotenkriterium oder das Primärsaldokriterium erfüllen; die Länder im Quadranten III verfehlen beide Bedingungen.

4.3.2 Die Konsistenz von Defizit- und Schuldenquote

4.3.2.1 Unter Berücksichtigung des Zinssatzes

Die fiskalischen Konvergenzkriterien, die ein Haushaltsdefizit von höchstens 3,0 v.H. des Bruttoinlandsproduktes und eine Schulden–Bruttoinlandsprodukt–Relation von höchstens 60,0 v.H. vorsehen, sollen in der nachfolgenden Untersuchung dahingehend problematisiert werden, ob und unter welchen Bedingungen sie miteinander konsistent sind. Diese Fragestellung soll aus verschiedenen Blickwinkeln heraus betrachtet werden. Ausgangspunkt ist dabei die Frage, ob mit einer dreiprozentigen Defizitquote eine Schuldenquote von höchstens 60,0 v.H. eingehalten werden kann oder ob ein derartiges Budgetdefizit auf Dauer die Staatsverschuldung über das geforderte Niveau hinaus erhöht. Dazu sind einige Überlegungen anzustellen, in die zum einen der Zinssatz und zum anderen die Wachstumsrate des Sozialprodukts integriert werden.

Zunächst soll eine Antwort auf die Frage gefunden werden, ob mit dem erlaubten Haushaltsdefizit die Zinszahlungen auf die höchstens erlaubte Staatsschuld von 60,0 v.H. finanziert werden können. Dahinter steckt die Vorstellung, daß ein Staat so lange als solvent eingestuft wird, wie er noch seine Zinsverpflichtungen erfüllen kann. Die verschuldungsbezogenen Konvergenzkriterien wären demnach so ausgewählt, daß eine Neuverschuldung nur im Rahmen der notwendigen Zinszahlungen zulässig ist. Diese Bedingung läßt sich durch die Gleichung

$$(4.11) \quad d_t = rD_t$$

formalisieren, wobei d_t das Budgetdefizit in der Periode t, r den realen Zinssatz und D_t den Schuldenstand kennzeichnen. Die Division der Gleichung (4.11) durch Y_t führt zu einer Quotendarstellung

$$(4.12) \quad \frac{d_t}{Y_t} = r\frac{D_t}{Y_t} \ ,$$

die bei stetiger Betrachtungsweise und gleichzeitiger Vereinfachung (Defizitquote = b, Schuldenquote = B) zu

$$(4.13) \quad b = rB$$

überführt werden kann. Es existiert mithin nur ein Zinssatz, der Defizit- und Schuldenquote im Gleichgewicht hält:

$$(4.14) \quad r = \frac{b}{B} = \frac{3{,}0 \text{ v.H.}}{60{,}0 \text{ v.H.}} = 5{,}0 \text{ v.H.} \ .$$

Wie verändert sich jetzt das Defizit–Schulden–Verhältnis, wenn der Realzins kleiner oder größer als 5,0 v.H. ist? Bei einem Zins von geringer als fünf Prozent ist die Defizitgrenze von 3,0 v.H. zu weit bemessen, d.h. ein Mitgliedstaat könnte sich über den Bedarf an Zinszahlungen hinaus verschulden. Ist die Höhe des Zinses über 5,0 v.H., so ist der dreiprozentige Referenzwert zu eng, d.h. ein Mitgliedsland muß einen Teil der fälligen Zinsleistungen aus den laufenden Einnahmen finanzieren. Die nachfolgende Tabelle 4.3 verdeutlicht diese Zusammenhänge anhand verschiedener Zahlenkombinationen.

Tabelle 4.3: Notwendige Defizitgrenzen zur Finanzierung der Zinszahlungen einer Schuldenquote von 60,0 v.H. des BIP

r	8,0	7,0	6,0	**5,0**	4,0	3,0	2,0
b	4,8	4,2	3,6	**3,0**	2,4	1,8	1,2

An dieser Stelle schließt sich die Frage an, ob der Referenzwert der Defizitquote für diese Problemstellung eine adäquate, d.h. an der Realität orientierte Höhe aufweist. Die Abbildung 4.6 zeigt hierzu den Gleichgewichtszinssatz von 5,0 v.H. und den tatsächlichen Verlauf der durchschnittlichen Realzinsen innerhalb der Europäischen Union von 1979 bis 1995.

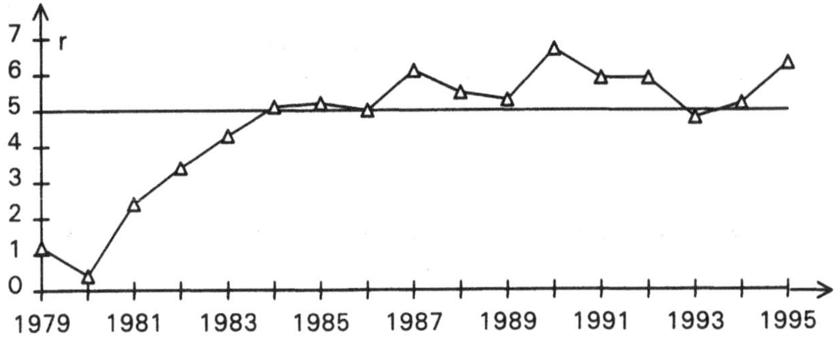

Quelle: Anhang 5

Abbildung 4.6: Stabilisierender und tatsächlicher realer Zinssatz (EU–Durchschnittswerte)

Zu Beginn der achtziger Jahre waren die Realzinsen im EU–Durchschnitt vergleichsweise niedrig, weil die Inflationserwartungen nicht korrekt antizipiert worden sind. Der Zeitraum seit Mitte der achtziger Jahre ist deshalb für unsere Fragestellung wesentlich repräsentativer und zeigt, daß der Realzins bis auf eine Ausnahme mindestens 5,0 v.H. aufwies und in der Nähe des Gleichgewichtszinssatzes blieb. Demzufolge wirkt die Referenzschwelle einer dreiprozentigen Defizitquote restriktiv auf die Haushaltspolitik der EU–Staaten.

4.3.2.2 Unter Berücksichtigung der Wachstumsrate des BIP

In einem zweiten Analyseschritt soll die Frage gestellt werden, ob und unter welchen Bedingungen die vorgesehene Defizitquote die festgelegte Schuldenquote von 60,0 v.H. des BIP stabilisieren kann. Die Schuldenquote setzt sich aus dem Schuldenstand im Zähler und dem Bruttoinlandsprodukt im Nenner zusammen. Die konkrete Frage lautet deshalb, mit welcher Rate das nominale Sozialprodukt wachsen muß, um den Anstieg der Schuldenquote infolge einer zulässigen Neuverschuldung in Höhe von 3,0 v.H. des BIP zu neutralisieren.

Die formale Ableitung der Wachstumsrate g erfolgt in Quotendarstellung. Die Bedingung lautet

(4.15) $$\frac{D_0}{Y_0} = \frac{D_1}{Y_1} = 60{,}0 \text{ v.H.} \; .$$

Der neue Schuldenstand setzt sich aus dem alten Bestand an Staatsschulden und der Neuverschuldung zusammen:

(4.16) $$D_1 = D_0 + d_o \; .$$

Das Sozialprodukt wächst mit der Rate g

(4.17) $$Y_1 = (1+g)Y_0 \; ,$$

so daß folgende Identitätsbeziehung gilt:

(4.18) $$\frac{D_0(1+g)}{Y_0(1+g)} = \frac{D_0 + d_0}{Y_0(1+g)} \; .$$

Dieser Ausdruck läßt sich zu

(4.19) $$D_0 + gD_0 = D_0 + d_0$$

vereinfachen. Nach Kürzen um D_0 und Erweitern um Y_0 ergibt sich eine Darstellung in Quotenform:

(4.20) $$g\frac{D_0}{Y_0} = \frac{d_0}{Y_0} \; .$$

Die Wachstumsrate des BIP ergibt sich damit bei stetiger Betrachtung aus dem Quotienten von Defizit- und Schuldenquote (b und B):

(4.21) $$g = \frac{b}{B} = \frac{3{,}0 \text{ v.H.}}{60{,}0 \text{ v.H.}} = 5{,}0 \text{ v.H.}$$

Demnach muß das Sozialprodukt um nominal fünf Prozent wachsen, wenn eine Neuverschuldung von 3,0 v.H. des BIP nicht zu einer höheren Schuldenquote als 60,0 v.H. des BIP führen soll. Bei einer kleineren Wachstumsrate würde die Schuldenquote ansteigen, wenn das Limit von 3,0 v.H. ausgenutzt werden würde. Eine größere Sozialproduktsteigerung als fünf Prozent ließe zur Stabilisierung der Schuldenquote auf 60,0 v.H. auch eine höhere Neuverschuldung zu, der Referenzwert im Maastricht-Vertrag für die Defizitquote wäre demnach zu eng bemessen.

Die Abbildung 4.7 dokumentiert den Vergleich von stabilisierender und tatsächlicher nominaler Wachstumsrate des BIP innerhalb der Europäischen Union von 1979 bis 1995.

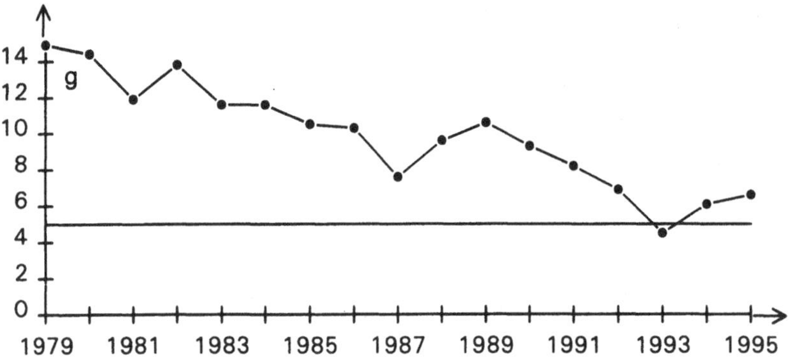

Quelle: Anhang 6

Abbildung 4.7: Stabilisierende und tatsächliche nominale Wachstumsrate des BIP (EU-Durchschnittswerte)

Innerhalb der Europäischen Union lag die durchschnittliche nominale Wachstumsrate des BIP fast ausschließlich über fünf Prozent, näherte sich aber der Gleichgewichtswachstumsrate immer weiter an. In einzelnen Ländern lagen die entsprechenden Werte aber auch über einen längeren Zeitraum unter dieser Schwelle.[24] Demzufolge hätte die dreiprozentige Quote "öffentliche Defizite" bei einer Stabilisierung des öffentlichen Schuldenstandes als Zielsetzung der Haushaltspolitik in diesen Staaten nicht ausgeschöpft werden dürfen. Hierbei ist noch ein weiterer Aspekt zu berücksichtigen, der die Interdependenzen dieser Verschul-

[24] Vgl. Anhang 6.

dungswerte mit anderen volkswirtschaftlichen Größen aufzeigt. Unter der Annahme eines mittelfristig zweiprozentigen Produktivitätsanstiegs impliziert ein nominelles Wachstum der Wirtschaft von 5,0 v.H. ceteris paribus eine dreiprozentige Rate der Preissteigerung. Wenn dieser Wert über dem zulässigen Referenzwert des Preiskriteriums liegt, müßte das nominale Wachstum des BIP niedriger ausfallen, um das Preiskriterium zu erfüllen. Bei einer derartigen Konstellation dürfte die Konvergenzobergrenze der Defizitquote von 3,0 v.H. nicht ausgeschöpft werden, wenn die Schuldenquote spätestens bei 60,0 v.H. des BIP stabilisiert werden soll.

4.3.2.3 Unter Berücksichtigung einer konstanten Defizitquote

Zum weiteren Verständnis der Interdependenzen von Defizit- und Schuldenquote soll in einem nächsten Schritt danach gefragt werden, wie sich eine Schuldenquote unter- oder oberhalb des Referenzwertes von 60,0 v.H. des BIP entwickelt, wenn eine Defizitquote von 3,0 v.H. des BIP eingehalten wird, die nominale Wachstumsrate des BIP aber variiert.[25] Wir greifen dazu auf die Gleichung

$$(4.8) \quad dB = -p + (r - g)B$$

zurück und formulieren sie so um, daß neben der primären Defizitquote p auch die Zinsdienstquote rB explizit erscheint:

$$(4.22) \quad dB = -p + rB - gB \ .$$

Zusammen bilden p und rB die Defizitquote b, so daß der Zusammenhang

$$(4.23) \quad dB = b - gB$$

gilt. Der Gleichgewichtszustand ist unter der Annahme einer konstanten Defizitquote von b=3,0 v.H. des BIP wiederum bei g=5,0 v.H. und B=60,0 v.H. des BIP erreicht. In diesem Fall verändert sich die Schuldenquote nicht. Bei gleicher nominaler Wachstumsrate, aber einer Schuldenquote von beispielsweise 50,0 v.H. des BIP steigt diese Quote

---

[25] Vgl. zur weiteren Darstellung auch Lesch (1993), S. 54–58. Die Frage nach dem Sinn einer konstant gehaltenen Kreditquote wird vor allem im Rahmen einer antizyklischen Verschuldungspolitik diskutiert. Um einen konjunkturpolitischen Handlungsspielraum zu erhalten, plädiert deshalb der Wissenschaftliche Beirat beim Bundesministerium der Finanzen (1994), S.19 für eine Neuverschuldung nicht über 1,0 bis 1,5 v.H. des BIP in normalen Konjunkturzeiten.

um 0,5 v.H. des BIP, bei 70,0 v.H. sinkt sie um diesen Betrag und nähert sich asymptotisch an eine Schuldenquote von 60,0 v.H. des BIP an. Dieser Anpassungsprozeß an eine konstante Schuldenquote wird abhängig von der Ausgangsschuldenlage durch unterschiedliche Wachstumsraten verkürzt oder verlängert. Die Höhe der Wachstumsrate determiniert gleichzeitig den Grenzwert, gegen den die Schuldenquote konvergiert. Bei g = 6,0 v.H. stabilisiert sich die Schuldenquote bei 50,0 v.H. des BIP, bei einer jährlichen Wachstumsrate von vier Prozent erst bei 75,0 v.H. des BIP. Die nachfolgende Tabelle verdeutlicht die geschilderten Zusammenhänge.

Tabelle 4.4: Die jährliche Veränderung der Schuldenquote in v.H. in Abhängigkeit von der Wachstumsrate bei konstanter Defizitquote von 3,0 v.H. des BIP

g \ B	40,0	50,0	60,0	70,0	80,0
4,0	1,4	1,0	0,6	0,2	-0,2
5,0	1,0	0,5	0,0	-0,5	-1,0
6,0	0,6	0,0	-0,6	-1,2	-1,8

Die folgende Abbildung 4.8 auf der nächsten Seite zeigt den asymptotischen Anpassungsprozeß in Abhängigkeit von der ursprünglichen Schuldenquote und der Wachstumsrate des Sozialprodukts.

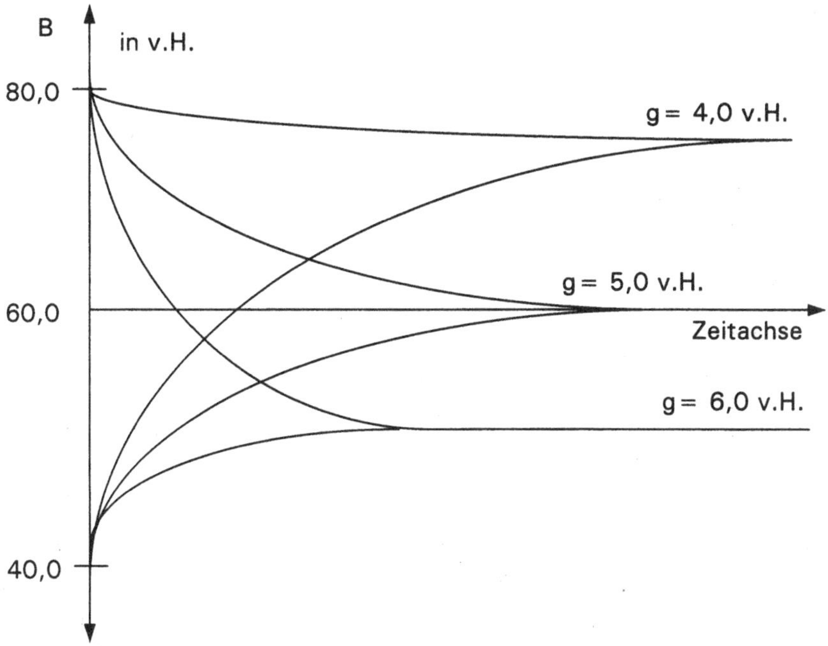

Abbildung 4.8: Der asymptotische Anpassungsprozeß an eine konstante Schuldenquote in Abhängigkeit unterschiedlicher Wachstumsraten

Die im Maastrichter Vertrag festgelegte Kombination von Referenzwerten für Defizit- und Schuldenquote erscheint in diesem Modell nur unter der Annahme eines Wachstumspfades der Volkswirtschaft von fünf Prozent sinnvoll. Bei hiervon abweichenden Wachstumsraten des nominalen Bruttoinlandsproduktes ergeben sich für jeden Mitgliedstaat individuelle Kombinationen von zulässigen Höchstwerten für die beiden genannten Fiskalindikatoren.

Ausgehend von diesen theoretischen Überlegungen zeigt die Abbildung 4.9 exemplarisch für Italien die Anpassungspfade an eine Gesamtverschuldung von 60,0 v.H. des BIP bei einer jährlichen Neuverschuldung von eins, zwei und drei Prozent des Bruttoinlandsproduktes. Die Berechnung erfolgte gemäß der Gleichung (4.23) unter der Annahme eines nominalen Wachstums des BIP von jährlich 6,0 v.H. Das Beispiel ist so gewählt, daß Italien bei einem durchschnittlichen Wachstum der Volkswirtschaft von real drei Prozent mit einer dreiprozentigen Preissteigerungsrate gleichzeitig das Inflationskriterium erfüllen könnte.

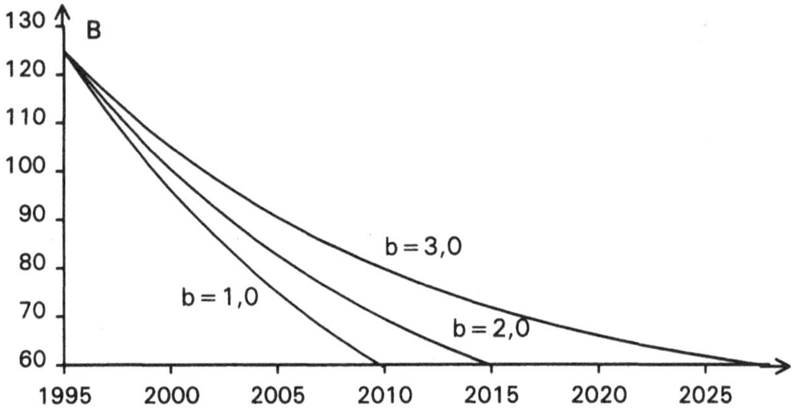

Abbildung 4.9: Die Entwicklung der Schuldenquote Italiens in Abhängigkeit von der Höhe der jährlichen Neuverschuldung

Dabei zeigt sich, daß Italien die 60 v.H.-Grenze nicht vor dem Jahr 2028 unterschreiten könnte, auch wenn es über diesen gesamten Zeitraum den Referenzwert für die Defizitquote nicht überschreitet. Bei geringerer jährlicher Neuverschuldung von 2,0 v.H. und 1,0 v.H. des BIP wird die Zielmarke im Jahr 2015 bzw. 2010 erreicht.[26]

Die Tabelle 4.5 zeigt, unter welchen Bedingungen Belgien und Italien im Jahr 2005 den Referenzwert für die Schuldenquote unterschreiten könnten. Der erforderliche Wert für die Defizitquote errechnet sich aus der Gleichung (4.23) in Abhängigkeit von der zugrunde gelegten Wachstumsrate des nominalen BIP.[27]

---

[26] Das verwendete Datenmaterial findet sich im Anhang 11.

[27] Die Anpassungspfade finden sich in tabellarischer Form im Anhang 12.

Tabelle 4.5: Notwendige Defizitquoten zum Erreichen einer Schuldenquote von 60,0 v.H. des BIP bis zum Jahr 2005 (Angaben in Prozent)

			Defizitquote erforderlich bei			Differenz der Spalte 3 zu Spalte		
	Sq.	Dq	g=4,0	g=5,0	g=6,0	4	5	6
Belgien	134,4	-4,5	+3,6	+2,6	+1,7	8,1	7,1	6,2
Italien	124,9	-7,4	+2,8	+1,9	+1,0	10,2	9,3	8,4

Quelle: siehe Anhang 12

Dabei zeigt sich, daß beide Länder über den gesamten Zeitraum Haushaltsüberschüsse erwirtschaften müssen. Der noch erforderliche Konsolidierungsbedarf der öffentlichen Finanzen ist in den letzten drei Spalten aufgeführt.

Die Abbildung 4.10 zeigt die Entwicklung der Staatsschulden beispielhaft für die Länder Belgien, Italien und Irland unter der Annahme eines jährlichen Primärüberschusses von 5,0 v.H. des BIP, eines realen Zinssatzes von 4,0 v.H. und einer realen Wachstumsrate von 3,0 v.H. des BIP. Die Berechnung erfolgte gemäß Gleichung (4.8). Unter diesen Bedingungen erreicht Belgien den festgelegten Referenzwert im Jahr 2014, Italien 2012 und Irland 2002.[28]

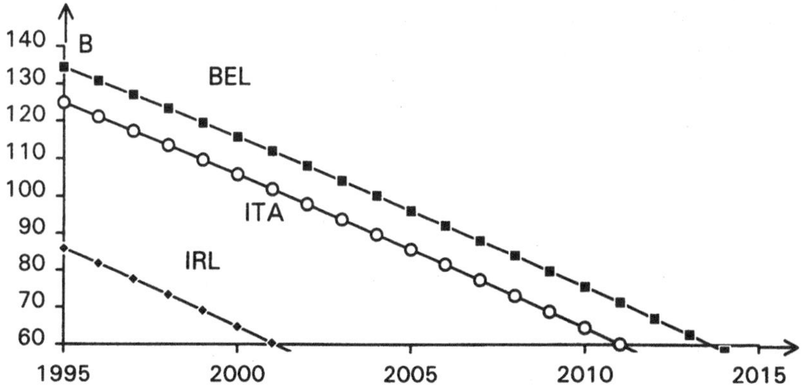

Abbildung 4.10: Die Entwicklung der Schuldenquote für Belgien, Italien und Irland.

[28] Das verwendete Datenmaterial findet sich im Anhang 13.

5. Das Kriterium der Zinskonvergenz

5.1 Gang der Untersuchung

Gegenstand des Kapitels ist die Auseinandersetzung mit den inhaltlichen Zusammenhängen zwischen Zins, Inflation und Wechselkursen im Rahmen des Zinskriteriums. Die gemeinsame Darstellung der genannten monetären Variablen ist erforderlich, um das Kriterium der Zinskonvergenz in seiner Gesamtheit in befriedigender Weise beschreiben und erklären zu können. Darin heißt es nämlich, daß der notwendige Grad an Übereinstimmung zwischen den EU–Ländern anhand der Dauerhaftigkeit der von den Mitgliedstaaten erreichten Konvergenz und der Teilnahme am Wechselkursmechanismus des EWS gemessen werden soll. Der anhaltende Gleichklang der Wirtschaftsentwicklung kommt nach Meinung dieses Zugangskriteriums im Niveau der langfristigen Zinssätze zum Ausdruck.

Ein besonderes Augenmerk soll auf die geforderte Dauerhaftigkeit der erzielten Konvergenz gelegt werden. Hieraus ergibt sich ein grundlegender Unterschied zwischen den drei bisher behandelten Eintrittskriterien zur Endstufe und dem Zinskriterium. Die von den Mitgliedstaaten der EU erzielte Stabilität der Preis-, Finanz- und Wechselkursentwicklung wird zu einem festgelegten Stichtag, dem Zeitpunkt der Konvergenzprüfung, ermittelt. Das Kriterium der Zinskonvergenz erweitert die Anforderungen bezüglich der genannten Meßgrößen, indem es eine anhaltende Übereinstimmung verlangt. Allerdings wird dazu die vorgesehene Konvergenzprüfung nicht über mehrere Jahre ausgedehnt, sondern das langfristige Nominalzinsniveau als Indikator ausgewählt.

Hiervon ausgehend konzentriert sich die nachfolgende Analyse auf die Frage, inwieweit der langfristige Nominalzinssatz eine von der Preis- und Wechselkursentwicklung unabhängige und damit eigenständige Größe ist und unter welchen Bedingungen der nominale Zinssatz in diesem Zusammenhang etwas über die geforderte Dauerhaftigkeit der monetären Konvergenz aussagen kann.

Diese Fragestellung wird im Rahmen des Fisher-Theorems untersucht, weil in diesem Zinsmodell Zinsen, Inflationsraten und Wechselkurse zusammenhängend dargestellt und diskutiert werden können.

5.2 Die Beziehung zwischen dem Kriterium der Zinskonvergenz und dem Kriterium der Preisstabilität im Rahmen des Fisher-Theorems

5.2.1 Die Modellstruktur des Fisher-Theorems

Die Zinshypothese des amerikanischen Ökonomen Irving Fisher[1] wird äquivalent auch als Fisher–Relation, Fisher–Gleichung, Fisher–Prinzip oder als Fisherscher Preiserwartungseffekt (Fisher–Effekt) bezeichnet.[2] Sie beschreibt eine Beziehung zwischen Nominalzins, Realzins und erwarteter Preissteigerungsrate.

Annahmen

Fisher formuliert bei seiner partialanalytischen Betrachtung im wesentlichen drei Annahmen, die die Erwartungsbildung und die Verhaltensweise der Wirtschaftssubjekte und die Organisation der Geld- und Kapitalmärkte betreffen. Im einzelnen lauten sie:

1. Die Wirtschaftssubjekte bilden Erwartungen über das zukünftige Wertverhältnis zwischen Geld und Gütern. Bei vollkommener Voraussicht (perfect foresight) haben alle Marktteilnehmer sichere und einheitliche Erwartungen über kommende Preisniveauveränderungen mit der Folge, daß diese vollständig antizipiert werden.

2. Auf dem Geld- und Kreditmarkt herrscht vollkommene Konkurrenz, völlige Markttransparenz und uneingeschränkte Kapitalmobilität. Von Transaktionskosten und Risikoprämien wird abgesehen. Weiterhin existieren keine Unterschiede hinsichtlich der Besteuerung und der Laufzeitstruktur von Wertpapieren.

---

[1] Vgl. im wesentlichen Fisher (1896), S. 1–34, S. 88–92 und Fisher (1930), Kap. II und XIX. In der Literatur wird weiterhin im allgemeinen zwischen drei Theorieansätzen zur Preis–Zins–Beziehung unterschieden. Neben dem Fisherschen Preiserwartungseffekt sind dazu der Liquiditätseffekt von Keynes und der Einkommenseffekt von Wicksell zu zählen. Danach führt eine erhöhte Geldmenge bei gegebener Liquiditätspräferenzfunktion und gegebenem Volkseinkommen zu einer Senkung des Marktzinses. Das hierdurch über den Multiplikatorprozeß gestiegene Volkseinkommen erhöht den Bedarf an Transaktionskasse und somit das Zinsniveau.

[2] Der letztgenannte Begriff in der Literatur wird im Unterschied zu den anderen Bezeichnungen vor allen Dingen benutzt, um das Phänomen zu beschreiben, daß die Nominalzinsentwicklung mit einer zeitlichen Verzögerung (time-lag) der Inflationsentwicklung folgt.

3. Die Finanz- und Sachkapitalanleger sind Nutzenmaximierer unter der Prämisse, daß die Anlageentscheidung allein von der Renditedifferenz in- und ausländischer Vermögenstitel beeinflußt wird.

Die erste Annahme des Fisher-Theorems impliziert, daß die Realszinssätze und Preissteigerungsraten erwartete bzw. Ex-ante Größen sind; Ex-post Größen werden in der ursprünglichen Version des Fisher-Theorems nicht betrachtet.

Definitionen

Die Wirtschaftssubjekte können ihre Zeitpräferenzrate verändern, indem sie zum jetzigen Zeitpunkt Vermögenswerte übertragen oder übernehmen. Innerhalb dieser Gläubiger-Schuldner-Beziehung ist für die gegenwärtige Verfügbarkeit der Aktiva ein intertemporaler Preis, der Zinssatz, zu bezahlen. Die absolute Höhe des Zinssatzes ist in einer inflationistischen Welt davon abhängig, ob in Geld- oder Gütereinheiten gerechnet wird. Wir definieren daher den Nominalzins **i** als den in Geldeinheiten gemessenen Zinssatz, der heute in t_0 vereinbart wird und unverändert für die nächste(n) Periode(n) gelten soll. Der erwartete Realzins r^e bezeichnet den Zinssatz, der in Gütereinheiten eines festgelegten Warenkorbes gemessen wird und der zum heutigen Zeitpunkt mit vollkommener Voraussicht unter Berücksichtigung der erwarteten Inflationsrate in Prozentpunkten (dP^e) in der (den) nächsten Periode(n) erwartet wird. Demnach ist r^e als erwarteter preisbereinigter Zinssatz aufzufassen. Der erwartete Realzinssatz unterliegt nach Fisher der Einschränkung $r^e \geq 0$ bzw. $dP^e \leq i$, weil die Wirtschaftssubjekte bei vollkommener Voraussicht und höherer Präferenz für Gegenwartsgüter keinen negativen Realzins, d.h. keinen realen Wertverlust akzeptieren werden.[3]

Die Fisher-Gleichung

Fishers Anliegen war es, eine feste Beziehung zwischen Nominal- und Realzins zu finden, die es erlaubt, auch in dem Fall entweder in Geldeinheiten oder in Güterpreisen zu rechnen, wenn zwischen monetären und realen Krediten eine relative Wertveränderung angenommen wird. Im

---

3 Vgl. Fisher (1896), S. 30f. Diese Annahme ist unmittelbar einleuchtend, weil bei einem negativen Realzinssatz der Nominalzinssatz nicht einmal den Kaufkraftverlust des Kreditgebers ersetzt. Dieses Geschenk an den Kreditnehmer kann deshalb nur vorkommen, wenn die Wirtschaftssubjekte eine andere als die tatsächliche Inflationsrate erwartet haben.

Vordergrund der Überlegungen Fishers stand infolgedessen die Frage, bei welchem Verhältnis der Zinssätze die Rückzahlungsbeträge eines in bezug auf Höhe und Laufzeit gleichen, aber in Recheneinheiten unterschiedlichen Kredits übereinstimmen, wenn zwischen den Wertmaßstäben Geld und Gütern eine relative Preisveränderung eingetreten ist.

Zur weiteren Darstellung des Problems wird in Anlehnung an Fisher[4] von einer bestimmten Geldsumme GS in einer beliebigen Währungseinheit und von einer wertmäßig äquivalenten Gütermenge GM in Gütereinheiten ausgegangen, die heute für ein Jahr ausgeliehen werden. Unter der Voraussetzung konstanter Zinssätze und Preissteigerungserwartungen muß bei einjähriger Laufzeit des Kreditvertrages für die ausgeliehene Geldsumme der Betrag $GS(1+i)$ und für die ausgeliehene Gütermenge der Betrag $GM(1+r^e)$ zurückgezahlt werden. Diesen $GM(1+r^e)$ Gütereinheiten entsprechen $GS(1+r^e)(1+dP^e)$ Geldeinheiten, wenn wir während der Kreditlaufzeit eine Preisniveauveränderung annehmen. Mit anderen Worten, nur mit der um die Inflationsrate erhöhten Geldmenge kann nach Ablauf eines Jahres die gleiche Gütermenge gekauft werden. Die zu Beginn der Kreditvereinbarungen geltende Relation $GS=GM$ kann bei der Rückzahlung der Kreditbeträge nur dann erhalten bleiben, wenn

$$(5.1) \qquad GS(1+i) = GM(1+r^e)(1+dP^e)$$

gilt. Da die Geldsumme annahmegemäß genauso viel wie die Gütermenge wert ist, kann zu

$$(5.2) \qquad GS(1+i) = GS(1+r^e)(1+dP^e)$$

umgeformt werden, und Kürzen um GS führt zu dem Ausdruck

$$(5.3) \qquad (1+i) = (1+r^e)(1+dP^e); \quad r^e \geq 0 \quad .$$

Wird nach r^e und i aufgelöst, ergibt sich für den Realzins die Gleichung

$$(5.4) \qquad r^e = \frac{1+i}{1+dP^e} - 1$$

beziehungsweise

[4] Im Original erläutert Fisher die Zusammenhänge anhand eines Kreditvertrages, in dem Gold und Weizen als Recheneinheit fungieren, vgl. Fisher (1896), Chapter II und III.

$$(5.5)\quad r^e = \frac{i - dP^e}{1 + dP^e}$$

und für den Nominalzins

$$(5.6)\quad i = r^e + dP^e + r^e dP^e; \quad r^e \geq 0.$$

Der nominale Zinssatz setzt sich demnach aus drei Komponenten zusammen: dem erwarteten Realzins, der erwarteten Preissteigerungsrate und erwarteten Realwertverlust der Zinszahlungen. Zwischen Nominalzinssatz und erwarteter Inflationsrate besteht eine positive Korrelation.[5]

Diese Fisher-Gleichung wird im allgemeinen um den inflationsbedingten Wertverlust der Zinszahlungen verkürzt. Bei dieser vereinfachten Variante

$$(5.7)\quad i = r^e + dP^e$$

ist der Nominalzins i gleich der Summe aus erwartetem Realzins r^e und erwarteter Inflationsrate dP^e. Streng genommen ist diese Vereinfachung nur zulässig, wenn unendlich häufige Zinszahlungen erfolgen. Die verkürzte Fisher-Relation wird in der Regel mit dem Argument begründet, daß sich der Realzins der Gleichung (5.6) von dem der Gleichung (5.7) nur unwesentlich unterscheidet, wenn die Werte für i und dP^e hinreichend klein sind. Trotz dieser theoretischen Unzulänglichkeiten wird im weiteren Verlauf der Analyse ebenfalls aus Vereinfachungsgründen auf die verkürzte Fisher-Gleichung zurückgegriffen. Diese Vorgehensweise erscheint zulässig, weil im Fall der relativ niedrigen Inflationsraten in den meisten EU–Ländern der Aussagegehalt der Untersuchungsergebnisse nicht entscheidend beeinflußt wird.[6]

---

[5] Das Fisher-Theorem ist nicht mit dem Gibson-Paradoxon (der Terminus wurde von Keynes (1955), S. 457 geprägt) zu verwechseln, mit dem ein empirisch festgestellter positiver Zusammenhang zwischen Nominalzinssätzen und Preisniveau bezeichnet wird. Im Falle eines hohen Preisniveaus ohne Preisniveauveränderungen ist der Unterschied unmittelbar einsichtig. Im Gibson–Fall bleibt der Nominalzins auf hohem Niveau, während er im Fisher–Fall auf das Realzinsniveau sinkt. Die beiden theoretischen Ansätze sind also nicht von vornherein miteinander konsistent.

[6] Die numerische Diskrepanz zwischen dem vollständigen und dem vereinfachten Nominalzinstheorem ist wie dargelegt von zwei Faktoren abhängig. Zum einen von der Höhe der Inflationsrate und zum anderen von der zeitlichen Abfolge der Zinsgutschriften. Um eine Vorstellung von den Größenverhältnissen der Realzinsunterschiede

Beim Realzins handelt es sich um eine Plangröße der Wirtschaftssubjekte, die den Nominalzinssatz ex-ante an die erwartete Preissteigerungsrate anpaßt, und zwar unter den gegebenen Annahmen sofort und vollständig. Die mathematischen Ausdrücke (5.6) und (5.7) sind deshalb als Verhaltensgleichungen zu bezeichnen. Die Ex-post Version von (5.7)

$$(5.8) \quad i = r + dP$$

kann verwendet werden, um den Realzins im nachhinein zu berechnen (Definitionsgleichung). Unter der Prämisse $dP^e_t = dP_{t+1}$ decken sich die Ex-ante Form mit der Ex-post Gleichung[7], d.h. die korrekt erwartete Preissteigerungsrate wird vollständig antizipiert. Hieraus ergibt sich wiederum die Gleichheit von erwartetem und tatsächlich beobachtetem Realzins. Der Ausdruck (5.7) kann auch als Gleichgewichtsbedingung aufgefaßt werden, sofern der erwartete Realzinssatz konstant gesetzt wird. In diesem Fall werden sich die Nominalzinsen an die Preissteigerungserwartungen vollständig anpassen. Oder anders formuliert: Ein Anstieg der Inflationserwartungen wird den Nominalzinssatz um exakt die gleiche Größenordnung erhöhen; die künftige Inflationsrate wird perfekt

ausgehend von den Gleichungen (5.6) und (5.7) zu vermitteln, sind in der nachfolgenden Tabelle einige Zahlenbeispiele aufgeführt (Angaben in v.H.):

Tabelle 5.1: Die Realzinsdifferenz bei unterschiedlicher Berechnungsmethode

i	dP^e	$r^e_{(6)}$	$r^e_{(7)}$	$r^e_{(6)} - r^e_{(7)}$
4,0	0,0	4,0	4,0	0,0
6,0	2,0	4,0	3,92	0,08
8,0	4,0	4,0	3,84	0,16
10,0	6,0	4,0	3,77	0,23
20,0	16,0	4,0	3,44	0,56
50,0	46,0	4,0	2,73	1,27

[7] Dem Fisher-Modell liegt, wie gesagt, die Annahme vollkommener Voraussicht zugrunde. Deshalb können die Wirtschaftssubjekte keinen Erwartungsfehler begehen, so daß die genannte Prämisse

$$dP^e_t = dP_{t+1}$$

immer gilt. Demnach ist auch die Ex-post Gleichung

$$(5.8) \quad i = r + dP$$

mit dem Fisher-Theorem modellkonsistent.

antizipiert. Realzinsen und Inflationserwartungen sind hingegen vollkommen unabhängig.[8] Es gilt demnach die Realzinsreaktion

$$(5.9) \quad \frac{dr}{d\,dP^e} = 0$$

und die Nominalzinsreaktion

$$(5.10) \quad \frac{di}{d\,dP^e} = 1 \; .$$

In erster Linie ist diese Tatsache auf den Umstand zurückzuführen, daß monetäre Einflüsse und Störungen den Realzinssatz langfristig nicht beeinflussen.

Kritik und empirische Evaluation[9]

Bei der empirischen Auswertung der aufgestellten Zinshypothese kommt Fisher selbst zu dem Ergebnis, daß der Nominalzinssatz nur teilweise, zeitversetzt und indirekt auf ein verändertes Preisniveau reagiert.[10] Er stellt time-lags von 10 bis 30 Jahren fest. Demzufolge schwanken die Realzinssätze sogar stärker als die Nominalzinssätze. Die fehlende empirische Konsistenz der Fisher-Relation mit den genannten Annahmen und Implikationen führt Fisher einerseits auf die Geldillusion der Wirtschaftssubjekte und andererseits auf einen langen, zeitintensiven makroökonomischen Transmissionsprozeß zurück. Dadurch können sich die Marktzinsen nur partiell und langsam an eine Preiserhöhung oder -reduzierung anpassen.[11]

In einer empirischen Studie für Westdeutschland haben Siebke und Willms[12] festgestellt, daß sich der Fisher-Effekt in einem halben Jahr zu

---

[8] In der Literatur wird diese Beziehung kontrovers diskutiert. Thiemer (1994) führt beispielsweise den Mundell-Effekt, inversen Fisher-Effekt, Phillips-Effekt und den Friedman-Effekt an, die jeweils unterschiedliche Realzinsreaktionen beschreiben.

[9] Die empirischen Ergebnisse beschränken sich auf einige ausgesuchte Arbeiten zu diesem Thema.

[10] Vgl. Fisher (1930), hauptsächlich Kap. XIX.

[11] Zu weiteren Anhaltspunkten für das Fehlen eines sichtbaren Fisher–Effekts im 19. Jahrhundert vgl. Mankiw (1993), S.211.

[12] Vgl. Siebke und Willms (1972), S. 187ff.

50 v.H. durchsetzt und der langfristige Zinssatz sich im Laufe der Zeit um bis zu 85 v.H. der erwarteten Preissteigerungsrate erhöht. Auf der Grundlage des gleichen Datenmaterials, aber eines veränderten methodischen Vorgehens kommt Gebauer[13] zu dem Ergebnis, daß der Preiserwartungseffekt eine Zeitverzögerung von bis zu fünf Jahren aufweist. Bei Jüttner[14] führt die Regression von kurz- und langfristigen Nominalzinssätzen mit Preiserwartungen zu statistisch signifikanten Resultaten. Im Gegensatz dazu stellt Neumann[15] fest, daß auf der Basis adaptiver Erwartungen keine zuverlässigen Schätzungen über den Fisher-Effekt möglich sind. In einem veränderten Modellrahmen findet er lediglich einen kurzfristigen Effekt von 0,5, d.h. eine einprozentige Preiserhöhung läßt den nominalen Zinssatz um einen halben Prozentpunkt ansteigen. Bei Badura[16] sind die Ergebnisse zum Fisherschen Preiserwartungseffekt nicht einheitlich. In Abhängigkeit von den gewählten Untersuchungsmethoden sind vielmehr erhebliche Abweichungen bei den Analyseergebnissen festzustellen.

Die teilweise unbefriedigenden Ergebnisse können damit erklärt werden, daß die modelltheoretische Herleitung der Fisher-Gleichung nicht berücksichtigt, ob die Kreditgeber die höheren Zinsforderungen zu jeder Zeit am Markt durchsetzen können. Genauso wenig ist grundsätzlich davon auszugehen, daß die Kreditanbieter und -nachfrager bezüglich der Preisentwicklung identische Erwartungen bilden. In diesem Fall könnte der Marktzins um mehr oder weniger als die erwartete Inflationsrate steigen.

Die positive Korrelation zwischen Zins- und Preisentwicklung ist ebenfalls, wie noch zu zeigen sein wird, von der Art der Erwartungsbildung der Wirtschaftssubjekte abhängig. Es erscheint aber auf jeden Fall einsichtig, daß sich der Preiserwartungseffekt bei stark und häufig schwankenden Preissteigerungen nur unvollständig durchsetzen wird. Zur genaueren Beurteilung müßte das Fisher-Modell auch um die Komponenten Transaktionskosten, Besteuerung und administrative Regulierungen (bspw. Kapitalverkehrskontrollen) erweitert werden.[17]

---

[13] Vgl. Gebauer (1973).

[14] Vgl. Jüttner (1975), S. 387ff.

[15] Vgl. Neumann (1977).

[16] Vgl. Badura (1977), im wesentlichen Kap. 7.

[17] Vgl. hierzu u.a. Rosenstock (1988).

5.2.2 Der Zusammenhang zwischen Nominalzinssatz und erwarteter Preissteigerungsrate im Zwei-Länder-Fall

5.2.2.1 Bei rationaler Erwartungsbildung

Ausgangspunkt der folgenden Überlegungen ist die verkürzte Fisher-Gleichung, die im Land 1 sowie im Land 2 gleichermaßen gilt:

(5.11) $i_1 = r_1^e + dP_1^e$ und

(5.12) $i_2 = r_2^e + dP_2^e$.

Unter der Annahme offener Volkswirtschaften und Freiheit von Geldillusion werden sich die Wirtschaftssubjekte bei ihrer Anlageentscheidung an dem realen Wertzuwachs ihrer Kapitalinvestition orientieren. Auf der Grundlage der Zinsparitätentheorie muß die heimische Preissteigerungsrate deshalb in das Entscheidungskalkül des Anlegers mit einbezogen werden. Ein Arbitragegleichgewicht ist deshalb bei

(5.13) $i_1 - dP_1^e = i_2 + (\frac{e_n^e - e_n}{e_n}) - dP_1^e$

erreicht. Diese Gleichung wird durch Erweitern mit dP_2^e zu

(5.14) $i_1 - dP_1^e = i_2 - dP_2^e + dP_2^e + (\frac{e_n^e - e_n}{e_n}) - dP_1^e$,

woraus für einen Vergleich der Realzinssätze in den Ländern 1 und 2 folgt:

(5.15) $r_1^e = r_2^e + (dP_2^e - dP_1^e) + (\frac{e_n^e - e_n}{e_n})$.

Als Zwischenergebnis dieser Überlegungen kann demnach festgehalten werden, daß ein Realzinsausgleich demnach nicht immer zustande kommt. Der inländische Realzins kann auch größer oder kleiner als der ausländische Realzins sein.

Indessen sind Wechselkurse und Inflationsraten nicht voneinander unabhängig. Unterstellen wir beispielsweise die relative Kaufkraftparitätentheorie

(5.16) $de_n = dP_1 - dP_2$,

so können wir annehmen, daß die Wechselkurserwartungen der Marktteilnehmer von der Differenz der Inflationserwartungen in den Ländern 1 und 2 determiniert werden:

$$(5.17)\quad de_n^e = dP_1^e - dP_2^e .$$

Setzen wir nun Gleichung (5.17) in (5.15) ein, wobei $de_n^e = \frac{e_n^e - e_n}{e_n}$ gilt, so erhalten wir unter der Voraussetzung vollkommener Preisflexibilität und vollkommener Kapitalmobilität einen Ausgleich der Realzinssätze:[18]

$$(5.18)\quad r_1^e = r_2^e .$$

Unterschiede zwischen den erwarteten realen Zinssätzen würden andernfalls Kapitalbewegungen zwischen den betreffenden Staaten auslösen, d.h. ein Arbitrageprozeß führt zu einem Realzinsausgleich. Hieraus folgt dann aus (5.11) und (5.12) der für die weitere Analyse wichtige Ausdruck

$$(5.19)\quad i_1 - i_2 = dP_1^e - dP_2^e .$$

Die Differenz der Nominalzinssätze zwischen den Ländern 1 und 2 stimmt mit der Differenz der erwarteten Inflationsraten überein.

Im Fisher-Modell erfolgt die Erwartungsbildung unter vollkommener Voraussicht. Bei deterministischen Modellen können wir hiermit die Annahme rationaler Erwartungsbildung gleichsetzen. Das Konzept der rationalen bzw. konsitenten Erwartungen in der "strengen Form" kann

---

[18] Wenn sich der Wechselkurs nicht entsprechend der Kaufkraftparitätentheorie entwickelt, verändert sich der reale Wechselkurs. Er ist definiert als

$$(a)\quad de_r^e = de_n^e + dP_2^e - dP_1^e .$$

In Gleichung (5.13) setzen wir (a) nach der erwarteten nominalen Wechselkursänderung aufgelöst ein und erhalten

$$(b)\quad i_1 - dP_1^e = i_2 - dP_2^e + de_r^e .$$

Ersetzen mit r_1^e und r_2^e ergibt:

$$(c)\quad r_1^e = r_2^e + de_r^e \text{ bzw.}$$

$$(d)\quad r_1^e - r_2^e = de_r^e .$$

Im Arbitragegleichgewicht entspricht die Realzinsdifferenz somit der erwarteten realen Wechselkursveränderung.

folgendermaßen beschrieben werden.[19] Die Wirtschaftssubjekte bilden ihre Erwartungen auf der Basis eines Strukturmodells, das die Kausalzusammenhänge zwischen den relevanten ökonomischen Variablen richtig beschreibt. Hieraus wird für jede zu prognostizierende Variable eine Bestimmungsfunktion abgeleitet. Dementsprechend nutzen die Wirtschaftssubjekte in unserem Modell zum Vorhersagezeitpunkt sämtliche verfügbaren Informationen über die gegenwärtige und zukünftige Entwicklung der Preise einschließlich ihrer Bestimmungsfaktoren aus, um einen Erwartungswert zu bilden. Sofern das gewählte Modell die ökonomische Realität korrekt spezifiziert, sind systematische Erwartungsirrtümer ausgeschlossen. Die rational erwartete kann von der tatsächlich beobachteten Preissteigerungsrate nur dann abweichen, wenn nach dem Zeitpunkt der Erwartungsbildung unvorhersehbare Ereignisse oder Datenänderungen eintreten.[20]

Der Prozeß der streng rationalen Erwartungsbildung läßt sich mathematisch mit Hilfe nachfolgender Gleichungen beschreiben: Die Wirtschaftssubjekte nutzen die zum Zeitpunkt t verfügbare Informationsmenge I_t, die sie für das zugrunde liegende Modell benötigen, und erwarten in t eine Preissteigerungsrate, die dem modellspezifischen Prognosewert der Inflationsrate entspricht:

$$(5.20) \quad dP_t^e = E(dP_t / I_t).$$

---

[19] In diesem Analyserahmen beschränken wir uns auf den Erwartungsbildungsprozeß der "strong-form". Einen Überblick über die verschiedenen Varianten rationaler Erwartungen findet sich u.a. bei Schlotthauer (1981), S. 103.

Die Hypothese der rationalen Erwartungsbildung stammt von Muth (1961) und wurde u.a. von Walters (1971), Lucas (1972), Sargent (1973) und Sargent und Wallace (1973) weiterentwickelt. Neuere Ansätze, beispielsweise von Darby (1976), gehen davon aus, daß die Wirtschaftssubjekte nicht eine maximale, sondern eine optimale Informationsmenge zur Erwartungsbildung nutzen. In diesem Fall ist der Grenznutzen gleich den Grenzkosten der Information, d.h. sehr kostspielige Daten bleiben unberücksichtigt, wenn sie nur wenig zur Erkenntnisfindung beitragen (ökonomisch-rationale Erwartungshypothese).

[20] Die Varianz der Schätzfehler kann durch ein verbessertes Wirtschaftsmodell nur im begrenzten Maße reduziert werden, weil zufällige Schwankungen oder neue Informationen nicht ausgeschlossen werden können. Lediglich systematische Erwartungsirrtümer sind mit dem Modell rationaler Erwartungen in der strengen Variante nicht konsistent.

Der Prognosefehler

$$(5.21) \quad x_{t+1} = dP_{t+1} - dP_t^e$$

weist bei vollständiger Nutzung aller Informationen einen Erwartungswert von Null auf, weil systematische Schätzfehler ausgeschlossen sind:

$$(5.22) \quad E(x_{t+1} / I_t) = 0 .$$

Aus der Bedingung rational erwarteter Preissteigerungsraten unter vollkommener Voraussicht folgt damit, daß die erwartete und tatsächliche Inflationsrate gleich sind:

$$(5.23) \quad E(dP_{t+1} - dP_t^e / I_t) = 0 .$$

Ausgangspunkt unserer Untersuchung war die Frage, inwieweit die Kriterien der Preisstabilität und der Zinskonvergenz voneinander unabhängig sind und inwiefern sie eine dauerhafte Konvergenz der Preisentwicklung in den Mitgliedsländern messen können. Vor dem Hintergrund der aus dem Fisher-Theorem abgeleiteten Beziehung

$$(5.19) \quad i_1 - i_2 = dP_1^e - dP_2^e$$

kann an dieser Stelle unter der Voraussetzung rationaler Erwartungsbildung folgendes Ergebnis abgeleitet werden:

Die Konvergenzkriterien für Preise und Zinsen sind symmetrisch aufgebaut. Den Bezugspunkt für die Konvergenzobergrenze bilden jeweils, wie in diesem Modell angenommen, die drei preisstabilsten Länder. Der Referenzwert, der von einem Mitgliedstaat unterschritten werden muß, um die entsprechende Qualifikationsnorm zu erfüllen, ergibt sich im Fall des Konvergenzkriteriums der Preisstabilität aus dem Bezugspunkt zuzüglich 1,5 v.H. Beim Kriterium der Zinskonvergenz regelt die Feststellung der drei preisstabilsten Länder nur die Wahl derjenigen Staaten, deren Nominalzinssätze als Durchschnittswert den Bezugspunkt bilden. Die Konvergenz-obergrenze ergibt sich aus dem errechneten Bezugspunkt plus 2,0 v.H.

Das Preisstabilitätskriterium vergleicht nur die Inflationsraten im Jahr vor der Konvergenzprüfung. Dieser Vergleich ist also vergangenheits- und stichtagsbezogen. Um diese Unzulänglichkeit zu beheben, soll das Zinskriterium anhand der Nominalzinssätze langfristiger Staatspapiere die Dauerhaftigkeit der Preiskonvergenz prüfen und somit das Preiskriterium ergänzen. Mit Hilfe des Fisher-Theorems bei rationaler Erwartungsbildung kann diese These getestet werden.

Ausgangspunkt der folgenden Betrachtungen sind die Länder 1 und 2, die zum jetzigen Zeitpunkt die gleiche Inflationsrate aufweisen und beide das Preiskriterium erfüllen. Angenommen, die erwartete Preisentwicklung weicht zwischen diesen Ländern voneinander ab, weil beispielsweise die jeweiligen Notenbanken verschiedene Geldmengenziele verfolgen, so würde der zukünftig zu erwartende Rückgang der Konvergenz bereits heute zu unterschiedlichen Nominalzinsen führen (Gleichung 5.19). Damit gilt auch umgekehrt, daß sich eine Differenz der erwarteten Preissteigerungsraten bereits im vorhinein aus der Differenz der Nominalzinssätze ablesen läßt. Ein Land erfüllt damit bereits jetzt schon nicht das Kriterium der Zinskonvergenz aufgrund der zum Preiskriterium äquivalenten Konstruktion, obwohl der erwartete Preisanstieg erst zu einem späteren Zeitpunkt über der geforderten Konvergenzobergrenze liegen würde. Bei rationalen Erwartungen der Wirtschaftssubjekte entsprechen die erwarteten den tatsächlichen Inflationsraten. Diese werden über die Gleichung (5.19) schon heute in die Konvergenzprüfung einbezogen, weil sich höhere Inflationsraten in der Zukunft bereits in der Gegenwart in höheren Nominalzinsen ausdrücken. Die Konvergenzkriterien sind folglich in bezug auf die Preiskonvergenz unter den gemachten Annahmen in der Lage, einen dauerhaften Gleichlauf der Inflationsraten festzustellen. In diesem Fall sind die Kriterien der Preise und Zinsen voneinander unabhängig und ergänzen sich zu einem Kriterium, das die Preisentwicklung der Länder über einen längeren Zeitraum vergleicht. Die Länge des Zeitraumes ist von der Laufzeit der Staatspapiere abhängig, deren Nominalzinssätze zum Vergleich herangezogen werden. Staatschuldverschreibungen von beispielsweise drei Jahren beinhalten nur die erwartete Preisentwicklung in den nächsten drei Jahren, zehnjährige Staatspapiere hingegen die der folgenden zehn Jahre. Zur weiteren Veranschaulichung dient die folgende Abbildung.

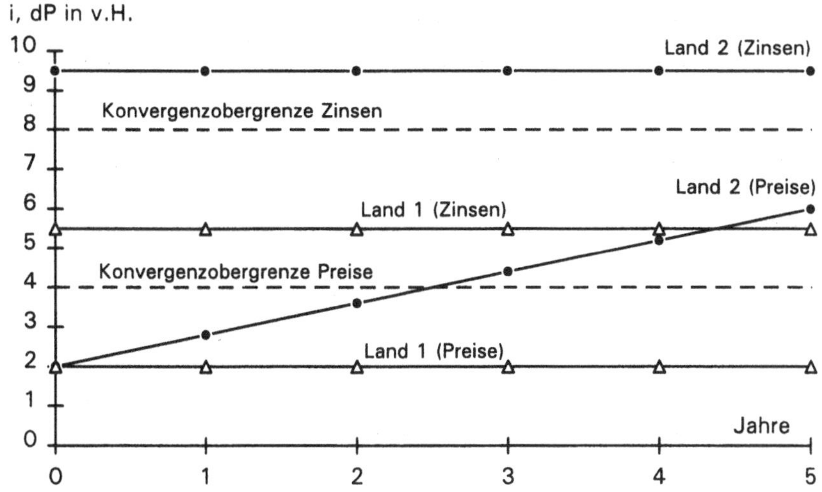

Abbildung 5.1: Die Konvergenzkriterien der Preise und Zinsen im Rahmen des Fisher-Theorems bei rationaler Erwartungsbildung

Auf der Abszisse ist die Zeit in Jahren abgetragen, und die Ordinate zeigt die Höhe der Preise und Nominalzinsen in Prozentpunkten an. Wir unterstellen einen Bezugspunkt der drei preisstabilsten Länder von 2,5 v.H. und einen Realzins von 3,5 v.H., so daß sich für die Konvergenzobergrenzen des Preis- und Zinsniveaus bei den im Vertrag von Maastricht festgelegten Aufschlägen von eineinhalb bzw. zwei Prozent Werte von 4,0 v.H. und 8,0 v.H. ergeben. Die Dreieck-Linien zeigen die Preis- und Zinsentwicklung des Landes 1, die Punkt-Linien die des Landes 2. Beide Staaten weisen zum Zeitpunkt der Konvergenzprüfung jeweils eine Inflationsrate von 2,0 v.H. auf. Für das Land 1 erwarten die Wirtschaftssubjekte auch fünf Jahre später eine gleich hohe Inflationsrate , so daß sich gemäß dem Fisher-Theorem bei einem heute zugrunde gelegten Realzins von 3,5 v.H. ein Nominalzinssatz von 5,5 v.H. einstellt. Für Land 2 erwarten die Wirtschaftssubjekte hingegen eine ansteigende Inflation. Die erwartete Preissteigerungsrate von 6,0 v.H. führt schon jetzt zu einem Nominalzinssatz von 9,5 v.H., der Nominalzins "springt" unverzüglich auf das höhere Niveau. Das Land 2 erfüllt somit das Zinskriterium nicht und wird demzufolge von der Teilnahme an der Währungsunion ausgeschlossen.

5.2.2.2 Bei extrapolativer Erwartungsbildung

Die vorliegende Fragestellung soll in diesem Abschnitt unter der veränderten Annahme extrapolativer Erwartungsbildung[21] erneut mit Hilfe der Gleichung (19) diskutiert werden. Nach dieser Erwartungshypothese wird die Summe der vergangenen Inflationsraten auf die zukünftige bzw. erwartete Preissteigerungsrate extrapoliert. Dieser Ansatz kann formal folgendermaßen dargestellt werden:

$$(5.24)\quad dP_t^e = a_1 dP_{t-1} + a_2 dP_{t-2} + a_3 dP_{t-3} + \ldots + a_n dP_{t-n} = \sum_{i=1}^{n} a_i dP_{t-i}\,,$$

unter der Bedingung $0 < a_i < 1$ für alle i und $\sum_{i=1}^{n} a_i = 1$.

Bei diesem linearen Zusammenhang werden die vorangegangenen Inflationsraten mit einem Faktor a_i gewichtet.[22] In der Regel wird von der Vermutung ausgegangen, daß die verschiedenen Inflationsraten der Vergangenheit für die Erwartungsbildung von unterschiedlicher Bedeutung sind, weil weiter zurückliegende Erfahrungen zunehmend "vergessen" werden. Demzufolge wird der jüngere Inflationsverlauf die

[21] Der extrapolative Ansatz der Erwartungsbildung geht auf Fisher (1930), S. 419-421 zurück. Unter dem Oberbegriff autoregressiver Erwartungen (distributet-lag-Ansätze) werden neben extrapolativer auch regressive, regressiv–extrapolative und als Spezialfall adaptive Erwartungsbildung zusammengefaßt.

[22] Die Höhe des Gewichtungsfaktors a_i im zeitlichen Verlauf kann beispielsweise in arithmetisch oder in geometrisch abnehmenden Reihen veranschaulicht werden. Für den Fall, daß die arithmetische Formel vier Perioden umfaßt, können wir $a_1 = 0{,}4$, $a_2 = 0{,}3$, $a_3 = 0{,}2$, $a_4 = 0{,}1$ annehmen, wobei $\sum_{i=1}^{4} a_i = 1$.

In geometrischer Form können wir

$$(e)\quad dP_t^e = a_1 dP_{t-1} + a_2^2 dP_{t-2} + a_3^3 dP_{t-3} + \ldots + a_n^n dP_{t-n} = \sum_{i=1}^{n} a_i^i dP_{t-i}$$

schreiben, mit $0 < a_i < 1$ und $\sum_{i=1}^{n} a_i^i = 1$.

Preiserwartungen der Wirtschaftssubjekte überproportional stark beeinflussen; mit steigendem i wird der Koeffizient a_i also kleiner.

Bei einem extrapolativen Ansatz muß neben dem Gewichtungsparameter a_i auch die Anzahl der Perioden, die dem Erwartungsbildungsprozeß zugrunde liegt, festgelegt werden. Mit zunehmender Länge des Zeithorizonts wird der Erwartungswert präziser. Zu berücksichtigen ist allerdings, daß der Grenznutzen mit zunehmender Periodenanzahl abnehmen und die Grenzkosten im allgemeinen ansteigen werden. In formaler Hinsicht müssen wir deshalb unterstellen, daß die Wirtschaftssubjekte dann einen optimalen Erwartungswert erzielen, wenn der Grenznutzen gleich den Grenzkosten der Informationsbeschaffung ist.[23]

Der hauptsächliche Nachteil der extrapolativen Erwartungshypothese ist in der Tatsache zu sehen, daß lediglich Vergangenheitswerte berücksichtigt werden und die Wirtschaftssubjekte daher einem permanenten Erwartungsfehler unterliegen, wenn die Inflationsentwicklung einem stetigen Trend in eine Richtung folgt. Bei kontinuierlich steigenden Inflationsraten ist die erwartete Preissteigerungsrate zum Zeitpunkt t dP_t^e immer kleiner als die tatsächliche dP_t, weil dP_t^e nicht größer sein kann als dP_{t-1}. Im Fall permanent sinkender Geldentwertungsraten ist die erwartete Preissteigerungsrate immer höher als die tatsächliche. Ein Lernprozeß wird in diesem Modell ausgeschlossen. Auf die bestehende Fragestellung, inwieweit das Kriterium der Zinskonvergenz eigenständig von den anderen Kriterien ist und damit eine dauerhafte Konvergenz anzeigen kann, ist folgende Antwort zu finden. Ausgehend von der Gleichung (5.19) gilt, daß sich die Nominalzinssätze der Länder 1 und 2 um so weiter annähern werden, je geringer die Differenz zwischen den Inflationserwartungen ist. Der Nominalzins ist aber nur ein Indikator für eine vergangene Konvergenz, weil die Wirtschaftssubjekte die erwartete Preissteigerungsrate als maßgebliche Größe bei der Bestimmung des nominalen Zinssatzes lediglich auf der Basis vorangegangener Inflationsraten bilden. Wenn die Dauerhaftigkeit der Konvergenz dahingehend interpretiert wird, daß auch zukünftig eine gleichgerichtete Geldpolitik von den Mitgliedstaaten der EU gefordert wird, so kann diese Bedingung nicht am Nominalzins abgelesen werden. Das Kriterium der Zinskonvergenz ist in diesem Modellrahmen ausschließlich vergangenheitsorientiert

[23] In welcher Weise der Gewichtungsfaktor und die Periodenanzahl auch immer spezifiziert werden, so muß dies mit der Einschränkung erfolgen, daß es keine ökonomischen Gründe für eine bestimmte Festlegung gibt; sie ist im wesentlichen willkürlich.

und könnte damit für die genannte Forderung durch das Preisstabilitätskriterium ersetzt werden, indem der Prüfungszeitraum auf mehrere Jahre verlängert würde.

In der einfachsten Form extrapolativer Inflationserwartungen umfaßt der Zeithorizont der Wirtschaftssubjekte nur eine Periode, d.h. die erwartete Teuerungsrate ist identisch mit der der letzten Periode. Aus der Gleichung (5.24) erhalten wir unter der speziellen Annahme $a_i = 1$ die Erwartungshypothese

(5.25) $dP_t^e = dP_{t-1}$.

Die Fisher-Gleichung in der reduzierten Form (5.7) läßt sich infolgedessen zu

(5.26) $i = r^e + dP_{t-1}$

umschreiben. Der Nominalzins setzt sich also aus dem erwarteten Realzins und der Inflationsrate des abgelaufenen Jahres zusammen. Im Zwei–Länder–Fall ergibt sich unter der Gleichgewichtsbedingung

(5.18) $r_1^e = r_2^e$.

aus der Gleichung

(5.19) $i_1 - i_2 = dP_1^e - dP_2^e$

die Beziehung

(5.27) $i_1 - i_2 = dP_{t-1,(1)} - dP_{t-1,(2)}$.

Die Differenzen der Nominalzinssätze und der Inflationsraten der letzten Periode zwischen den Ländern 1 und 2 sind hiernach gleich groß.

Für die vorliegende Fragestellung hinsichtlich des Verhältnisses des Zins- und Preiskriteriums läßt sich bei diesen Modellannahmen die Erkenntnis ableiten, daß das Zinskonvergenzkriterium keine eigenständige Konvergenznorm ist; es erweist sich insofern als redundant. Die Höhe des Nominalzinssatzes ist unmittelbar von der Preissteigerungsrate abhängig. Wie bereits erwähnt, haben beide Kriterien den gleichen Bezugspunkt für die Konvergenzobergrenze. Zu diesem Durchschnittswert der drei Länder mit den geringsten Geldentwertungsraten wird beim Preiskriterium 1,5 v.H. und beim Zinskriterium 2,0 v.H. addiert. Wird von diesem halben Prozentpunkt Unterschied abgesehen, ergibt sich bei einfachen extrapolativen Erwartungen der Wirtschaftssubjekte, daß ein

Land das Zinskriterium erfüllt, wenn es das Preiskriterium erfüllt und umgekehrt. Diese zentralen Zusammenhänge veranschaulicht folgende Abbildung.

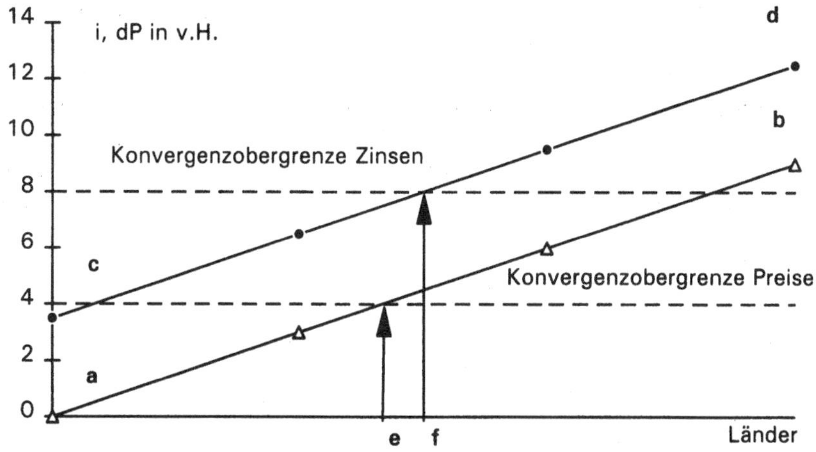

Abbildung 5.2:
Die Konvergenzkriterien der Preise und Zinsen im Rahmen des Fisher-Theorems bei einfacher extrapolativer Erwartungsbildung

Wir unterstellen wiederum einen Durchschnittswert der drei preisstabilsten Länder von 2,5 v.H. und erhalten somit bei einem Realzins von 3,5 v.H. die Konvergenz-obergrenze für Preise und Zinsen von 4,0 v.H. bzw. 8,0 v.H. Die Dreieck-Linie **ab** stellt alle denkbaren Inflationsraten dar, die die einzelnen Länder aufweisen könnten, mit Ausnahme dP < 0. Aus diesen spezifischen Preissteigerungsraten ergeben sich die dazugehörigen Nominalzinssätze auf der Punkt-Linie **cd**. Hieraus ist ersichtlich, daß ein Land, welches das Preiskriterium erfüllt, auch automatisch das Zinskriterium erfüllt. Einzige Ausnahme sind die Länder mit einer Inflationsrate von 4,0 v.H. bis 4,5 v.H., die auf der Abszisse zwischen **e** und **f** abgetragen sind. Sie erfüllen das Konvergenzkriterium der Preisstabilität nicht mehr, dafür aber noch das Kriterium der Zinskonvergenz. Diese Tatsache läßt sich mit dem um einen halben Prozentpunkt unterschiedlichen Additionsfaktor erklären.

5.2.2.3 Bei adaptiver Erwartungsbildung

Ein wesentlicher Kritikpunkt an der Hypothese der extrapolativen Erwartungsbildung ist die Tatsache, daß die Wirtschaftssubjekte aus ihren Erwartungsirrtümern nicht lernen, so daß Fehlprognosen immer dann unvermeidlich sind, wenn die tatsächliche Inflationsrate nicht über mehrere Perioden konstant ist. Der adaptive Ansatz der Erwartungsbildung von Cagan[24] korrigiert diesen Fehler, indem er auf einen Vergleich der erwarteten und der tatsächlichen Inflationsrate jeweils in der Vorperiode abstellt.[25] Sofern sich hieraus eine Differenz ergibt, wird die bisherige Preissteigerungserwartung für die kommende Periode geändert. Die Anpassung (Adaption) der Preiserwartungen läßt sich formal in der Gleichung

$$(5.28)\quad dP_t^e - dP_{t-1}^e = \beta(dP_{t-1} - dP_{t-1}^e)$$

darstellen. Demnach bleibt die erwartete Inflationsrate unverändert, wenn die tatsächliche Preissteigerungsrate mit der in der Vorperiode erwarteten übereinstimmt. Wurde die Preisentwicklung in der Vorperiode von den Wirtschaftssubjekten als zu inflationär eingeschätzt ($dP_{t-1}^e > dP_{t-1}$), wird der Erwartungswert der Geldentwertung reduziert, und für den Fall, daß die erwartete Inflationsrate zu niedrig prognostiziert wurde ($dP_{t-1}^e < dP_{t-1}$), erhöht. Die Wirtschaftssubjekte werden ihre registrierten Erwartungsirrtümer dabei um so stärker korrigieren, je größer der Anpassungskoeffizient β ist. Aus der algebraischen Gleichung (5.28) können wir für die zum Zeitpunkt t erwartete Preissteigerungsrate

$$(5.29)\quad dP_t^e = dP_{t-1}^e + \beta(dP_{t-1} - dP_{t-1}^e)$$

schreiben und zu

$$(5.30)\quad dP_t^e = \beta dP_{t-1} + (1-\beta)dP_{t-1}^e$$

---

24 Vgl. Cagan (1956), S. 37. Der Grundsatz der Theorie adaptiver Erwartungen geht auf Fisher (1930) zurück.

25 Aufgrund dieser Fehleranpassung finden sich in der Literatur auch die synonymen Bezeichnungen "Lernprozeßhypothese" und "Irrtum-Lern-Modell". Vgl. hierzu beispielsweise Caspers (1978), S. 515 und Malkiel (1970), S. 17ff.

umformen, wobei $0 < \beta < 1$ gilt.[26] In Abhängigkeit von dem Adaptionskoeffizienten β beeinflußt die vergangene Inflationsrate oder die erwartete Inflationsrate der Vorperiode in stärkerem Maße die gegenwärtige Inflationserwartung.

Als Kritikpunkt dieser Erwartungshypothese ist zu nennen, daß Erwartungsirrtümer zwar korrigiert werden, allerdings in bestimmten Fällen nur unzulänglich. Hierzu zählen eine sich permanent beschleunigende und eine sukzessive abschwächende Preisentwicklung. Außerdem können Wendepunkte in der Inflationsentwicklung nicht hinreichend prognostiziert werden, weil es sich hierbei um eine zyklische Komponente handelt. Die Wirtschaftssubjekte bilden ihre Erwartungen an dem verfolgten Trendverlauf und werden deshalb von einer Umkehr in der Inflationsentwicklung überrascht.

Das Ergebnis auf die Ausgangsfragestellung leitet sich beim adaptiven Ansatz aus den Inflationserwartungen der Wirtschaftssubjekte ab, die auf der Basis der tatsächlichen und erwarteten Preissteigerungsraten der abgelaufenen Periode gebildet werden. Aufgrund des kurzen Beobachtungszeitraums kann die Konvergenz der Zinssätze wie im Fall einfacher extrapolativer Erwartungen hauptsächlich auf die Konvergenz der Inflationsraten zwischen den Mitgliedstaaten zurückgeführt werden. Im Rahmen des Fisher-Theorems erfüllt damit ein Land wegen der Beziehung zwischen Inflationsrate und Nominalzins das Zinskriterium, wenn es das Preiskriterium erfüllt. Fälle sprunghafter Änderungen in der Preisentwicklung sind hiervon ausgenommen. Das Kriterium der Zinskonvergenz ist somit auf der Grundlage der genannten Annahmen kein völlig eigenständiges Konvergenzkriterium.

Der hauptsächliche Unterschied zum extrapolativen Ansatz besteht allerdings darin, daß die jüngste Entwicklung der Preise im Nominalzinssatz stärker berücksichtigt wird. Hieraus ergibt sich jedoch eine besondere Problematik, weil die Inflationserwartungen und infolgedessen die

---

[26] Hiermit werden die beiden Extremfälle $\beta = 0$ und $\beta = 1$ sinnvollerweise ausgeschlossen, weil im ersten Fall keine Anpassung der Erwartungen erfolgen würde ($dP_t^e = dP_{t-1}^e$) und im zweiten Fall ansonsten die einfache Form extrapolativer Erwartungsbildung ($dP_t^e = dP_{t-1}$) vorläge. Das Modell adaptiver Erwartungsbildung läßt sich auch durch rekursives Einsetzen vergangener Inflationserwartungen in die Gleichung (5.30) in ein formal äquivalentes Modell extrapolativer Erwartungsbildung umformen. Vgl. hierzu beispielsweise Claasen (1980), S. 301 und Pohl (1981), S. 124.

Nominalzinsen nur träge auf eine Änderung im Inflationstempo reagieren, wie folgendes Zahlenbeispiel beweist.

Tabelle 5.2: Die zeitliche Verzögerung einer Nominalzinsanpassung an eine Änderung im Inflationstempo bei adaptiver Erwartungsbildung

Land i	dP^e_{t-1}	dP_{t-1}	β	$\varnothing dP^n_3$	KogP	r_i	Kogi	dP^e_t	i
1	6,0	4,0	0,5	2,5	4,0	3,5	8,0	5,0	8,5
2	3,0	5,0	0,5	2,5	4,0	3,5	8,0	4,0	7,5

Der Durchschnittswert der drei Länder mit der niedrigsten Inflationsrate wird mit $\varnothing dP^n_3 = 2{,}5$ v.H. und der Realzins mit $r_i = 3{,}5$ v.H. angenommen, so daß sich die Konvergenzobergrenzen für Preise und Zinsen zu KogP = 4,0 v.H. und Kogi = 8,0 v.H. ergeben. In den beiden zu untersuchenden Ländern unterstellen wir einen Lernkoeffizienten von $\beta = 0{,}5$, d.h. die tatsächliche und die erwartete Inflationsrate der abgelaufenen Periode beeinflussen im gleichen Maße die gegenwärtige Inflationserwartung.

Im Land 1 ist in der Vorperiode eine Inflationsrate von 6,0 v.H. erwartet worden, tatsächlich betrug sie aber 4,0 v.H. Damit erfüllt dieses Land noch knapp das Konvergenzkriterium der Preisstabilität. Aufgrund der angesprochenen trägen Reaktion wird gemäß der Gleichung (5.30) für die nächste Periode eine Inflationsrate von 5,0 v.H. erwartet, so daß der Nominalzins 8,5 v.H. beträgt. Infolgedessen erfüllt Land 1 das Zinskriterium nicht, und seine Konvergenz wird definitionsgemäß noch nicht als dauerhaft anerkannt.

Im Land 2 steigt die Inflationsrate auf 5,0 v.H. an, so daß die erwartete Preissteigerungsrate von 3,0 v.H. um 2,0 v.H. von der tatsächlichen Geldentwertungsrate überschritten wird. Die Preiserwartung für die Periode t ergibt sich hieraus zu 4,0 v.H. und der Nominalzinssatz zu 7,5 v.H. Folglich erfüllt Land 2 das Preiskriterium nicht, hingegen aber (noch) das Zinskriterium und damit im Gegensatz zum Land 1 die Bedingungen für eine dauerhafte Konvergenz, obwohl die Preissteigerungsrate bereits höher ist.

Das formale Ergebnis bezüglich der Länder 1 und 2 ist damit gleich, weil beide jeweils ein Kriterium erfüllen. Aus integrationstheoretischer Sicht stellt sich aber die Frage, ob ein Land mit einer zunehmend konvergierenden Inflationsentwicklung nicht einem Land überlegen ist, dessen

Preisentwicklung sich von einem niedrigen Niveau entfernt. Das muß besonders für den Fall gelten, daß sich diese Entwicklung zu niedrigeren und höheren Inflationsraten bereits über mehrere Perioden, d.h. dauerhaft vollzieht. Dann würde in dem angeführten Zahlenbeispiel genau dem "falschen" Land eine dauerhafte Konvergenz bescheinigt werden.

5.3 Die Beziehung zwischen dem Zinskriterium und dem Wechselkurskriterium im Rahmen der Zinsparitätentheorie

5.3.1 Die Modellstruktur der Zinsparitätentheorie

Das Wechselkurskriterium verlangt von jedem Mitgliedstaat eine zweijährige Teilnahme am Wechselkursmechanismus des EWS innerhalb der normalen Bandbreiten ohne Abwertung. Das Zinskriterium verlangt eine dauerhafte Teilnahme im EWS oder, gleichbedeutend, eine anhaltende Wechselkursstabilität, ohne dabei diese gewählte Formulierung an einer Stelle des Vertrages näher zu spezifizieren. Beide Kriterien stehen aber nur dann in einem sinnvollen Verhältnis, wenn sie sich in dem Sinne ergänzen, daß sie unabhängig voneinander einen Teilaspekt der Wirtschaftsentwicklung eines Landes auf Konvergenz hin überprüfen. Dieser Begriff einer dauerhaften Stabilität der Wechselkursentwicklung soll deshalb in diesem Zusammenhang als Forderung an die EU-Staaten verstanden werden, ihren Wechselkurs wie vor der Konvergenzprüfung[27] auch danach innerhalb des engen Paritätenbandes zu halten. Damit stellt sich die Frage, ob das Kriterium der Zinskonvergenz, wie von Art. 109j EG-Vertrag postuliert, in der Lage ist, anhand der Nominalzinssätze die Dauerhaftigkeit der Wechselkursstabilität eines Landes festzustellen. Aus dem Meßindikator "Nominalzinssatz langfristiger Staatsschuldverschreibungen" kann an dieser Stelle vorerst nur vermutet werden, über welchen Zeitraum eine dauerhafte Wechselkurskonvergenz von den Mitgliedstaaten abverlangt wird.

Die Untersuchungen im Rahmen der vorliegenden Fragestellung werden auf der Basis der Zinsparitätentheorie fortgeführt, weil diese in ihrer ungedeckten Form eine direkte Beziehung zwischen den Nominalzinssätzen zweier Länder und deren erwarteter Wechselkursentwicklung formuliert. Nach diesem Theorieansatz sind in- und ausländische Wertpapiere vollkommen substituierbar, und das Kapital ist uneingeschränkt mobil. Die Marktteilnehmer handeln rational und verhalten sich risiko-

---

[27] Vgl. Protokoll über die Konvergenzkriterien nach Art. 109j, Art. 3.

neutral, verfügen über vollständige Markttransparenz, und ihre Transaktionskosten sind zu vernachlässigen.

Diese Annahmen implizieren gleiche Ertragsraten für In- und Auslandsanlagen. Hieraus ergibt sich in Folge einer risikoneutralen Terminspekulation die bekannte Gleichung für die ungedeckte Zinsparität

$$(5.31)\quad e_{n,t} = \frac{1+i_1}{1+i_2} e^e_{n,t+1},$$

wobei i_1 und i_2 die Nominalzinssätze der Länder 1 und 2, $e^e_{n,t+1}$ den erwarteten nominalen Wechselkurs in der Periode $t+1$ und $e_{n,t}$ den aktuellen Devisenkurs darstellen. In der Regel wird aus Gründen einer leichteren algebraischen Handhabung die Näherungsformel

$$(5.32)\quad i_1 = i_2 + \frac{e^e_n - e_n}{e_n}$$

verwendet, die sich zu

$$(5.33)\quad i_1 = i_2 + de^e_n \quad \text{bzw.}$$

$$(5.34)\quad i_1 - i_2 = de^e_n$$

umformen läßt, wenn de^e_n als die jährlich erwartete Änderungsrate des Wechselkurses definiert wird. Die Differenz zwischen den Nominalzinssätzen ist folglich der erwarteten Auf- oder Abwertungsrate gleich. Diese Beziehung (5.34) kann auch hergeleitet werden, indem die aus dem Fisher-Theorem abgeleitete Formel

$$(5.19)\quad i_1 - i_2 = dP^e_1 - dP^e_2$$

und die relative Kaufkraftparitätentheorie in Erwartungsgrößen

$$(5.17)\quad de^e_n = dP^e_1 - dP^e_2$$

zu

$$(5.34)\quad i_1 - i_2 = de^e_n$$

umgewandelt wird.[28] Wie bereits erwähnt, impliziert das Fisher-Theorem und die Kaufkraftparität die Zinsparität und umgekehrt. Zwei dieser genannten Modelle schließen das dritte Modell mit ein.

5.3.2 Der Zusammenhang zwischen Nominalzinssatz und erwartetem Wechselkurs im Zwei-Länder-Fall

5.3.2.1 Als Indikator einer dauerhaften Wechselkursstabilität

Der Zinsparitätentheorie liegt die Hypothese rationaler Erwartungsbildung zugrunde. Sie beinhaltet, wie unter Abschnitt 5.2.2.1 ausgeführt, daß die Wirtschaftssubjekte die ökonomischen Abläufe und Beziehungen in einer Volkswirtschaft kennen und die zukünftige Wechselkursentwicklung mit Hilfe des besten theoretischen Erklärungsmodells auf der Basis aller zur Verfügung stehender Informationen prognostizieren, so daß ein systematischer Vorhersagefehler ausgeschlossen ist. Unter dieser Prämisse besteht zwischen dem aktuellen und dem in der Zukunft erwarteten Wechselkurs eine proportionale Beziehung, sofern die Zinssätze bei veränderten Wechselkurserwartungen gleich bleiben. Die glaubhafte Ankündigung der Notenbank beispielsweise, eine restriktivere Geldpolitik zu betreiben, führt zu einer Aufwertungserwartung der betreffenden Währung und läßt gleichzeitig auch den aktuellen Wechselkurs sinken, obgleich die Variablen Geldmenge und Preise noch nicht reagiert haben.

Ebenso gilt, daß eine Differenz zwischen dem gegenwärtigen und erwartetem Wechselkurs nur bestehen kann, wenn die Nominalzinssätze unterschiedlich sind. Erwarten die Wirtschaftssubjekte beispielsweise eine Währungsabwertung, so muß der jeweilige Staat schon heute einen höheren Nominalzins bieten, um Geldanleger in dieser Währung zu halten. Unter der Voraussetzung der angeführten Annahmen kann das Kriterium der Zinskonvergenz demnach über den nominalen Zinssatz aussagen, ob die Marktteilnehmer in Zukunft mit einem stabilen Wechselkurs rechnen.

---

[28] In diesem Fall findet auch die Bezeichnung "offenes Fisher-Theorem" in der Literatur Verwendung. Vgl. beispielsweise Aliber (1976), S. 75-76. In der ausführlichen Form gilt die offene Fisher-Gleichung

$$\text{(f)} \quad i_1 = i_2 + de_n^e + de_n^e i_2 \ .$$

Die Rendite einer Auslandsanlage setzt sich demnach aus drei Bestandteilen zusammen: dem Zinssatz, dem erwarteten Aufwertungsgewinn des angelegten Kapitals sowie dem Wechselkursgewinn der vereinbarten Zinszahlungen. Die Gleichung (34) ist insofern eine nicht ganz korrekte aber allgemein übliche Vereinfachung der Gleichgewichtsbedingung auf den internationalen Kapitalmärkten.

Die Frage stellt sich, über welchen Zeitraum das Zinskriterium diese Wechselkursstabilität als dauerhaft erkennt. Eine Antwort kann mit Hilfe folgender Überlegung herausgearbeitet werden. Diesem Aufnahmekriterium zufolge qualifizieren sich diejenigen Länder für die Währungsunion, deren Nominalzinssätze innerhalb eines Korridors liegen, der von dem niedrigsten Zinssatz als untere Korridorgrenze und von dem durchschnittlichen Zinsniveau der drei preisstabilsten Länder zuzüglich 2,0 v.H. als obere Korridorgrenze gebildet wird. Das Konvergenzkriterium der Wechselkursstabilität ist erfüllt, wenn ein Mitgliedstaat die normalen Bandbreiten im EWS ohne Spannungen und Abwertungen über einen Zeitraum von zwei Jahren eingehalten hat. Der Wechselkurs eines Landes kann im Wechselkursmechanismus des EWS bei den bei Vertragsabschluß normalen 2,25 v.H.-Bandbreiten vom oberen zum unteren Interventionspunkt und umgekehrt um bis zu 4,5 v.H. im Paritätengitter schwanken.[29] In Abhängigkeit von dem möglichen Zinsunterschied zwischen zwei Ländern und deren augenblicklicher Wechselkurslage im EWS ergibt sich eine Antwort auf die gestellte Frage, über welchen Zeitraum das Kriterium der Zinskonvergenz eine dauerhafte Wechselkursstabilität anzeigen kann. Die nachfolgende Tabelle führt hierzu einige Zahlenbeispiele auf.

Tabelle 5.3: Das Kriterium der Zinskonvergenz als Indikator einer dauerhaften Wechselkursstabilität

Fall	Zinsunterschied Land 1 zu Land 2	Abwertungsspielraum zwischen Land 1 und Land 2	Anzahl der möglichen Jahre ohne Abwertung im EWS
1	0,5	2,0	4,0
2	1,0	2,0	2,0
3	1,5	2,0	1,3
4	2,0	2,0	1,0
5	3,0	2,0	0,7
6	4,0	2,0	0,5
7	2,0	4,5	2,25
8	2,0	4,0	2,0
9	2,0	3,0	1,5
10	2,0	2,0	1,0
11	2,0	1,0	0,5

Der maximal mögliche Zinsunterschied zwischen zwei Ländern kann je nach Korridorbreite 2,0 v.H. oder mehr Prozent betragen. Die Mindest-

[29] Die zur Zeit allgemein gültigen Bandbreiten von ±15 v.H. bleiben bei dieser Untersuchung außer Betracht.

breite von 2,0 v.H. ergibt sich für den Fall, daß die drei preisstabilsten Länder die niedrigsten und gleichzeitig identische Zinssätze haben, so daß der Additionsfaktor 2,0 v.H. genau den Korridor zwischen Unter- und Obergrenze aufspannt. Die mögliche Abwertungsmarge bezeichnet die prozentuale Wechselkursänderung, bis die Währung des Landes 1 am unteren und die des Landes 2 am oberen Interventionspunkt liegt. Der maximale Spielraum im EWS-Paritätengitter wird, wie gesagt, mit 4,5 v.H. angenommen. Wenn der Zinssatz im Land 1 beispielsweise um 2,0 v.H. über dem Zinssatz im Land 2 liegt und die Wirtschaftssubjekte damit gleichbedeutend eine jährliche Abwertungsrate von zwei Prozent erwarten, die Währung des Landes 1 noch um höchstens 4,0 v.H. abgewertet werden kann, bis es den unteren Interventionspunkt im EWS erreicht, so ergibt sich hieraus eine dauerhafte Wechselkursstabilität im Sinne des Zinskriteriums von zwei Jahren (Beispiel 8). Dieser Zusammenhang kann als Formel durch die Gleichung

$$\text{Anzahl der Jahre ohne Abwertung im EWS} = \frac{\text{Abwertungsspielraum}}{\text{Zinsunterschied}}$$

ausgedrückt werden. Da der Abwertungsspielraum für die einzelnen Länder sehr unterschiedlich sein kann, je nachdem, ob sich die jeweilige Währung gerade an der oberen oder unteren Bandbreite befindet, kann das Zinskriterium die Dauerhaftigkeit der Teilnahme am EWS bei gleicher Zinsdifferenz auch sehr unterschiedlich beurteilen. In der Tabelle 5.3 machen die Fälle sieben und elf diesen Umstand besonders deutlich. Bei einem kleineren Zinsunterschied zwischen den Ländern 1 und 2 würde sich der Zeitraum ohne Abwertung und damit einer dauerhaften Konvergenz entsprechend verlängern (Fälle 1–3).

5.3.2.2 Die Indikatorfunktion in Abhängigkeit von unterschiedlichen Zinsdifferenzen

In dem vorherigen Abschnitt ist der mögliche Abwertungsspielraum auf maximal 4,5 v.H. begrenzt worden, womit gleichzeitig eine Begriffsbestimmung erfolgte: Die Wechselkursstabilität ist dann dauerhaft, wenn die Wirtschaftssubjekte erwarten, daß der Wechselkurs einer Währung zukünftig innerhalb der festgelegten Bandbreiten des EWS bleibt. Nach dem genauen Vertragstext soll die Dauerhaftigkeit der Teilnahme am Wechselkursmechanismus des EWS am Niveau der langfristigen Zinssätze langfristiger Staatsschuldverschreibungen zum Ausdruck kommen. Die innere Struktur dieser Eintrittsbedingung kann deshalb nur analytisch durchdrungen werden, wenn wir die Laufzeit der zu vergleichenden Staatsschuldverschreibungen in die weitere Analyse integrieren. Der

Art. 4 des Protokolls über die Konvergenzkriterien verzichtet allerdings auf eine konkrete zeitliche Bestimmung der langfristigen Zinssätze. Angesichts der Festlegung in Art. 5 des gleichen Protokolls, wonach die Europäische Kommission das Datenmaterial für die Konvergenzprüfung liefert, soll aus der von ihr momentan verwendeten Ermittlungsmethode der relevanten Betrachtungszeitraum abgeleitet werden. Eine zusätzliche Schwierigkeit besteht dabei allerdings darin, daß teilweise Staatspapiere mit unterschiedlichen Laufzeiten zum Vergleich herangezogenen werden.[30] Es wird deshalb im weiteren Vorgehen die von der Europäischen Kommission verwendete durchschnittliche Laufzeit der langfristigen Wertpapiere berücksichtigt, die sechs Jahre beträgt.

Die bereits erfolgte Definition von dauerhafter Wechselkursstabilität kann auf dieser Grundlage dahingehend erweitert werden, daß ein Mitgliedsstaat diese Bedingung nur dann erfüllt, wenn er seine Währung im EWS nach den Erwartungen der Marktteilnehmer nicht innerhalb der nächsten sechs Jahre abwertet und der langfristige Zinssatz unterhalb der Konvergenzobergrenze bleibt. Aus der Gleichgewichtsbeziehung der Gleichung (5.34) können die notwendigen Zusammenhänge zwischen Zinsdifferenzen, erwarteten Abwertungsraten und Laufzeiten der Staatspapiere abgelesen werden. Besteht zum Beispiel zwischen Land 1 und 2 ein Zinsunterschied von 3,0 v.H., so ist dies gleichbedeutend damit, daß die Wirtschaftssubjekte eine jährliche Abwertungsrate von 3,0 v.H. erwarten. Ein Vergleich auf der Basis von staatlichen Schuldverschreibungen mit einer Restlaufzeit von sechs Jahren impliziert somit für diesen Zeitraum eine erwartete Wechselkursänderung von insgesamt 18,0 v.H. In der nachfolgenden Tabelle sind für Zinsdifferenzen von 0,5 v.H. bis 4,0 v.H. die entsprechenden von den Marktteilnehmern erwarteten Abwertungsraten in Abhängigkeit von der Laufzeit der festverzinslichen Staatspapieren aufgeführt.

---

30 Vgl. die Aufstellung der verwendeten Staatsanleihen zur Ermittlung der langfristigen Zinssätze in Europäische Kommission (1993b), S. 163.

Tabelle 5.4: Erwartete Abwertungsraten in v.H. in Abhängigkeit von der Laufzeitstruktur der Staatspapiere und der Zinsdifferenzen zwischen zwei Ländern

	Laufzeit festverzinslicher Wertpapiere in Jahren											
Zinsunterschied	**1,0**	**1,1**	**1,3**	**1,5**	**1,8**	**2,0**	**2,25**	**3,0**	**4,0**	**4,5**	**5,0**	**6,0**
4,0	4,0	**4,5**	5,2	6,0	7,2	8,0	9,0	12,0	16,0	18,0	20,0	24,0
3,5	3,5	3,9	**4,5**	5,3	6,3	7,0	7,9	10,5	14,0	15,8	17,5	21,0
3,0	3,0	3,3	3,9	**4,5**	5,4	6,0	6,75	9,0	12,0	14,0	15,0	18,0
2,5	2,5	2,8	3,3	3,8	**4,5**	5,0	5,6	7,5	10,0	11,3	12,5	15,0
2,0	2,0	2,2	2,6	3,0	3,6	4,0	**4,5**	6,0	8,0	9,0	10,0	12,0
1,5	1,5	1,7	2,0	2,3	2,7	3,0	3,4	**4,5**	6,0	6,8	7,5	9,0
1,0	1,0	1,1	1,3	1,5	1,8	2,0	2,25	3,0	4,0	**4,5**	5,0	6,0
0,75	0,75	0,9	1,0	1,2	1,4	1,5	1,7	2,25	3,0	3,4	3,75	**4,5**
0,5	0,5	0,6	0,7	0,8	0,9	1,0	1,2	1,5	2,0	2,25	2,5	3,0

Die maximal mögliche Abwertung des Wechselkurses ohne eine Neufestsetzung der bestehenden Paritäten von normalerweise 4,5 v.H. ist in der Tabelle jeweils fett markiert. Von besonderer Bedeutung ist dabei der Zinsunterschied von 2,0 v.H. Dieser Wert entspricht genau der Mindestbreite des beschriebenen Zinskorridors. Angenommen, das Land 2 hat gegenüber dem Land 1 einen um zwei Prozentpunkte höheren langfristigen Zinssatz und das Land 1 hat das niedrigste Preisniveau, so würde das Land 2 immer das Zinskriterium erfüllen. Der Tabelle ist bei einer zweiprozentigen Zinsdifferenz für sechsjährige Staatspapiere eine erwartete Abwertungsrate von kumulativ 12,0 v.H. zu entnehmen, was gleichbedeutend mit einer zukünftigen Neufestsetzung der Währungsparität des Landes 2 ist. Für unsere Fragestellung können wir hieraus die Erkenntnis ziehen, daß ein Land das Kriterium der Zinskonvergenz erfüllen könnte, ohne daß es nach unserer Definition eine dauerhafte Wechselkursstabilität nachgewiesen hat. Oder umgekehrt formuliert: Obwohl ein EU-Staat nach den Erwartungen der Wirtschaftssubjekte noch keine dauerhafte Wechselkursstabilität aufweist, kann es den Anforderungen des Zinskriteriums gerecht werden.

Das Zinskriterium kann für diesen Fall eine anhaltende Währungsstabilisierung unter Ausnutzung der gesamten Schwankungsbreite um die festgelegte Wechselkursparität nur dann anzeigen, wenn Staatsanleihen mit einer Laufzeit von höchstens zwei Jahren und drei Monaten verglichen werden. Bei sechsjährigen Papieren des Staates erwarten die Wirtschaftssubjekte eine maximale Währungsabwertung von 4,5 v.H. und somit eine dauerhafte Wechselkursstabilität nur, sofern der Zinsunterschied zwischen den betrachteten Ländern 0,75 v.H. nicht übersteigt. Das Zinskriterium kann demnach erst unterhalb dieser Grenze eine dauerhafte Wechselkursstabilität anzeigen. Die in den Maastrichter Verträgen vorgesehene Spanne von 2,0 v.H. wäre also nach dieser Interpretation zu weit bemessen.

5.3.2.3 Die Indikatorfunktion in Abhängigkeit von unterschiedlichen Laufzeiten staatlicher Schuldverschreibungen

An die letzten Ausführungen schließt sich unmittelbar die Frage an, inwieweit und unter welchen Bedingungen das Zinskriterium ein eigenständiger Konvergenzindikator ist. Nach den letzten Beispielen des vorherigen Abschnitts könnte dieses Maastricht-Kriterium nur dann eine unabhängige Aussage über die Dauerhaftigkeit der erzielten Wechselkursstabilität eines Landes machen, wenn der Zinsunterschied zum preisstabilsten Land bei sechsjährigen Staatspapieren 0,75 v.H. nicht überschreiten dürfte. Andernfalls bestünde die Möglichkeit, daß ein Mitgliedstaat das Zinskriterium erfüllt, ohne daß die Erwartungen der Wirtschaftssubjekte bereits eine dauerhafte Wechselkursstabilität, die über die im dritten Kriterium geforderte zweijährige Teilnahme am EWS hinausgeht, anzeigen. Das Kriterium der Zinskonvergenz wäre eigenständig, wenn der Nominalzins eines Landes nur für den Fall, daß die Wechselkusstabilität von den Marktteilnehmern als dauerhaft anerkannt wird, unter der zulässigen Konvergenzobergrenze liegt. Welche Bedingungen müssen erfüllt sein, oder wie muß das Zinskriterium angewendet werden, damit diese Zusammenhänge auch für einen zulässigen Zinsunterschied zwischen zwei Staaten von mindestens zwei Prozent gelten?

Die maximal zulässige Abweichung des erwarteten Nominalzinssatzes ist durch die Gleichgewichtsbedingung (5.34) vorgegeben, wenn sich der erwartete Wechselkurs um höchstens 4,5 v.H. verändern darf, damit er auf jeden Fall innerhalb der engen Bandbreiten im EWS bleibt. Für einjährige Wertpapiere kann die Zinsdifferenz zwischen zwei Ländern damit im Höchstfall 4,5 v.H. betragen. Bei längerer Laufzeit reduziert sich die mögliche Zinsdifferenz entsprechend. Die nachfolgende Tabelle gibt einen Überblick über verschiedene Kombinationen von Wertpapierlaufzeiten und der entsprechenden zulässigen Zinsdifferenz zwischen zwei Staaten.

Tabelle 5.5: Die zulässige Zinsdifferenz zweier Länder in Abhängigkeit von der Laufzeit festverzinslicher Wertpapiere

Laufzeit festverzinslicher Wertpapiere in Jahren	1,0	1,5	2,0	2,25	3,0	4,0	5,0	6,0
max. mögliche Zinsdifferenz zwischen Land 1 - 2	4,5	3,0	2,25	2,0	1,5	1,125	0,9	0,75

Ein Vergleich langfristiger Staatsschuldverschreibungen mit einer Laufzeitbindung von einem Jahr würde eine Zinsdifferenz von 4,5 v.H. zulassen. Ein Land könnte damit möglicherweise das Zinskriterium nicht erfüllen, weil die relativ hohen Zinsen beispielsweise ihre Ursache in einer eingeschränkten Bonität des Staates haben, obwohl die Wirtschaftssubjekte aber der Meinung sein könnten, daß die Wechselkursstabilität dauerhaft ist. Andererseits ist das Zinskriterium in der Lage, ein Land von der Währungsunion auszuschließen, wenn seine Teilnahme am EWS nicht ohne Abwertung im folgendem Jahr erwartet wird, weil dann die Zinsdifferenz mindestens 4,5 v.H. beträgt. Dieses Konvergenzkriterium wäre damit im Sinne der Fragestellung für diesen Fall eine eigenständige Beitrittsbedingung. Bei einer Laufzeit von 6 Jahren ist die zulässige Zinsdifferenz auf maximal 0,75 v.H. limitiert. Demnach könnte ein Land im Rahmen unserer Modellstruktur noch das Zinskriterium erfüllen, weil die Referenzspanne mindestens zwei Prozentpunkte beträgt, obwohl die Wirtschaftssubjekte die Wechselkursentwicklung noch nicht als dauerhaft stabil ansehen. Das Kriterium der Zinskonvergenz verliert damit den Charakter eines eigenständigen und unabhängigen Konvergenzkriteriums. Die Grenze zwischen diesen beiden Fällen verläuft bei einer Laufzeit von zwei Jahren und drei Monaten.

Diese Grenze variiert in Abhängigkeit von der Korridorbreite des Zinskriteriums. Bei einer Spanne zwischen dem niedrigsten Zinssatz und der Konvergenzobergrenze von beispielsweise 3,0 v.H. wäre nur ein Zinsvergleich von Wertpapieren mit einer Laufzeit von weniger als eineinhalb Jahren sinnvoll. Andernfalls könnte ein Land wiederum das Zinskriterium erfüllen, was bekanntlich eine dauerhafte Wechselkursstabilität anzeigen soll, obwohl die Wirtschaftssubjekte nicht diese, sondern eine Wechselkursänderung von mehr als 4,5 v.H. erwarten. Zur Verdeutlichung sind im nächsten Schaubild für einige Korridorbreiten die entsprechenden Grenzen mit einem Pfeil auf der Zeitskala aufgeführt, wobei nur der relevante Bereich der folgenden drei Jahre dargestellt wird.

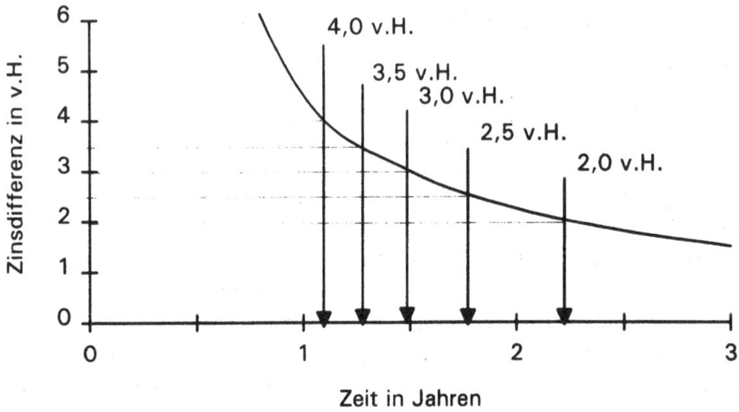

Abbildung 5.3: Die Kurve der möglichen Zeit-Zins-Kombinationen und die Grenzen der Vergleichbarkeit in Abhängigkeit von der Korridorbreite des Zinskriteriums

Die bisherigen Ausführungen haben ergeben, daß die Zinssätze zwischen zwei Ländern bei sechsjährigen Staatspapieren um maximal 0,75 v.H. voneinander abweichen dürfen, wenn das Zinskriterium noch eine dauerhafte Wechselkursstabilität anzeigen soll. Wieso gewährt das Zinskriterium also eine Zinsdifferenz von mindestens 2,0 v.H.? Aus dieser Mindestbreite des beschriebenen Korridors ergibt sich ein sinnvoller Vergleich von langfristigen Staatspapieren nur bei einer Laufzeit von weniger als zwei Jahren und drei Monaten. Wieso ermittelt die Europäische Kommission die langfristigen Zinssätze also auf der Basis von staatlichen Wertpapieren mit sechsjähriger Laufzeit?

Dieses Problem ließe sich lösen, indem der Begriff einer "dauerhaften Wechselkursstabilität" unabhängig von der Laufzeit der zu vergleichenden langfristigen Staatsschuldverschreibungen definiert wird. Betrachten wir hierzu noch einmal die Kombinationen von Wertpapierlaufzeiten und erwarteten Abwertungsraten bei einer Zinsdifferenz von 2,0 v.H. und 2,25 v.H.

Das Zinskriterium ist bei einer Zinsdifferenz von 2,0 v.H. so lange eigenständig, wie der Betrachtungszeitraum zwei Jahre und drei Monate nicht überschreitet, was fast genau dem festgelegten Zeitraum für das Wechselkurskriterium entspricht. Erwarten die Wirtschaftssubjekte in den nächsten zwei Jahren eine Währungsabwertung von 4,5 v.H., so ergibt sich eine Zinsdifferenz von 2,25 v.H., die nahezu mit der Mindestkorridorbreite übereinstimmt. Sehen wir von diesen geringen Abweichungen ab, können wir jetzt hieraus eine dauerhafte Wechselkursstabilität im Sinne der Maastrichter Verträge definieren. Sie ist gegeben, sofern ein Land das Wechselkurskriterium gleichermaßen vor und auch nach der Konvergenzprüfung erfüllt. Mit anderen Worten, ein Mitgliedstaat weist eine dauerhafte Wechselkursstabilität auf, wenn die Wirtschaftssubjekte innerhalb der folgenden zwei Jahre eine maximale Währungsabwertung von 4,5 v.H. erwarten. Die Dauerhaftigkeit der Teilnahme am Wechselkursmechanismus des EWS käme damit bereits bei zweijährigen Wertpapieren zum Ausdruck. Ein Vergleich von Staatspapieren mit einer sechsjährigen Laufzeit, wie ihn die Europäische Kommission vorsieht, wäre somit nicht unbedingt erforderlich.

5.3.2.4 Unter Berücksichtigung von zeitlichen Faktoren der Erwartungsbildung

Eine dauerhafte Konvergenz ist als eine weitestgehende Übereinstimmung von Bestands- oder Änderungsgrößen ökonomischer Variablen definiert worden, die in der Zukunft anhält. Auf dieser Grundlage kann als Ergebnis der vorstehenden Analyse festgehalten werden, daß das Kriterium der Zinskonvergenz bei rationaler Erwartungsbildung der Wirtschaftssubjekte größtenteils ein geeigneter Indikator zur Messung einer kongruenten Preisentwicklung und fortgesetzter Wechselkursstabilität sein kann.

Dieses Ergebnis gilt allerdings zunächst nur losgelöst von der Frage, inwieweit die vorgenommene Betrachtungsweise des Zinskriteriums um spezifische Einflußfaktoren der Erwartungsbildung zu erweitern ist und inwiefern dann die hergeleiteten Ergebnisse noch uneingeschränkt gültig sind. Wir haben bei der bisherigen Diskussion nämlich die Tatsache ausgeklammert, daß kurz nach dem Prüfungszeitpunkt für einige Länder ein Wechsel der geldpolitischen Verantwortung von der nationalen Notenbank auf die Europäische Zentralbank stattfindet, der, wie noch zu zeigen sein wird, die Erwartungsbildung für einen Zeitraum beeinflußt, für den das Zinskriterium eine dauerhafte Konvergenz anzeigen soll.

Betrachten wir für diesen Fragenkomplex zunächst die Struktur der Erwartungsbildung. Nach Art. 4 des Protokolls über die Konvergenzkriterien wird in jedem Mitgliedstaat der durchschnittliche langfristige Nominalzinssatz im Verlauf von einem Jahr vor der Prüfung gemessen. Als Grundlage des Zinsvergleichs dienen langfristige Staatsanleihen. Wenn wir davon ausgehen, daß der Zeitraum zwischen der Konvergenzprüfung und dem Übergangstermin in die dritte Stufe kürzer als die Laufzeit der Staatspapiere ist, so werden die Erwartungen der Wirtschaftssubjekte sowohl von der nationalen als auch von europäischen Geld- und Wechselkurspolitik beeinflußt. Mit welchem Gewicht das jeweilige Notenbankverhalten dabei in den Erwartungsbildungsprozeß eingeht, hängt erstens davon ab, ob ein Land die Konvergenzprüfung besteht, und zweitens, wie groß der zeitliche Abstand vom Prüfungstermin bis zum endgültigen Eintritt in die Endstufe der WWU ist. Je kürzer dieser Zeitraum ist, desto mehr wird der langfristige Nominalzins von der erwarteten Inflationsrate der EZB determiniert.

Betrachten wir jetzt mehrere Länder, die sich für die WWU qualifiziert haben, so stellen wir fest, daß die Inflationserwartungen für den Zeitraum, in dem die EZB die geldpolitische Verantwortung trägt, in allen Ländern identisch sein müssen, weil sie Resultat einer einheitlichen europäischen Geldpolitik sind. Infolgedessen sind aber auch die langfristigen Nominalzinsen gemäß der Fisher-Hypothese gleich.[31] Unterschiede können sich lediglich ergeben, wenn für die Zeit, in der noch die nationalen Notenbanken die Geldpolitik bestimmen, unterschiedliche Inflationserwartungen existieren oder von abweichenden Risikoprämien, die auch in einer späteren WWU existieren, ausgegangen wird.

Die Zinsen werden sich also um so mehr auf ein einheitliches Zinsniveau annähern, je kürzer die Phase zwischen Konvergenzprüfung und Beginn der dritten Stufe ist. Die folgende Abbildung verdeutlicht diesen Zusammenhang anhand dreier Länder, deren erwartete Inflationsentwicklung voneinander abweicht. Die Zinshöhe ist dabei beliebig gewählt worden.

---

[31] Diese Aussage ist nicht gleichbedeutend damit, daß die Nominalzinsen der Länder, von denen eine Teilnahme an der WWU erwartet wird, niedriger sind als die der anderen Länder. Sofern die Wirtschaftssubjekte im Vergleich zur nationalen Inflationsrate eine höhere europäische Inflationsrate erwarten, würde der Zinssatz der vermutlichen Teilnehmerstaaten im Rahmen des Fisher–Modells höher sein als bisher.

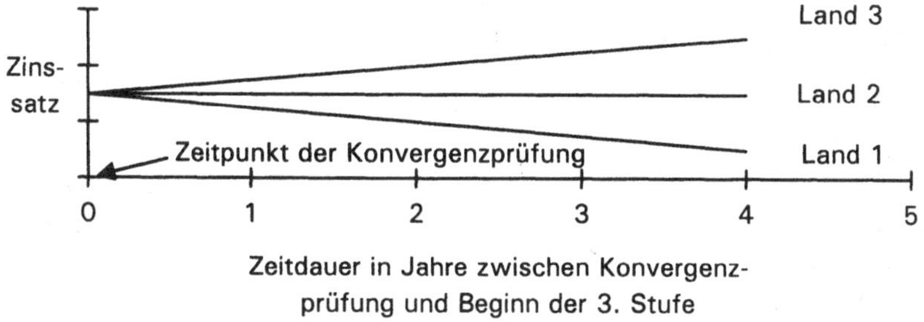

Abbildung 5.4: Die Abhängigkeit der Zeitdauer zwischen Konvergenzprüfung und Übergang in die WWU auf das nominale Zinsniveau

Fällt demnach der Zeitpunkt der Konvergenzprüfung mit dem Beginn der Währungsunion zusammen, so kann das Kriterium der Zinskonvergenz keine anhaltende Inflationskonvergenz messen, weil das Zinsniveau in diesen betrachteten Ländern von übereinstimmenden Inflationserwartungen determiniert wird und deshalb gleich hoch sein muß. Mit wachsender Zeitspanne nach der Konvergenzprüfung bis zur Verwirklichung der WWU differieren die Zinssätze stärker, weil die nationalen Inflationserwartungen, die, wie in diesem Beispiel angenommen, voneinander abweichen, an Gewicht beim Zinsbildungsprozeß gewinnen.

Der vorliegende Sachverhalt ist bei einer bestehenden Wechselkursänderungserwartung äquivalent zu behandeln. Der hierfür zu zahlende Zinsaufschlag ergibt sich im Rahmen der Zinsparitätentheorie durch Arbitragebewegungen, die für einen Renditeausgleich zwischen den Ländern sorgen, d.h. der Zinsunterschied ist der erwarteten Wechselkursänderung gleich. Zum Zeitpunkt der Konvergenzprüfung hängt die Wechselkurserwartung neben von den die Wechselkursentwicklung beeinflussenden Faktoren auch von dem Übergangsdatum in die Währungsunion ab. Nach dem Eintritt in die WWU besteht für die Währungen der Teilnehmerstaaten kein Abwertungsrisiko mehr, so daß der bisherige Zinsaufschlag für ein Wechselkursänderungsrisiko entfällt und die Zinsparität somit auf die Gleichheit von In- und Auslandszins verkürzt wird.[32] Differenzen können sich lediglich aus dem Zeitraum zwischen Konvergenzprüfung und Übergangstermin ergeben, weil die Wirtschafts-

---

32 Risikoprämien aus anderen Gründen, wie die Bonität eines Staates, sind hiervon ausgenommen.

subjekte währenddessen noch einen Wertverlust infolge einer Währungsabwertung einkalkulieren müssen.

Das Zinskriterium ist nach dem bisher Gesagten wiederum in seiner Aussagekraft bezüglich einer dauerhaften Konvergenz eingeschränkt. In Abhängigkeit von der Länge des Zeitraumes zwischen Konvergenzprüfung und Beginn der WWU und der Laufzeit der zu vergleichenden Staatsschuldverschreibungen stimmen die Wechselkurserwartungen der qualifizierten Länder und damit gemäß der Zinsparität die nominalen Zinssätze überein.

6. Die Interdependenzen zwischen den einzelnen Konvergenzkriterien

6.1 Der analytische Zugang

Der Schwerpunkt der bisherigen Ausführungen lag in der Klärung von grundsätzlichen theoretischen und wirtschaftspolitischen Fragen in bezug auf jedes einzelne der vier Konvergenzkriterien. Vor diesem Hintergrund wenden wir uns nun einer umfassenderen Bewertung zu. Dabei konzentriert sich die folgende Analyse auf das Problem der inneren Zusammenhänge zwischen den einzelnen Kriterien. Aus deren Beschreibung soll Aufschluß darüber gewonnen werden, inwieweit die Konvergenzkriterien miteinander konsistent sind. Dahinter steht die Frage, in welchem Maß ein erfülltes Konvergenzkriterium die Einhaltung eines anderen erschwert oder erleichtert. Diese Fragestellung wirft allerdings theoretische Fragen und Probleme auf, die nicht mit Hilfe eines einheitlichen und geschlossenen Theoriemodells beantwortet werden können. Wir müssen deshalb bei der Diskussion verschiedene theoretische Ansätze verwenden, wobei eine Beschränkung auf die wesentlichsten Modelle erforderlich ist, um diesen Themenkomplex übersichtlich und abgrenzbar behandeln zu können.

Bei der Frage nach der Konsistenz der Konvergenzkriterien bietet sich als Bezugspunkt der Diskussion die in der Literatur häufig verwendete Dreiteilung in Zielharmonie, Zielneutralität und Zielkonkurrenz[1] an. Von Zielharmonie ist dann zu sprechen, wenn die Einhaltung eines Konvergenzkriteriums die Erfüllung eines anderen fördert. Bei Zielneutralität besteht zwischen den zu vergleichenden Kriterien keine Beziehung, d.h. sie sind voneinander unabhängig und beeinflussen sich in keine Richtung. Bei Zielkonkurrenz verhindert ein Kriterium, daß zugleich ein anderes erfüllt wird, es wirkt also in entgegengesetzter Richtung. Die drei aufgeführten Fälle sind in den nachstehenden Tabellen mit +, 0, – gekennzeichnet.

Die Erkenntnisse über die Interdependenzen der Konvergenzkriterien werden aus zwei makroökonomischen Modellen abgeleitet: ein keynesianisches und ein monetaristisches Makromodell offener Volkswirt-

[1] In der Literatur werden auch die Begriffe Zielkomplementarität bzw. Zielkollision, Zielantinomien und Zielkonflikt weitgehend synonym verwendet.

schaften.[2] Das weitere Vorgehen ist in dem jeweiligen Modellrahmen in drei Teile gegliedert. Zunächst wird in einem einführenden Abschnitt die jeweils zugrunde liegende Modellstruktur erläutert. Dabei beschränkt sich die Darstellung auf die wesentlichen für die Analyse notwendigen Modellinhalte. In dem ersten Teil der eigentlichen Untersuchung steht die Beziehung zwischen jeweils zwei Konvergenzkriterien im Vordergrund. Der abschließende Teil beschäftigt sich mit einer umfassenden Konsistenzbetrachtung.[3] Diese Dreiteilung eingebunden in ein keynesianisches bzw. monetaristisches Denkmodell ergibt sich aus dem Umstand, daß bisher von wissenschaftlicher Seite keine tiefergehenden Versuche vorliegen, die Konvergenzkriterien auf ihre Konsistenz hin im Kontext ihrer Erfüllbarkeit systematisch zu diskutieren.[4]

6.2 Die Konsistenz in einem keynesianischen Modellrahmen

6.2.1 Die modelltheoretischen Grundlagen

Der anschließenden Analyse liegt ein keynesianisches Modell einer offenen Volkswirtschaft mit flexiblen Wechselkursen zugrunde.[5] Die Annahme anpassungsfähiger Wechselkurse steht dabei nicht grundsätzlich im Widerspruch zu einem stufenflexiblen Währungssystem wie dem EWS. Der Wechselkurs kann sich auch außerhalb der festgelegten Bandbreiten bewegen, und zwar dann, wenn es den Notenbanken gegen die Marktkräfte nicht gelingt, an den Interventionspunkten im erforderlichen Maße obligatorische Interventionen vorzunehmen. Insoweit haben die politischen Handlungsträger bei ihren geld- oder fiskalpolitischen Entscheidungen die mögliche Reaktion des Wechselkurses zu berück-

---

2 Ein anderer speziell auf die Fiskalpolitik bezogener Modellansatz findet sich bei Radü (1994).

3 Vgl. zum methodischen Vorgehen auch Peschutter (1992).

4 Vgl. zu einer Konsistenzbetrachtung zwischen monetären und finanzpolitischen Konvergenzkriterien DIW (1996), S. 93-99.

5 Dieser Ansatz ist vor allem mit den Namen Meade (1951) verbunden, der die traditionelle Hickssche IS/LM- Analyse von einer geschlossenen auf eine offene Volkswirtschaft übertrug, indem er durch Hinzufügen einer Handelsbilanzgleichung eine keynesianische Wechselkurstheorie entwickelte. Mundell (1963) und Fleming (1962) integrierten in dieses Modell internationale Kapitalströme und schufen somit das in vielen Lehrbüchern dargestellte und mit ihren Namen verbundene Standardmodell einer offenen keynesianischen Volkswirtschaft.

sichtigen. Das gewählte Modell einer offenen Volkswirtschaft trägt diesem Umstand Rechnung.

In das Modell sind Güter-, Arbeits-, Geld- und Devisenmarkt integriert. Deren jeweilige Struktur wird nacheinander betrachtet und die wesentlichen Annahmen in algebraischer Form verdeutlicht.

Der Gütermarkt

Das Gütermarktgleichgewicht ist gekennzeichnet durch die Übereinstimmung von inländischer Güterproduktion Y^s und der gesamtwirtschaftlichen Güternachfrage Y^d mit der gesamtwirtschaftlichen Produktionsfunktion

$$(6.1) \qquad Y^r = (\overset{+}{K}, \overset{+}{N}).$$

In einem Modell offener Volkswirtschaften setzt sich die Gesamtnachfrage aus der Inlandsnachfrage (Konsum, Investitionen und staatlicher Verbrauch) und der Nachfrage der Ausländer (Export) zusammen. Die heimische Produktion reicht deshalb nicht grundsätzlich aus, um die Gesamtnachfrage zu befriedigen. Aus diesem Grund ist für die Höhe der inländischen Produktion und des realen Volkseinkommens die im Inland wirksame Nachfrage ausschlaggebend; sie determiniert das Volkseinkommen. Damit ist in diesem Modell das Gütermarktgleichgewicht auch mit Unterbeschäftigung vereinbar. Die Gleichgewichtsbedingung für den Gütermarkt läßt sich in der bekannten Form

$$(6.2) \qquad Y = C(\overset{+}{Y}) + I(\overset{-}{i}) + G + Ex(\overset{+}{e_r}) - Im(\overset{-}{e_r}, \overset{+}{Y})$$

schreiben.[6] Die Vorzeichen über den Klammern geben die partiellen Ableitungen der Variablen Y, i und e_r an. Die Staatsausgaben werden als eine autonome Größe betrachtet $(G = \overline{G})$. Der Export ist von dem realen Wechselkurs

$$(6.3) \qquad e_r = \frac{e_n P_a}{P_i}$$

positiv abhängig, der Import negativ, d.h. die Nachfrage der Inländer nach ausländischen Gütern sinkt mit steigendem realen Wechselkurs.

---

6 Y, C, I, G, Ex und Im sind reale Größen.

Der Auslandszins und das ausländische Volkseinkommen sind exogene Größen und passen sich dementsprechend in diesem Modell bei Störungen des Gleichgewichts nicht an.

Einem keynesianischen Grundmodell liegt, sofern ein Mundell-Fleming-Ansatz gewählt wird, normalerweise die Annahme konstanter Preise zugrunde. In diesem gewählten Modell wird allerdings statt dessen eine gesamtwirtschaftliche Preisniveaufunktion gesetzt, die eine positive Beziehung zwischen Preisniveau und einer von der Nachfrage bestimmten Produktionsmenge unterstellt:

$$(6.4) \quad P = P(\overset{+}{Y^d})$$

Somit kann das Konvergenzkriterium der Preisstabilität mit in die Analyse einbezogen werden. Diese nachfrageseitige Inflationserklärung wird im keynesianischen 45°-Diagramm als inflatorische Lücke abgeleitet. Anhaltende Preisniveausteigerungen bedingen eine permanente inflatorische Lücke, d.h. die nominalen Gesamtausgaben der Wirtschaftssubjekte steigen in diesem Fall ständig an.

Der Schuldenstand des Staatssektors erhöht sich entsprechend der vorgenommenen Nettokreditaufnahme. Die Zusammenhänge von Defizit- und Schuldenquote ergeben sich aus der Gleichung

$$(6.5) \quad b = G + iB - T$$

und sind bereits im Kapitel 4 erörtert worden.

<u>Der Arbeitsmarkt</u>

Das Arbeitsmarktmodell ist gekennzeichnet durch einen nach unten starren Nominallohnsatz (w_n) und flexible Güterpreise. Die Arbeitnehmer werden im Gleichgewicht nach dem Grenzprodukt der Arbeit entlohnt:

$$(6.6) \quad w_r = \frac{w_n}{P} = \frac{dY}{dN} = f'(N) \; .$$

Die fehlende Lohnflexibilität[7] hat den Charakter eines tariflich vereinbarten Mindestlohnes, d.h. bei einem Überschußangebot auf dem Arbeitsmarkt

---

[7] Zu den wichtigsten Ursachen zählen:

$N^s(\overset{+}{w_r}) > N^d(\overset{-}{w_r})$

bleibt der Lohnsatz konstant ($w_n = \overline{w_n}$). Der Angebotsüberhang kann nicht über Lohnsenkungen beseitigt werden, so daß unfreiwillige Arbeitslosigkeit entsteht. Hingegen sind die Löhne ausreichend flexibel, um eine Überschußnachfrage

$N^s(\overset{+}{w_r}) < N^d(\overset{-}{w_r})$

zu beseitigen und ein Gleichgewicht auf dem Arbeitsmarkt herzustellen. Die Arbeitsnachfrage determiniert somit allein das Beschäftigungsvolumen (N_0):

$$(6.7) \quad N^s > N^d = N_0$$

Eine Reallohnsenkung und damit ein Anstieg der Produktion und des Beschäftigungsvolumens kann nur über eine Preisniveausteigerung induziert werden; es liegt demnach eine keynesianische Variante der Phillipskurve vor.

Der Geldmarkt

Ein Gleichgewicht auf dem Geldmarkt setzt eine Übereinstimmung von Geldangebot und -nachfrage voraus. Das gesamtwirtschaftliche Geldangebot (M^s) ist das Produkt aus dem Geldangebotsmultiplikator (m) und der monetären Basis (M_0):

$$(6.8) \quad M^s = mM_0 \ .$$

Aus Vereinfachungsgründen wird m als konstant und zinsunabhängig angenommen und auf eins normiert.[8] Die monetäre Basis setzt sich aus

a. Die Vorstellung, daß in erster Linie der Staat für eine ausreichende Beschäftigung zu sorgen hat;
b. das Kaufkraftargument der Gewerkschaften, wonach Reallohnsenkungen die Kaufkraft der Wirtschaftssubjekte verringern und somit eine höhere Arbeitslosigkeit herbeiführen;
c. die fehlende Bereitschaft der Beschäftigten, zugunsten der Arbeitslosen auf Lohnerhöhungen zu verzichten.

[8] Damit entfällt in der weiteren Diskussion die Unterscheidung zwischen Geldbasis und Geldmenge.

der Summe der heimischen Komponenten (H) und den Währungsreserven oder Nettoauslandsforderungen (WR) der Zentralbank zusammmen:

$$(6.9) \quad M_0 = H + WR \; .$$

Die reale Geldnachfrage ist in einem keynesianischen Ansatz wie üblich eine zunehmende Funktion des Inlandseinkommens und eine abnehmende Funktion des Inlandszinses:

$$(6.10) \quad M^d = \frac{L_n}{P} = L_T(\overset{+}{Y}) + L_S(\overset{-}{i}) = L_r(\overset{+}{Y}, \overset{-}{i}) \; .$$

Die inländischen Nichtbanken fragen Geld nach, um einerseits über liquide Mittel für unmittelbare Zahlungsverpflichtungen bzw. laufende Transaktionen zu verfügen (Transaktionskasse)[9] und andererseits um ertragreiche Finanztitel und Vermögensobjekte zu erwerben (Spekulationskasse). Im Gleichgewicht wird das gesamte Geldangebot durch die Geldnachfrage aus den genannten Kassenhaltungsmotiven absorbiert, so daß jetzt für das reale Geldmarktgleichgewicht

$$(6.11) \quad M = L_r(\overset{+}{Y}, \overset{-}{i}), \qquad \text{wobei } M = \frac{M^s}{P}$$

folgt. Durch totale Differentiation ergibt sich

$$(6.12) \quad \frac{dY}{dM} > 0 \, , \qquad \frac{di}{dM} < 0 \, , \qquad \frac{di}{dY} > 0 \, ,$$

d.h. eine zunehmende Geldmenge erhöht das Sozialprodukt und senkt den Zinssatz, während ein Anstieg des Volkseinkommens zu einem höheren Zinssatz führt.

Der Devisenmarkt

Bei flexiblen Wechselkursen ist der Devisenmarkt immer im Gleichgewicht. Der Wechselkursmechanismus gleicht Devisenangebot und Devisennachfrage aus, so daß der Saldo der Devisenbilanz immer null ist, vorausgesetzt die Zentralbank interveniert nicht. Damit ist aber auch

---

9 Das Vorsichtsmotiv und damit die Kassenhaltung aufgrund der Unsicherheit der Wirtschaftssubjekte über unvorhergesehene Ausgaben wird nicht explizit in die Analyse einbezogen. Die Vorsichtskasse ist aus nachvollziehbaren Gründen in erster Linie vom Transaktionsvolumen abhängig und kann deshalb als Teil der Transaktionskasse verstanden werden.

aufgrund der Systematik der Zahlungsbilanz ein externes Gleichgewicht verbunden, d.h. die Salden der Leistungsbilanz (LB) und der Kapitalverkehrsbilanz (KB) addieren sich zu null. Die Devisenmarktgleichung läßt sich somit wie folgt schreiben:

(6.13) $ZB = dWR = LB(\overset{+}{e_r}, \overset{-}{Y}) + KB(\overset{+}{i}, \overset{-}{i_a}) = 0$.

Der Nettokapitalimport ergibt sich aus der Differenz zwischen Kapitalimporten und Kapitalexporten. Wie die partiellen Ableitungen zeigen, steigt der Nettokapitalimport mit höherem Inlandszins und sinkt mit wachsendem Auslandszins. Mit keynesianischen Vorstellungen ist sowohl perfekte als auch nicht vollkommene Kapitalmobilität vereinbar. In diesem Modell werden wir den Grad der Kapitalreagibilität nicht explizit festlegen, um die Analyse nicht von vornherein auf eine bestimmte Reaktion nach monetären oder fiskalpolitischen Impulsen zu beschränken.

Der weiteren Analyse liegt mithin das folgende, aus den partialanalytischen Betrachtungen zusammmengefaßte Gleichungssystem zugrunde:

(6.2) $Y = C(\overset{+}{Y}) + I(\overset{-}{i}) + G + Ex(\overset{+}{e_r}) - Im(\overset{-}{e_r}, \overset{+}{Y})$

(6.4) $P = P(\overset{+}{Y^d})$

(6.5) $b = G + iB - T$

(6.11) $M = L_r(\overset{+}{Y}, \overset{-}{i})$

(6.13) $ZB = dWR = LB(\overset{+}{e_r}, \overset{-}{Y}) + KB(\overset{+}{i}, \overset{-}{i_a}) = 0$.

Dieses keynesianische Gesamtmodell enthält fünf Strukturgleichungen mit fünf endogenen Variablen und ist somit prinzipiell determiniert. Es enthält an

Variablen: i, e_n, P, Y, b

und Parametern: i_a, P_a, M, G .

6.2.2 Die Erfolgsaussichten einer bilateralen Konsistenz

Bevor die Interdependenzen zwischen den Konvergenzkriterien analysiert und aufgezeigt werden, muß zunächst der analytische Umfang abgesteckt werden, in dem sich die Untersuchung bewegt. Einen Überblick hierüber gibt die nachstehende Tabelle 6.1.

Tabelle 6.1:
Die möglichen Konfliktfelder zwischen den Konvergenzkriterien

Preisstabilität					
Defizitquote	1.1				
Schuldenquote	2.1	2.2			
Wechsel-kursstabilität	3.1	3.2	3.3		
Langfristige Zinssätze	4.1	4.2	4.3	4.4	
	Preis-stabiltät	Defizit-quote	Schulden-quote	Wechsel-kursstabiltät	Langfristige Zinssätze

Sie zeigt die möglichen Konfliktfelder zwischen den Eintrittsbedingungen für die europäische Währungsunion. Dabei wurde das Budgetkriterium auf zwei unabhängige Konvergenzbedingungen aufgeteilt, weil es zum einen eine Defizitquote kleiner als 3,0 v.H. des BIP und zum anderen eine Schuldenquote kleiner als 60,0 v.H. des BIP verlangt.[10] Die aufgeführten Fälle 1.1 bis 4.4 werden daraufhin überprüft, ob zwischen diesen Konvergenzkriterien Zielharmonie, Zielneutralität oder Zielkonkurrenz besteht. Dazu werden bilaterale Fälle betrachtet, in denen ein Kriterium oder beide Kriterien die vorgeschriebene Konvergenzobergrenze überschreiten und ein Mitgliedstaat stellvertretend für alle mit Hilfe restriktiver oder expansiver Geld- und/ oder Fiskalpolitik versucht, beide Kriterien auf das notwendige Zielniveau zu führen. Ein Policy-Mix-Ansatz wird sinnvollerweise nur verfolgt, wenn beide Zielgrößen das geforderte Konvergenzniveau überschreiten. Die Zielvariablen Preisstabilität, Defizitquote, Schuldenquote, Wechselkursstabilität und langfristige Zinssätze werden mit ΔP, Δb, ΔB, Δe und Δi gekennzeichnet.

10 Die in bestimmten Fällen verminderten Anforderungen an diese Referenzwerte (Art. 104c EGV) werden aus Gründen fehlender Operationalisierbarkeit nicht berücksichtigt.

Die Konkretisierung der Tabelle 6.1 findet sich in folgender Übersicht, in der alle relevanten Fälle der weiteren Analyse aufgeführt sind.

Tabelle 6.2:
Die Zielabweichungskonstellationen bei bilateraler Betrachtungsweise

1.1 $\Delta b\Delta P$	2.1 $\Delta B\Delta P$	2.2 $\Delta B\Delta b$	3.1 $\Delta e\Delta P$	3.2 $\Delta e\Delta b$
+ 0	+ 0	+ 0	0 +	0 +
0 +	0 +	0 +		
+ +	+ +	+ +		

3.3 $\Delta e\Delta B$	4.1 $\Delta i\Delta P$	4.2 $\Delta i\Delta b$	4.3 $\Delta i\Delta B$	4.4 $\Delta i\Delta e$
0 +	+ 0	+ 0	+ 0	+ 0
	0 +	0 +	0 +	
	+ +	+ +	+ +	

Zwei Überlegungen verdienen in diesem Zusammenhang Beachtung. Erstens werden nur Konstellationen berücksichtigt, in denen mindestens eine Zielgröße oberhalb des jeweiligen Referenzmaßstabs liegt (+), weil ansonsten kein politischer Handlungsbedarf besteht. Wenn eine Zielvariable bereits den Anforderungen des Konvergenzartikels 109j EGV genügt, wird nicht danach unterschieden, wieweit der jeweilige Referenzwert unterschritten wurde, sondern eine einheitliche Kennzeichnung vorgenommen (0). Zweitens reduzieren sich die Fälle, in denen das Wechselkurskriterium involviert ist auf die Zielabweichungskonstellation (0, +). Die Begründung ist folgende: Das Konvergenzkriterium der Wechselkursstabilität verlangt von jedem EU-Staat eine zweijährige Einhaltung der normalen Bandbreiten im EWS. Es wird dabei nicht gefragt, ob eine Währung über- oder unterbewertet ist. Dementsprechend ist auch eine Situation Δe (+) bzw. Δe (–) nicht darstellbar. Der Fall Δe (+) würde in unserem Analyserahmen einen Handlungsbedarf anzeigen, der nicht vorhanden ist, weil das EWS-Kriterium immer erfüllt ist, solange sich der aktuelle Devisenkurs innerhalb der normalen Schwankungsmarge bewegt. Oder anders formuliert: Bis auf den konkreten Zeitpunkt eines Realignments ist der Wechselkurs immer auf dem geforderten Konvergenzniveau $\Delta e = 0$, das lediglich für zwei Jahre Bestand haben muß.[11]

In den folgenden Unterabschnitten wird zur Verdeutlichung neben einer analytischen auch eine tabellarische Darstellungsform gewählt. Alle zu untersuchenden Fälle der bilateralen Konsistenz sind durch eine einheitliche Vorgehensweise gekennzeichnet. Aus der gegebenen Ausgangslage der nachfolgenden Tabellen versucht das Mitgliedsland mit Hilfe einer geeigneten Politikmaßnahme (Fiskalpolitik, Geldpolitik oder Policymix) die Eintrittsvoraussetzungen zu erfüllen. Die eingetretene Wirkung dieser Maßnahme wird auf ihren Erfolg hin überprüft, woraus sich unmittelbar Erkenntnisse über die gegenseitigen Abhängigkeiten der Konvergenzkriterien ableiten lassen.

Defizit- und Preiskriterium

In dem ersten Unterabschnitt ist der Frage nach der Konsistenz von Defizit- und Preiskriterium nachzugehen. Betrachten wir hierzu die Fälle $\Delta b \Delta P = +0$, $0+$ und $++$, wobei das Mitgliedsland mit Hilfe einer restriktiven Fiskalpolitik versucht, beide Kriterien auf das vorgesehene Zielniveau zu führen. Es wird dabei angenommen, daß der Staat seine Ausgaben und damit seinen Neuverschuldungsbedarf so weit senkt, bis die Defizitquote unter 3,0 v.H. des BIP liegt.[12] Die Verringerung staatlicher Investitionsausgaben reduziert die inländische Güternachfrage und im Zuge eines kontraktiven Multiplikatorprozesses auch das reale Sozialprodukt. Gemäß der Gleichung 6.4 sinkt das heimische Preisniveau. Die staatliche Neuverschuldung verringert sich unmittelbar, weil der Staat aufgrund der geringen Ausgaben weniger Kredite aufnehmen muß.

Die Reaktion der Defizitquote ist gesondert zu untersuchen, weil sich sowohl Zähler (Neuverschuldung) als auch Nenner (BIP) verkleinern. Bedenkt man jedoch die in der Regel anzunehmende Größe des Multiplikators und die durchschnittliche Höhe der Defizitquote in Europa, so ist of-

---

[11] Der Zeitraum kurz vor einer Neufestsetzung der Wechselkurse, in dem eine Über- oder Unterbewertung und damit der politische Handlungsbedarf erkennbar wird, wird hierbei bewußt ausgeklammert, weil eine diesbezügliche Grenze nur willkürlich gezogen werden könnte.

[12] Äquivalent zu den folgenden Ergebnissen einer die Ausgaben senkenden Fiskalpolitik verhält sich eine Steuererhöhung auf die Variablen Einkommen, Zins, Wechselkurs und Preisniveau.

fensichtlich mit einer Senkung der staatlichen Neuverschuldung auch eine geringere Neuverschuldungsquote verbunden. Das Ergebnis ist somit eindeutig. Defizitquote und Preisniveau verändern sich gleichgerichtet, so daß sich im Endzustand die Konstellationen ΔbΔP = 0–, –0 und 00 einstellen.

Tabelle 6.3: Die Erfolgsaussichten einer (b,P) - Konsistenz

	ΔbΔP	ΔbΔP	ΔbΔP
Ausgangslage	+ 0	0 +	+ +
Politikmaßnahme	$-\Delta N_G$	$-\Delta N_G$	$-\Delta N_G$
Endzustand	0 –	– 0	0 0
Erfolg	ja	ja	ja

Ob dieses Resultat bestehen bleibt, wenn statt einer restriktiven Fiskalpolitik jetzt eine restriktive Geldpolitik angenommen wird, ist jetzt anhand der Fälle ΔbΔP = 0+ und + + zu prüfen. In einem Modell keynesianischer Prägung ist dabei nicht das gesamte Geldvermögen der Wirtschaftssubjekte in die Analyse einzubeziehen, sondern nur der Geld- bzw. Kassenbestand. Die privaten Haushalte verfolgen das Ziel, die vorhandene reale Transaktionskasse auf dem gewohnten Niveau zu halten, weil sich ansonsten die Transaktionsmöglichkeiten unerwünscht erhöhen oder verringern. Sie müssen deshalb zu jedem Zeitpunkt die Entwicklung der Geldmenge beobachten. Ausgehend von einem gewünschten Bestand an Transaktionskasse reduziert eine Senkung der Geldmenge den realen Kassenbestand. Vor diesem Hintergrund werden die Wirtschaftsubjekte weniger Wertpapiere nachfragen, um über die Spekulationskasse den Geldbestand zu erhöhen. Der Kursfall an der Börse läßt die Zinssätze im gleichen Atemzug steigen, bis die privaten Haushalte wieder mehr Wertpapiere nachfragen, weil der tatsächliche dem geplanten Kassenbestand entspricht (Realkassenhaltungseffekt bzw. real balance effekt). Die Wirtschaftssubjekte erlangen den ursprünglichen Wert ihrer Kasse wieder zurück, und das entstandene Portfolioungleichgewicht wird beseitigt. Der Zinsanstieg reduziert die Nachfrage nach Konsum- und Investitionsausgaben mit der Folge eines geringeren Sozialprodukts und gesunkener Preise. Die in der Ausgangslage über dem geforderten Konvergenzniveau liegende Inflationsrate kann somit prinzipiell auf das geforderte Niveau gesenkt werden. Der ökonomische Anpassungsprozeß im Fall einer Geldmengenreduzierug verläuft äquivalent, nur mit anderen Vorzeichen.

	ΔbΔP	ΔbΔP	ΔbΔP
Ausgangslage	0 +	+ +	+ +
Politikmaßnahme	– ΔM	– ΔM	$-\Delta N_G$ – ΔM
Endzustand	+ 0	+ + 0	0 0
Erfolg	nein	nein	ja

Wie verhält sich aber die Defizitquote? Mit der restriktiven Geldpolitik war keine Ausgabensenkung und damit eine geringere Neuverschuldung des Staates verbunden. In Folge des geringeren BIP steigt jedoch die Defizitquote mit dem Ergebnis, daß das Budgetkriterium unter Umständen nicht mehr erfüllt wird. Die Variablen Δb und ΔP verändern sich bei einer restriktiven Geldpolitik entgegengesetzt, womit sich der Erfüllungsgrad nicht erhöht (ΔbΔP = +0, + + 0). Ob das Defizit- und das Preiskriterium miteinander konsistent sind, hängt damit offenbar von der verfolgten Politikstrategie ab.

Wenden wir uns in diesem Unterabschnitt jetzt einem Policy–mix von restriktiver Fiskal- und Geldpolitik zu. Die beschriebenen Anpassungsprozesse sind auf diesen Fall übertragbar, die Frage ist nur, welche Wirkungen dominieren. Die Reduzierung der Staatsnachfrage verringert die Preissteigerungsrate und die Defizitquote. Die Geldmengenverminderung senkt ebenfalls die Inflationsrate, erhöht aber die Neuverschuldungsquote. Die resultierende Wirkung für das Preisniveau ist somit eindeutig. Welcher Effekt ist aber in bezug auf die Defizitquote als größer einzuschätzen? Zur Beantwortung dieser Frage erscheint folgende Überlegung wichtig zu sein. Eine restriktive Fiskalpolitik vermindert die Defizitquote direkt über die Neuverschuldung, eine restriktive Geldpolitik vergrößert sie indirekt über die Reduktion des Volkseinkommens. Bei Defizitquoten kleiner als 100 v.H., wie sie in der Europäischen Union üblich sind, einer prozentual gleich großen Wirkung von Geld- und Fiskalpolitik und einem Multiplikator von eins, läßt sich anhand einfacher mathematischer Überlegungen erkennen, daß der die Defizitquote reduzierende Effekt auf jeden Fall stärker ist.

Mithin beinhaltet ein kombinierter Politikeinsatz ein wirkungsvolles Mittel, um sowohl Budget- als auch Preiskriterium in Richtung auf das gewünschte Zielniveau zu führen (ΔbΔP = 00).

Schulden- und Preiskriterium

Die Frage nach der $\Delta B \Delta P$-Konsistenz kann im wesentlichen äquivalent zu dem bisherigen Vorgehen behandelt werden. Diese Tatsache ergibt sich unmittelbar aus den Zusammenhängen zwischen Defizit- und Schuldenquote, die im Kapitel 4.3 abgeleitet wurden. Die erfolgversprechenden Politikmaßnahmen $-\Delta N_G$, $-\Delta M$ und $-\Delta N_G$ $-\Delta M$ führen bezüglich des Preiskriteriums immer zum gewünschten Zielniveau. Eine restriktive, d.h. ausgabensenkende Fiskalpolitik reduziert zwar die Defizitquote und damit auch die Schuldenquote, ob indessen das Zielniveau 60,0 v.H. des BIP erreicht wird, hängt von der Höhe dieser Quote im Ausgangszustand ab. Der Endzustand ist deshalb nicht exakt ermittelbar und wäre deshalb vorerst mit (–, 0, +) zu beschreiben. Genauso wenig kann eine Aussage darüber gemacht werden, ob der Rat nicht selbst im Fall $\Delta B = +$ das Budgetkriterium als erfüllt ansehen wird, weil die Schuldenquote beispielsweise hinreichend rückläufig ist.[13] Inwieweit die Politikmaßnahme Erfolg gehabt hat, ist somit letztlich unbestimmt. Aber das ist nicht der Punkt. Für unsere Fragestellung hinsichtlich der Konsistenz ist allein maßgeblich, ob sich Budget- und Preiskriterium gleichgerichtet oder entgegengesetzt entwickeln. Unabhängig von dem beschriebenen Problem, daß das geforderte Zielniveau in der betrachteten Periode noch nicht erreicht wird, ist in diesem Fall von Zielharmonie zu sprechen. Insoweit ist der durchgeführten Politikmaßnahme einer restriktiven Fiskalpolitik Erfolg zu bescheinigen und den beiden Kriterien Konsistenz beizumessen.

Tabelle 6.4: Die Erfolgsaussichten einer (B,P) - Konsistenz

	$\Delta B \Delta P$	$\Delta B \Delta P$	$\Delta B \Delta P$
Ausgangslage	+ 0	0 +	+ +
Politikmaßnahme	$-\Delta N_G$	$-\Delta N_G$	$-\Delta N_G$
Endzustand	+0 –	0– 0	+0 0
Erfolg	ja	ja	ja

13 Vgl. Art. 104c(2b) EGV.

	ΔBΔP	ΔBΔP	ΔBΔP
Ausgangslage	0 +	+ +	+ +
Politikmaßnahme	– ΔM	– ΔM	– ΔN_G – ΔM
Endzustand	+0 0	++ 0	+0 0
Erfolg	nein	nein	ja

Eine geldmengenreduzierende Geldpolitik erhöht, wie bereits erläutert, die Defizitquote und somit auch die Schuldenquote. Ob bei der Ausgangslage ΔBΔP =0+ der Endzustand ΔBΔP =00 oder +0 erreicht wird, hängt abermals davon ab, inwieweit sich die Schuldenquote noch unterhalb der Konvergenzobergrenze bewegt. Befindet sich diese Quote von vornherein über 60,0 v.H. des BIP (ΔBΔP = + +), so ist das Ergebnis eindeutig (ΔBΔP = + + 0). Auch hier gilt wieder, daß ausschließlich die entgegengesetzte Wirkung für die Analyse ausschlaggebend ist. Im Fall einer Politikmaßnahme – ΔM sind beide Kriterien nicht miteinander konsistent. Für den Fall einer Policy-mix Strategie ist der Effekt auf die Schuldenquote einerseits von der ursprünglichen Höhe und andererseits von der dominierenden Wirkung entweder der Geld- oder Fiskalpolitik abhängig. Aus besagten Gründen erscheint aber eine reduzierende Tendenz der Schuldenquote wahrscheinlich (ΔBΔP = +0 0). Schulden- und Preiskriterium sind deshalb als konsistent anzunehmen.

Schulden- und Defizitkriterium

Das Verhältnis von Defizitquote und Schuldenquote ist bereits im Kapitel 4.3 ausführlich diskutiert worden. Die hergeleiteten Ergebnisse sind auch in einem keynesianischen Modellrahmen weiterhin gültig, so daß sich die folgenden Ausführungen auf das notwendige Maß beschränken können.

Die einzig sinnvolle Politikstrategie ist eine die Ausgaben senkende und damit die Neuverschuldung reduzierende Fiskalpolitik. Wenn sie in einem ausreichendem Maße erfolgt, und hiervon ist gemäß unserer aufgestellten Annahmen auszugehen, erreicht die Defizitquote immer den gewünschten Erfüllungsgrad. Bei einer Ursprungssituation ΔB = + ist der Erfolg in bezug auf die Schuldenquote erneut vom konkreten Ausgangsniveau abhängig, so daß als Endzustand ΔB = +0 anzunehmen ist. Der Erfolg in bezug auf den Erfüllungsgrad ist damit nicht zweifelsfrei festzustellen. Eindeutig ist jedoch, daß zwischen den beiden Kriterien der Haushaltsdisziplin Zielharmonie besteht.

Tabelle 6.5: Die Erfolgsaussichten einer (B,b) - Konsistenz

	ΔBΔb	ΔBΔb	ΔBΔb
Ausgangslage	+ 0	0 +	+ +
Politikmaßnahme	$-\Delta N_G$	$-\Delta N_G$	$-\Delta N_G$
Endzustand	+0 –	0– 0	+0 0
Erfolg	ja	ja	ja

<u>EWS-Kriterium und Preis-, Budget- und Zins-kriterium</u>

Die Frage nach der Konsistenz zwischen dem Wechselkurskriterium und den anderen drei Auswahlnormen reduziert sich auf die Fälle ΔeΔP, ΔeΔb, ΔeΔB, ΔeΔi = 0+. Deshalb können diese Interdependenzen weitgehend in einer zusammenfassenden Darstellung diskutiert werden. Konzentrieren wir uns als Ausgangspunkt der Betrachtungen auf den Fall ΔeΔP = 0+ bei restriktiver Geldpolitik. Wenn die Zentralbank den Umlauf der Geldmenge senkt, haben die Wirtschaftssubjekte einen niedrigeren Bestand an Geld zu Transaktionszwecken in ihrer Kasse. Sie werden bestrebt sein, ihren originären Liquiditätsgrad wiederherzustellen und verkaufen deshalb Wertpapiere. Das erhöhte Angebot läßt den Kurs sinken und den Zins steigen. Der hiermit verbundene negative Effekt auf das BSP wird verstärkt, weil die vom Zins induzierte Währungsaufwertung den Nettogüterexport erschwert. Mit dem sinkenden Realeinkommen reduziert sich auch das Preisniveau. Hiermit ist direkt ein Anstieg des Reallohns verbunden. Der so zustande gekommene weitere Rückgang der Produktion läßt das Preisniveau weiter sinken, bis eine höhere preisbedingte Wettbewerbsfähigkeit kompensierend wirkt. Der beschriebene Anpassungsprozeß ist mit zwei gleichgerichteten Effekten auf die Zahlungsbilanz verbunden. Der Zinsanstieg verbessert über einen erhöhten Kapitalzufluß die Kapitalbilanz, und der Einkommensrückgang verbessert über einen Importrückgang die Handelsbilanz.[14] Der positive Devisenbilanzsaldo führt am Devisenmarkt zu einem Überschußangebot an ausländischer Währung und zu einem Nachfrageüberhang nach In-

---

14 In diesem Modell flexibler Wechselkurse überträgt sich dieser negative Einkommensmultiplikatorprozeß nicht auf das Ausland und erzeugt infolgedessen auch keine zu berücksichtigenden Rückwirkungen, weil die automatische Wechselkursanpassung einen Ausgleich der Leistungsbilanz herbeiführt.

landswährung; die heimische Währung wertet auf. Eine Geldpolitik mit kontraktivem Impuls steigert somit den Erfüllungsgrad sowohl des Wechselkurs- als auch des Preiskriteriums. Beide Einstiegskriterien für die europäische WWU sind folglich miteinander konsistent. Diese Betrachtungsweise läßt allerdings die negativen Rückwirkungen auf die anderen EU–Staaten gänzlich unberücksichtigt. Der Währungsaufwertung steht nämlich in diesen Ländern eine Währungsabwertung entgegen und reduziert folglich hier den Konvergenzstand.

Tabelle 6.6:
Die Erfolgsaussichten einer (e,P)-, (e,b)-, (e,B)-, (e,i) - Konsistenz

	$\Delta e \Delta P$	$\Delta e \Delta P$	$\Delta e \Delta b$
Ausgangslage	0 +	0 +	0 +
Politikmaßnahme	$-\Delta M$	$-\Delta N_G$	$-\Delta N_G$
Endzustand	– 0	(–,0,+) 0	(–,0,+) 0
Erfolg	ja	unbestimmt	unbestimmt

Die Wirkung einer restriktiven Fiskalpolitik auf den Wechselkurs, das Preisniveau, die Defizit- und die Schuldenquote kann zusammenhängend dargestellt werden, so daß wir die Fälle $\Delta e \Delta P$, $\Delta e \Delta b$ und $\Delta e \Delta B$ gemeinsam behandeln werden. Der staatliche Rückgang der Investitionsausgaben führt unmittelbar zu einer Nachfragelücke mit der weiteren Folge eines Rückgangs der Produktion und letztlich auch des Sozialprodukts.[15] Hiermit ist eine Abnahme der realen Liquiditätspräferenz für Transaktionszwecke verbunden, der bei gegebenem Geldangebot nur entsprochen werden kann, wenn mehr Spekulationskasse gehalten wird. Dafür ist ein geringerer Zinssatz erforderlich, der bei seiner Realisierung die Kapitalexporte steigen und die Kapitalimporte sinken läßt.

Das Preisniveau ist gemäß Gleichung 6.4 eine abhängige Größe des BSP, d.h. in diesem Fall sinken die Preise. Der damit bei starren Nominallöhnen verbundene Reallohnanstieg reduziert die Güterproduktion und

[15] Eine verfeinerte Analyse der Zusammenhänge hätte dabei den gedämpften Rückgang des Sozialprodukts zu berücksichtigen, der sich aus dem verringerten Bedarf an Transaktionskasse ergibt. Der notwendige Abfluß der überschüssigen Kasse, d.h. derjenige Teil, der nicht mehr für das verringerte Umsatzvolumen benötigt wird, kann bei konstantem Geldangebot nur in die Spekulationskasse erfolgen. Die hierdurch induzierte Zinssenkung erhöht die zinsabhängigen Ausgaben und kompensiert derart zumindest teilweise die primäre restriktive Wirkung der geringeren Staatsausgaben.

die Beschäftigung weiter. Dieser auf ein stetig sinkendes Preisniveau wirkende Kreislauf wird von zwei gegenläufigen Effekten gebremst. Erstens läßt die negative Kapitalbilanz den Wechselkurs und damit sowohl den Güterexport als auch BSP und Preise steigen, und zweitens erhöht ein niedrigeres Preisniveau den Realwert der Kasse, so daß die Wirtschaftssubjekte mehr Güter und Wertpapiere nachfragen, um den ursprünglichen Kassenbestand zu erhalten. Der Kursanstieg ist unmittelbar mit einer weiteren Zinssatzsenkung verbunden.[16] Für die Wechselkursentwicklung sind somit zwei gegenläufige Wirkungen zu konstatieren. Der geringere Zinssatz läßt einerseits den Wechselkurs steigen, und das niedrigere Produktionsniveau führt im Zusammenhang mit der hiermit verbundenen Verbesserung der Außenhandelsbilanz andererseits zu einer Währungsaufwertung.

Fassen wir die Ergebnisse zusammen. Die Preise werden von zwei entgegengesetzten Effekten beeinflußt, wobei im Endeffekt ein niedrigeres Preisniveau anzunehmen ist, weil der Produktionsrückgang in Folge der restriktiven Fiskalpolitik nicht vollständig kompensiert wird.[17] Die Reaktion des Wechselkurses ist von der Zins-elastizität des Kapitalverkehrs abhängig, so daß sie in unserem Modellrahmen als ungewiß einzustufen ist. Die Defizit- und Schuldenquote sinken unter den oben dargelegten

---

16 Neben dem Realkassenhaltungs–Effekt werden in der Literatur noch zwei weitere Anpassungsmechanismen zur Wiederherstellung des gesamtwirtschaftlichen Gleichgewichts unterschieden. Der Rückgang des realen Volkseinkommens führt zu einem Angebotsüberschuß auf dem Güter- und Arbeitsmarkt. Die hieraus resultierende Preissenkung erhöht bei konstanter nominaler Geldmenge das reale Geldvolumen. Bei unveränderter Liquiditätsneigung fließt der Überschußbetrag an Geld in die Spekulationskasse, und die damit induzierte Zinssatzsenkung steigert die Investitionen, die Beschäftigung und das Sozialprodukt (Keynes–Effekt). Dieser auf das Gleichgewicht hin wirkende Impuls kommt im Bereich der Liquiditätsfalle und bei einer Zinselastizität von Null nicht zustande. Die zweite Wirkungskette (Pigou–Effekt) zielt auf den Anstieg der realen Kassenbestände der Wirtschaftssubjekte in Folge der beschriebenen Preissenkung ab. Das gestiegene Realvermögen veranlaßt die Wirtschaftssubjekte zu vermehrten Konsumgüterausgaben, bis in der Volkswirtschaft wieder Vollbeschäftigung herrscht.

17 Hierfür ist im Modell eines keynesianischen Arbeitsmarktes die fehlende Lohnflexibilität nach unten verantwortlich. Der Lohnsatz bleibt auch bei höherem Angebot konstant, so daß die Preise für den erforderlichen Nachfrageanstieg zum ursprünglichen Gleichgewicht nicht ausreichend sinken. Der Keynes-Effekt wirkt somit bei einem normalen Verlauf von IS- und LM-Kurve nur unvollständig. Das neue Gütermarktgleichgewicht ist deshalb durch ein geringeres reales Sozialprodukt und ein niedrigeres Preisniveau gekennzeichnet.

Voraussetzungen als Folge der staatlichen Ausgabenkürzung. Die Frage nach dem Erfolg dieser Politikmaßnahme kann nicht eindeutig beantwortet werden, weil allein die Wechselkursreaktion nicht bestimmbar ist. Folglich ist auch keine zweifelsfreie Aussage über die Konsistenz der betrachteten Eintrittskriterien möglich.

Bei der Frage nach der bilateralen Konsistenz im Zusammenhang mit dem EWS-Kriterium ist abschließend das Verhältnis zum Zinskriterium zu klären. Aus besagten Gründen ist auch hier nur der Fall $\Delta e \Delta i = 0+$ relevant. Die Politikstrategie muß also darauf abzielen, den Zinssatz zu senken, ohne den Wechselkurs zu beeinflussen bzw. ihn zumindest nicht abzuwerten. Im Rahmen keynesianischer Vorstellungen erscheinen eine expansive Geldpolitik oder eine restriktive Fiskalpolitik angebracht zu sein.

Betrachten wir zunächst die erste Möglichkeit. Eine Ausweitung der Geldmenge hebt den realen Kassenbestand der Wirtschaftssubjekte an. Infolgedessen versuchen sie, den aktuellen Wert ihrer Kasse auf den gewünschten zu senken und damit den Liquiditätsüberhang zu Transaktionszwecken zu verringern, indem sie am Wertpapiermarkt Finanzaktiva nachfragen, was unmittelbar zu einer Senkung des Zinssatzes führt.[18] Dies wiederum steigert die Investitionen und somit auch das Einkommen. Daraus resultieren zwei Effekte auf die Zahlungsbilanz. Einerseits eine zinsinduzierte Verschlechterung der Kapitalverkehrsbilanz und andererseits eine einkommensinduzierte Verschlechterung der Handelsbilanz. Während der verringerte Nettokapitalimport das Devisenangebot absenkt, erhöht die Importzunahme die Devisennachfrage mit der gleichgerichteten Folge eines Defizits in der Devisenbilanz. Die Zentralbank kann den Verlust der Währungsreserven langfristig nicht kompensieren, so daß ein neues Gleichgewicht erst durch eine Währungsabwertung wiederhergestellt wird. Daraus ergibt sich eine Konstellation $\Delta e \Delta i = +0$, d.h. eine expansive Geldpolitik bewirkt lediglich einen Tausch der Vorzeichen, nicht aber ein höheres Konvergenzniveau.

---

[18] Eine andere Erklärung könnte wie folgt lauten: Die Notenbank vergrößert die Geldmenge, indem sie von den Wirtschaftssubjekten Wertpapiere kauft. Die Nichtbanken werden nur bereit sein, ihre Wertpapiere gegen Kasse zu verkaufen, wenn es für sie attraktiv ist. Der Wunsch nach zusätzlicher Kassenhaltung kommt dadurch zustande, daß die Käufe von Finanztiteln durch die Zentralbank Kurssteigerungen bzw. Zinssenkungen herbeiführen. Damit ist es für die Wirtschaftssubjekte lohnend, die Spekulationskasse auszuweiten.

Als zweite Politikmaßnahme ist jetzt eine restriktive Fiskalpolitik zu erörtern. Eine Abnahme der staatlichen Investitionsausgaben verringert bei konstantem Geldvolumen das Sozialprodukt. Damit geht bei gegebenem Geldangebot eine geringere Geldnachfrage einher, wodurch der Zinssatz sinkt. Das verkleinerte Volkseinkommen erhöht den Außenbeitrag, so daß die heimische Währung tendenziell aufwertet. Auf der anderen Seite verschlechtert die negative Zinsdifferenz zwischen dem In- und Ausland über sinkende Kapitalimporte die Kapitalbilanz, die Inlandswährung tendiert zur Abwertung. Welche Gesamtwirkung diese beiden gegenläufigen Effekte auf den Devisenbilanzsaldo und damit auf den Wechselkurs haben, hängt von der Zinselastizität des Kapitalverkehrs ab. Bei hoher Kapitalmobilität wertet die Währung ab, im umgekehrten Fall auf. Unter der Annahme vollkommener Kapitalmobilität reduziert sich die Wirkung im Fall eines kleinen Landes auf den Wechselkurseffekt, der Zinssatz bleibt auf dem Niveau der Auslandszinsen. Die Frage nach dem Erfolg einer restriktiven Fiskalpolitik ist also a priori nicht eindeutig zu beantworten.

	$\Delta e \Delta B$	$\Delta e \Delta i$	$\Delta e \Delta i$
Ausgangslage	0 +	0 +	0 +
Politikmaßnahme	$-\Delta N_G$	$+\Delta M$	$-\Delta N_G$
Endzustand	(–,0,+) +0	+ 0	(–,0,+) 0
Erfolg	unbestimmt	nein	unbestimmt

Zusammenfassend können wir mithin feststellen, daß die Frage nach der Konsistenz zwischen dem EWS- und dem Zinskriterium auch nicht im Zusammenhang mit der verfolgten Politikmaßnahme beantwortet werden kann. Zulässig erscheint allein die Aussage, daß die Aussicht auf Erfolg bei der Haushaltspolitik und damit auch der Grad der Zielharmonie zwischen den beiden Kriterien größer ist als bei der Geldpolitik.

Das Zins- und Preiskriterium

In einem weiteren Schritt ist jetzt das Verhältnis von Zins- und Preiskriterium zueinander zu klären. Die in der Tabelle 6.2 aufgeführten Zielabweichungskonstellationen können je nach Ausgangslage erfolgversprechend mit Hilfe einer restriktiven oder expansiven Geldpolitik, einer restriktiven Nachfragepolitik des Staates oder eines Policy–Mix–Ansatzes aus restriktiver Fiskalpolitik und expansiver bzw. restriktiver Geldpolitik auf das gewünschte Zielniveau geführt werden.

In Anbetracht der sich in wesentlichen Teilen wiederholenden Darstellung werden die modelltheoretischen Kausalbeziehungen nur noch in ihren hauptsächlichen Bestandteilen dargestellt. Betrachten wir zunächst die Wirkungen der Geldpolitik. Eine Zunahme der Geldmenge verursacht eine Steigerung des Sozialprodukts (siehe Ableitungen in Gleichung 6.12) Ein gestiegenes Volkseinkommen erhöht das Preisniveau gemäß der Gleichung 6.4. Die Geldmengenausweitung senkt den Zinssatz und löst somit einen Abfluß von Kapital aus, dem ein Überschuß in der Außenhandelsbilanz gegenübersteht, weil mit dem Kapitalabfluß ein Devisenabfluß und infolgedessen eine Währungsabwertung verbunden ist, die die Exportchancen der Unternehmen vergrößert. Daraufhin erweitern sie die Produktion und fragen mehr Arbeitskräfte nach, so daß die Preise weiter steigen. Die Wirkung einer höheren Geldmenge ist somit eindeutig determiniert. Für den Fall einer restriktiven Geldpolitik gelten die Ergebnisse mit umgekehrten Vorzeichen, d.h. die Zinsen steigen, und das Preisniveau sinkt.

Tabelle 6.7: Die Erfolgsaussichten einer (i,P) - Konsistenz

	ΔiΔP	ΔiΔP	ΔiΔP	ΔiΔP
Ausgangslage	+ 0	0 +	+ +	+ +
Politikmaßnahme	+ ΔM	− ΔM	− ΔM	+ ΔM
Endzustand	0 +	+ 0	+ + 0	0 + +
Erfolg	nein	nein	nein	nein

In bezug auf die Wirkungen der Geldpolitik auf Zinsen und Preise ist somit folgendes Ergebnis festzustellen: Beide Zielgrößen können von den Maßnahmen der Notenbank beeinflußt werden, allerdings in entgegengesetzter Richtung. Folglich tauschen in allen vier betrachteten Fällen lediglich die vom Zielniveau abweichenden Variablen ihre Position, ohne daß ein höheres Konvergenzniveau erreicht wird. In keinem Fall können Zinsen und Preise gleichzeitig den geforderten Konvergenzgrad erreichen; diese Konfliktsituation ist unlösbar. Die beiden Qualifikationskriterien sind demnach im Rahmen der Geldpolitik nicht miteinander konsistent.

Ob sich eine derartige Zielkollision vermeiden läßt, ist jetzt unter dem Gesichtspunkt der Fiskalpolitik erneut zu beurteilen. Für alle drei Ausgangslagen ΔiΔP = +0, 0+ und + + erscheint allein eine Haushaltspolitik der Regierung erfolgversprechend, die auf eine Senkung der Konsum- und Investitionsnachfrage abzielt. Das Ergebnis leitet sich aus dem dadurch resultierenden geringeren Sozialprodukt ab, das unter der plausiblen Annahme verständlich wird, wonach die Gesamtnachfrage auf einen relativ großen Anteil der Staatsausgaben beruht. Dem Endresultat liegt folgender Gedanke zugrunde: Der staatliche Kontraktionseffekt auf die Güternachfrage und damit auf das Volkseinkommen veranlaßt die Unternehmen, weniger zu produzieren. Das vom Einkommen abhängige Preisniveau sinkt (Gleichung 6.4) und reduziert so die Geldnachfrage und damit letztlich den Inlandszins (Realkassen-haltungs-Effekt). Die Inlandswährung wertet ab und regt infolgedessen die Investitionen wieder an, ohne aber das ursprüngliche Niveau wieder zu erreichen. Genauso wenig steigt das Preisniveau in einer keynesianischen Modellwelt erneut auf die Ausgangshöhe an, wenngleich die Währungsabwertung die Importe verteuert und somit die Preise steigen läßt.

	$\Delta i \Delta P$	$\Delta i \Delta P$	$\Delta i \Delta P$
Ausgangslage	+ 0	0 +	+ +
Politikmaßnahme	$-\Delta N_G$	$-\Delta N_G$	$-\Delta N_G$
Endzustand	0 –	– 0	0 0
Erfolg	ja	ja	ja

Verfolgen die politischen Entscheidungsträger eine restriktive Fiskalpolitik, indem sie die Staatsausgaben verringern, ist mit einer gleichgerichteten und auf das Zielniveau hin ausgerichteten Wirkung von Zins- und Preisentwicklung zu rechnen. Ein Zielkonflikt besteht nicht, d.h. Zins- und Preiskriterium sind unter der Prämisse der Fiskalpolitik miteinander konsistent.

Nach dem oben Gesagten ist die Geldpolitik ein erfolgloses Mittel und die Fiskalpolitik ein erfolgreiches Mittel, um sowohl Zins- als auch Preisentwicklung auf das vorgeschriebene Zielniveau zu führen. Von besonderem Interesse ist deshalb, ob und inwieweit ein kombinierter Einsatz von Geld- und Fiskalpolitik den Anforderungen eines erfolgversprechenden Konvergenzprogramms genügen kann. Bei einer ausschließlich systematischen Anwendung kann man erwarten, daß eine kombinierte Politikstrategie nur teilweise Erfolg verspricht. Welcher Art sind jedoch die genaueren Zusammenhänge?

Die Untersuchung dieser Frage wird zuerst für eine Policy–Mix–Strategie aus restriktiver Fiskal- und expansiver Geldpolitik durchgeführt. Durch beide Einzelmaßnahmen erhöht sich der Kassenbestand der privaten Haushalte; bei der Fiskalpolitik indirekt über ein gesunkenes Preisniveau infolge der hervorgerufenen Reduzierung des Sozialprodukts und bei der

Geldpolitik direkt über ein höheres Geldangebot. Der überhöhte Geldbestand widerspricht den Präferenzen der Wirtschaftssubjekte, die über eine zunehmende Nachfrage nach Wertpapieren versuchen, den Ausgangsbestand in ihrer Kasse wiederherzustellen. Damit steigen die Kurse, und die Zinsen fallen. Das Ergebnis auf diese Zielvariable ist somit eindeutig. Das Preisniveau wird demgegenüber auf unterschiedliche Art beeinflußt. Während eine die Nachfrage dämpfende Haushaltspolitik den Preisanstieg bremst, beschleunigt die Geldpolitik ihn. Unter der einfachen Annahme, daß beide Wirkungen gleich groß sind, kompensieren sich beide Effekte, und das Preisniveau bleibt auf seinem Ausgangsniveau.

	$\Delta i \Delta P$	$\Delta i \Delta P$
Ausgangslage	+ +	+ +
Politikmaßnahme	$-\Delta N_G + \Delta M$	$-\Delta N_G - \Delta M$
Endzustand	0 +	+ 0
Erfolg	nein	nein

Eine weitere Überlegung zeigt, daß sich die Ergebnisse für den Policy-Mix $-\Delta N_G - \Delta M$ in paralleler Weise einstellen, nur mit umgekehrten Vorzeichen. In diesem Fall sinkt das Preisniveau auf jeden Fall, weil sowohl Geld- als auch Fiskalpolitik preissenkend wirken. Das Zinsniveau verändert sich unter den dargestellten Annahmen nicht, weil sich die den Zinssatz senkende Wirkung der restriktiven Nachfragepolitik und die den Zinssatz erhöhende Wirkung der Geldmengenreduzierung gegenseitig aufheben.

Nimmt man die Teilergebnisse dieser Ausführungen zusammen, so zeigt sich, daß eine Policy-Mix-Strategie, wie bereits eingangs vermutet, nur zu Teilerfolgen führt. Die Ausgangslage $\Delta i \Delta P = ++$ kann von den politischen Handlungsträgern nur auf das Niveau $\Delta i \Delta P = 0+$ oder $+0$ verbessert werden, d.h. sie müssen sich für eine Zielvariable entscheiden; beide können nicht gleichzeitig unter die vorgesehenen Referenzwerte herabgesenkt werden.

Das Zins- und Defizitkriterium

Die wesentlichen Wirkungen der Geld- und Finanzpolitik sind im bisherigen Verlauf der Untersuchung erfaßt worden. Bei der Frage nach der Konsistenz von Zinskriterium und Defizitquote läßt sich deshalb eine zulässige Vereinfachung in der Gestalt vornehmen, daß die Analyse auf die Darstellung der gemeinsamen Wirkungen auf beide Zielvariablen beschränkt wird. Bei Kenntnis der wesentlichen Reaktionen wirtschaftspolitischer Entscheidungen werden die politischen Handlungsträger hauptsächlich versuchen, die Zinsen mit Hilfe der Geldpolitik und die Defizithöhe mit Mitteln der Fiskalpolitik zu beeinflussen. Versucht der Staat, lediglich eine Maßnahme durchzuführen, muß er hoffen, daß sich neben der primären Steuerungsgröße auch die zweite Variable in die richtige Richtung entwickelt. Eine expansive Geldpolitik senkt über den Realkasseneffekt den Zinssatz. Die sekundäre Steuerungsgröße, in diesem Fall die Defizitquote, verhält sich in gleicher Weise, d.h. Δb sinkt, weil der vom Zins induzierte Produktions- und Einkommensanstieg c.p. nicht mit einer höheren nominalen Neuverschuldung einhergeht.

Tabelle 6.8: Die Erfolgsaussichten einer (i,b) - Konsistenz

	$\Delta i \Delta b$	$\Delta i \Delta b$	$\Delta i \Delta b$
Ausgangslage	+ 0	+ +	+ 0
Politikmaßnahme	$+\Delta M$	$+\Delta M$	$-\Delta N_G$
Endzustand	0 –	0 0	0 –
Erfolg	ja	ja	ja

	$\Delta i \Delta b$	$\Delta i \Delta b$	$\Delta i \Delta b$
Ausgangslage	0 +	+ +	+ +
Politikmaßnahme	$-\Delta N_G$	$-\Delta N_G$	$-\Delta N_G + \Delta M$
Endzustand	– 0	0 0	0 0
Erfolg	ja	ja	ja

Eine restriktive Fiskalpolitik reduziert die Defizitquote, weil der nachfragebedingte Rückgang der Neuverschuldung das gesunkene Volkseinkommen überkompensiert, so daß die Quote insgesamt kleiner wird. Der Zinssatz als sekundäre oder auch passive Steuerungsgröße bewegt sich auch hier wieder gleichgerichtet, weil das geringere Sozialprodukt in Folge der zurückhaltenden staatlichen Nachfragepolitik auf dem Geldmarkt einen Angebotsüberschuß bzw. ein Nachfragedefizit herbeiführt. Das Marktgleichgewicht kann nur über einen geringeren Zinssatz wiederhergestellt werden.

Diese Feststellung, nach der eine expansive Geldpolitik und eine restriktive Fiskalpolitik beide Zielvariablen gleichgerichtet und auf das Zielniveau hin beeinflußt, führt einen Schritt näher an das Ziel, die Wirkungen eines Policy-Mix auf Zinssatz und Defizitquote zu erfassen. Aus den Einzelwirkungen ergibt sich bereits unmittelbar die Gesamtwirkung, weil keine entgegengesetzten Effekte gegeneinander abgeschätzt werden müssen. Der kombinierte Politikeinsatz hat vielmehr eine verstärkende Wirkung, so daß unserer bisherigen Systematik folgend im Endzustand statt $\Delta i \Delta b$ = 00 auch – – geschrieben werden könnte. Für die Frage nach den Interdependenzen zwischen Zins- und Defizitkriterium ist dieses Problem allerdings nebensächlich. Die Antwort ist einfach: Zwischen beiden Konvergenzkriterien herrscht Zielharmonie; wenn ein Mitgliedsland versucht, ein Kriterium zu erfüllen, so wird auch das andere positiv tangiert.

Das Zins- und Schuldenkriterium

Auf die Zusammenhänge zwischen Defizit- und Schuldenquote ist bereits hingewiesen worden. Es ist deshalb auch nicht verwunderlich, daß die Ergebnisse zwischen einem beliebigen Konvergenzkriterium und dem Defizit- oder Schuldenkriterium identisch sind. In diesem letzten Teil der Untersuchung weichen die Ergebnisse dementsprechend ebenfalls nicht voneinander ab. Alle Politikstrategien ($+\Delta M$, $-\Delta N_G$ und $-\Delta N_G + \Delta M$) sind erfolgreich und zeigen Konsistenz zwischen Zins-

Tabelle 6.9: Die Erfolgsaussichten einer (i,B) - Konsistenz

	$\Delta i \Delta B$	$\Delta i \Delta B$	$\Delta i \Delta B$
Ausgangslage	+ 0	+ +	+ 0
Politikmaßnahme	$+\Delta M$	$+\Delta M$	$-\Delta N_G$
Endzustand	0 0	0 +0	0 0–
Erfolg	ja	ja	ja

und Schuldenkriterium. Auf eine nähere Darstellung kann deshalb verzichtet werden. Es soll deshalb nur der Hinweis genügen, daß mit dieser Aussage nicht die Frage beantwortet werden kann, ob die 60,0 v.H. – Hürde nach unten übersprungen wird. Hierzu müßte im Einzelfall der genaue Ausgangswert mit in die Untersuchung einbezogen werden, was allerdings nicht thematisiert werden soll.

	ΔiΔB	ΔiΔB	ΔiΔB
Ausgangslage	0 +	+ +	+ +
Politikmaßnahme	$-\Delta N_G$	$-\Delta N_G$	$-\Delta N_G + \Delta M$
Endzustand	– +0	0 +0	0 +0
Erfolg	ja	ja	ja

Zusammenfassung der Ergebnisse

Auf der Grundlage der Einzelergebnisse sollen jetzt die Resultate der bilateralen Konsistenz zusammengefaßt werden, um die Ausgangsfragestellung nach der Konsistenz der Konvergenzkriterien in einem keynesianischen Modell beantworten zu können. Zu Beginn der Analyse hat die Tabelle 6.1 die zu untersuchenden Fälle aufgeführt. In dem gegenwärtigen Stadium der Untersuchung können wir diese Tabelle mit den abgeleiteten Ergebnissen auffüllen.

Tabelle 6.10: Die Interdependenzen zwischen den Konvergenzkriterien

	Preisstabiltät	Defizitquote	Schuldenquote	Wechselkursstabiltät	Langfristige Zinssätze
Preisstabilität					
Defizitquote	– +				
Schuldenquote	– +	+			
Wechselkursstabilität	0 +	0	0		
Langfristige Zinssätze	– +	+	+	–	

Legende:

+	= Konvergenzkriterien sind konsistent
–	= Konvergenzkriterien sind nicht konsistent
0	= Konsistenz ist nicht eindeutig bestimmbar
–0, –+, 0+	= Konsistenz abhängig von der verfolgten Politikstrategie

Auf den ersten Blick ist das Gesamtergebnis wenig homogen und zunächst verwirrend. Die Symbole + und – sagen aus, ob die jeweiligen Konvergenzkriterien konsistent sind oder nicht; eine 0 symbolisiert ein unbestimmtes Ergebnis. Die Kombination –+ bedeutet, daß beide Kriterien einerseits konsistent sind, andererseits aber auch nicht. Das hängt davon ab, ob eine geldpolitische oder finanzpolitische Strategie verfolgt wird. Vor einer abschließenden Gesamtbeurteilung aller Konvergenzkriterien ist allerdings Vorsicht geboten. Bietet schon die Tabelle 6.10 kein einheitliches Bild der bilateralen Konsistenz, so ist eine umfassende Interpretation der theoretischen Erkenntnisse im Sinne unserer Fragestellung, nämlich der Bestimmung sowohl der eindimensionalen wie auch der mehrdimensionalen Interdependenzen, verfrüht, solange nicht die Gesamtwirkungen von Geld- und Fiskalpolitik auf alle vier Konvergenzkriterien gleichzeitig betrachtet worden sind. Diesem Themenkomplex wenden wir uns jetzt im nächsten Kapitel zu.

6.2.3 Die Erfolgsaussichten einer umfassenden Konsistenz

Da die Maastrichter Verträge in Art. 109j vorsehen, daß ein Mitgliedstaat alle Konvergenzkriterien erfüllen muß, kann sich eine sinnvolle Analyse der Interdependenzen nicht auf die Untersuchung lediglich zweier Kriterien gleichzeitig beschränken; vielmehr muß darüber hinaus eine umfassende Konsistenzbetrachtung erfolgen. Hierbei ist ein schrittweises Vorgehen vonnöten, weil von den vier zu betrachtenden Zielgrößen eine, zwei oder drei über dem geforderten Konvergenzniveau liegen können. Unbeschadet dieser Tatsache liegt diese Vorgehensweise auch darin begründet, daß wiederum bei gleicher Anzahl von Korrekturgrößen mehrere Kombinationsmöglichkeiten einschließlich unterschiedlicher Politikstrategien berücksichtigt werden müssen.

Die Ergebnisse der bilateralen Konsistenz in bezug auf das Defizit- und das Schuldenkriterium sind, wie die Analyse gezeigt hat, identisch. Wir können deshalb das weitere Vorgehen vereinfachen, wenn beide Kriterien der Haushaltsdisziplin als ein Budgetkriterium (Δb) zusammengefaßt werden. Auf eine erneute Darstellung der wesentlichen ökonomischen Reaktionen einer Geld- bzw. Fiskalpolitik soll verzichtet werden. An dessen Stelle soll die Interpretation der Ergebnisse im Vordergrund stehen. Die nachstehende Zusammenfassung zeigt die Reaktion der Zielvariablen ΔP, Δb, Δe und Δi vom Ausgangsniveau (0), ausgelöst durch die jeweils verfolgte geld- bzw. fiskalpolitische Maßnahme.[19]

[19] Es werden dabei nur die relevanten Politikstrategien aufgeführt, d.h. diejenigen, die von vornherein erfolgversprechend sind.

Tabelle 6.11: Die Wirkungen der Geld- und Fiskalpolitik auf die Zielvariablen ΔP, Δb, Δe und Δi

	ΔP	Δb	Δe	Δi
$+\Delta M$	+	–	+	–
$-\Delta M$	–	+	–	+
$-\Delta N_G$	–	–	(–,0,+)	–
$-\Delta N_G + \Delta M$	0	–	+ 0	–
$-\Delta N_G - \Delta M$	–	–	– 0	0

Diese Übersicht soll den Eingang und das Verständnis für die weiteren Tabellen über die Erfolgsaussichten einer umfassenden Konsistenz erleichtern. Die Ergebnisse können auch aus den Resultaten der bilateralen Konsistenz abgeleitet werden, indem die entsprechenden Teilergebnisse kombiniert werden.

Betrachten wir zunächst ein Land, das bis auf ein Konvergenzkriterium alle anderen erfüllt und nun versucht, mit Hilfe der ihm zur Verfügung stehenden Mittel die Konvergenzprüfung erfolgreich zu absolvieren. Wird es ihm gelingen, wenn die Ökonomie keynesianischen Gesetzen folgt? Die sechs hier dargestellten Fälle zeigen alle denkbaren Zielabweichungen mit einer Korrekturgröße einschließlich der aussichtsreichen Politikstrategien.

Folgendes Ergebnis stellt sich ein: In einem Fall hat das Land Erfolg, in drei Fällen kann es nicht sicher sein, ob es alle Konvergenzkriterien erfüllt, und in zwei Fällen verschlechtert sich sogar das Konvergenzniveau. Lediglich unter der Voraussetzung, daß das Preiskriterium über dem Referenzwert liegt und der Staat eine restriktive Fiskal- und Geldpolitik verfolgt, ist ein erfolgreiches Abschneiden bei der Konvergenzprüfung möglich. Unsicher ist hingegen der Erfolg, wenn ein Mitgliedstaat mit einer restriktiven Finanzpolitik versucht, die Preis-, Budget- oder Zinsentwicklung auf das vorgesehene Zielniveau zu führen, weil die Reaktion des Wechselkurses nicht vorhersehbar ist. Der alleinige Rückgriff auf die Geldpolitik führt auf jeden Fall zum Mißerfolg, gleichgültig ob sie restriktiv oder expansiv ausgerichtet ist.

Tabelle 6.12: Die Erfolgsaussichten einer umfassenden Konsistenz bei einer Korrekturgröße

	ΔPΔbΔeΔi	ΔPΔbΔeΔi	ΔPΔbΔeΔi
Ausgangslage	+ 0 0 0	+ 0 0 0	+ 0 0 0
Politikmaßnahme	$-\Delta M$	$-\Delta N_G$	$-\Delta N_G - \Delta M$
Endzustand	0 + − +	0 − (−,0,+) −	0 0− 0− 0
Zielabweichung	2	0 − 1	0

	ΔPΔbΔeΔi	ΔPΔbΔeΔi	ΔPΔbΔeΔi
Ausgangslage	0 + 0 0	0 0 0 +	0 0 0 +
Politikmaßnahme	$-\Delta N_G$	$+\Delta M$	$-\Delta N_G$
Endzustand	− 0 (−,0,+) −	+ − + 0	− − (−,0,+) 0
Zielabweichung	0 − 1	2	0 − 1

Wenden wir uns nun der Ausgangsfragestellung bei zwei Korrekturgrößen zu. Die Anzahl der denkbaren Zielabweichungskonstellationen ist ungleich größer und die in Frage kommenden Politikmaßnahmen vielschichtiger. Ein optimaler Erfolg ist nur möglich, wenn das Mitgliedsland je nach Ausgangslage das richtige Reformprogramm verfolgt. Fünf verschiedene Maßnahmen sind zu berücksichtigen: $-\Delta N_G$, $-\Delta M$, $+\Delta M$, $-\Delta N_G - \Delta M$ und $-\Delta N_G + \Delta M$. Der Erfolg ist wiederum sehr unterschiedlich.

Tabelle 6.13: Die Erfolgsaussichten einer umfassenden Konsistenz bei zwei Korrekturgrößen

	ΔPΔbΔeΔi	ΔPΔbΔeΔi	ΔPΔbΔeΔi
Ausgangslage	+ + 0 0	+ + 0 0	+ + 0 0
Politikmaßnahme	$-\Delta M$	$-\Delta N_G$	$-\Delta N_G - \Delta M$
Endzustand	0 ++ − +	0 0 (−,0,+) −	0 +0 0− 0
Zielabweichung	2	0 − 1	1

	ΔPΔbΔeΔi	ΔPΔbΔeΔi	ΔPΔbΔeΔi
Ausgangslage	+ 0 0 +	+ 0 0 +	+ 0 0 +
Politikmaßnahme	– ΔM	$-\Delta N_G$	$-\Delta N_G$ – ΔM
Endzustand	0 + – + +	0 – (–,0,+) 0	0 0– 0– +
Zielabweichung	2	0 – 1	1

In keinem Fall kann das Mitgliedsland die zwei über dem vorgeschriebenen Referenzniveau liegenden Zielvariablen sicher auf das notwendige Maß zurückführen. Erneut ist bei drei Grenzfällen mit dem Ergebnis (0–1) die nicht vorhersehbare Reaktion des Wechselkurses die Ursache. Hieran würde sich prinzipiell auch nichts ändern, wenn statt einer Periode ein längerer Zeitraum betrachtet würde. In drei weiteren Fällen ist zumindest der Zustand zu erreichen, daß nur noch ein Konvergenzkriterium unerfüllt bleibt. In fünf von elf Fällen stellt sich jedoch keine Verbesserung ein. Hierbei ist festzuhalten, daß die Kriterien lediglich den Erfüllungsgrad tauschen, d.h. eine Konvergenznorm, die vorher erfüllt wurde, überschreitet jetzt die Konvergenzobergrenze und umgekehrt. Ein höheres Konvergenzniveau wird nicht erreicht. Im Gegensatz zu den Resultaten bei einer Korrekturgröße ist aber kein realistischer Fall denkbar, bei dem sich der Konvergenzgrad verschlechtert.

	ΔPΔbΔeΔi	ΔPΔbΔeΔi	ΔPΔbΔeΔi
Ausgangslage	+ 0 0 +	0 + 0 +	0 + 0 +
Politikmaßnahme	$-\Delta N_G$ + ΔM	– ΔM	$-\Delta N_G$
Endzustand	+ – +0 0	– + + – + +	– 0 (–,0,+) 0
Zielabweichung	2	2	0 – 1

	ΔPΔbΔeΔi	ΔPΔbΔeΔi
Ausgangslage	0 + 0 +	0 + 0 +
Politikmaßnahme	+ ΔM	$-\Delta N_G$ + ΔM
Endzustand	+ 0 + 0	0 0 +0 0
Zielabweichung	2	1

Die Ausgangslage bei drei Korrekturgrößen ist grundsätzlich ΔPΔbΔeΔi = + +0+, weil aus bekannten Gründen Δe = 0 anzunehmen ist. Für den Staat ergeben sich abermals fünf erfolgversprechende Politikmaßnahmen. Welche führt aber zum höchsten Konvergenzniveau?

Tabelle 6.14: Die Erfolgsaussichten einer umfassenden Konsistenz bei drei Korrekturgrößen

	ΔPΔbΔeΔi	ΔPΔbΔeΔi	ΔPΔbΔeΔi
Ausgangslage	+ + 0 +	+ + 0 +	+ + 0 +
Politikmaßnahme	$-\Delta M$	$+\Delta M$	$-\Delta N_G$
Endzustand	0 ++ − ++	++ 0 + 0	0 0 (−,0,+) 0
Zielabweichung	2	2	0 − 1

	ΔPΔbΔeΔi	ΔPΔbΔeΔi
Ausgangslage	+ + 0 +	+ + 0 +
Politikmaßnahme	$-\Delta N_G + \Delta M$	$-\Delta N_G - \Delta M$
Endzustand	+ 0 +0 0	0 0+ 0− +
Zielabweichung	2	2

Wird eine restriktive Fiskalpolitik allein angewendet, können alle drei im Ausgangszustand über dem Referenzmaß liegende Zielvariablen auf das in den Maastrichter Verträgen vereinbarte Konvergenzniveau geführt werden. Allerdings ist die Reaktion des Wechselkurses unbestimmt; die Währung kann aufwerten, im Wert stabil bleiben oder abwerten. Demnach ist eine erfolgversprechende Konvergenzprüfung für das EU-Land nicht sichergestellt. In allen vier weiteren Fällen kann das Konvergenzniveau nur geringfügig verbessert werden; zwei Kriterien bleiben auf jeden Fall unerfüllt. Allerdings ist auch auszuschließen, daß sich der Konvergenzgrad nicht erhöhen wird.

Für unsere Fragestellung hinsichtlich der Erfolgsaussichten einer umfassenden Konsistenz läßt sich aus diesen drei Teilergebnissen die Erkenntnis ableiten, daß der Erfolg der Politikmaßnahmen und damit die Frage nach der Konsistenz der Konvergenzkriterien nur im Zusammenhang mit der verfolgten Strategie der politischen Handlungsträger beantwortet werden kann. Was sich bei der Betrachtung der bilateralen Konsistenz bereits als Ergebnis abzeichnete, findet jetzt seine Bestätigung.

Tabelle 6.15: Die Interdependenzen zwischen den Konvergenzkriterien in einem keynesianischen Modell bei einer Gesamtbetrachtung

	$\Delta P \Delta b \Delta e \Delta i$	$\Delta P \Delta b \Delta e \Delta i$	$\Delta P \Delta b \Delta e \Delta i$	$\Delta P \Delta b \Delta e \Delta i$	$\Delta P \Delta b \Delta e \Delta i$
Politikmaßnahme	$+\Delta M$	$-\Delta M$	$-\Delta N_G$	$-\Delta N_G + \Delta M$	$-\Delta N_G - \Delta M$
Einzelerfolg	1/2 2/2 3/2	1/2 2/2, 2/2 2/2, 3/2	1/0-1 1/0-1, 1/0-1 2/0-1, 2/0-1 2/0-1, 3/0-1	2/2 2/1, 3/2	1/0, 2/1 2/1, 3/2
Gesamterfolg	nein	nein	ja	(ja)	(ja)

Diese Schlußfolgerung beruht auf den zusammenfassenden Ergebnissen der Tabelle 6.15, die die Relevanz der richtigen Wahl der Politikstrategie verdeutlicht. Zu jeder untersuchten Politikmaßnahme sind die einzelnen Fälle der Tabellen 6.12 – 6.14 aufgeführt.

Die Ziffer vor dem Schrägstrich gibt Auskunft über die Zahl der zu korrigierenden Variablen in der Ausgangslage und die Ziffer dahinter über die Anzahl der Konvergenzkriterien, die im Endzustand nicht erfüllt werden. Das Endergebnis der Analyse unter keynesianischen Vorzeichen kann jetzt in der letzten Zeile abgelesen werden. Die Geldpolitik, unabhängig davon, ob sie expansiv oder restriktiv ausgelegt ist, trägt nicht zu einer erfolgreichen Konvergenzstrategie bei; es besteht zwischen den Teilnahmebedingungen Zielkonkurrenz. Allein eine restriktive Fiskalpolitik kann einen Konvergenzerfolg herbeiführen, wenngleich, wie bereits wiederholt gesagt, das Wechselkurskriterium der große Unsicherheitsfaktor bei der Konvergenzprüfung bleibt. Hiervon abgesehen existiert zwischen den Beitrittsvoraussetzungen Zielharmonie. Ein Policy-Mix aus restriktiver Fiskalpolitik und expansiver bzw. restriktiver Geldpolitik führt dagegen lediglich zu Teilerfolgen.

6.3 Die Konsistenz in einem monetaristischen Modellrahmen

6.3.1 Die modelltheoretischen Grundlagen

Die Prüfung der Interdependenzen zwischen den Konvergenzkriterien hat im vorherigen Abschnitt zu dem Ergebnis geführt, daß keine generelle Konsistenzaussage möglich ist und die Frage nach Zielharmonie oder -konkurrenz nur im Zusammenhang mit der verfolgten Politikstrategie beantwortet werden kann. In diesem Untersuchungsabschnitt soll die Frage gestellt werden, inwieweit diese Erkenntnisse auch für ein monetaristisches Modell gelten. Für die politischen Handlungsträger und die Zentralbanken der EU-Staaten ist diese Frage von wesentlicher Bedeutung, wenn es darum geht, das richtige Konvergenzprogramm auszuwählen, um zu den vorgesehenen Zeitpunkten die Konvergenzprüfung zu bestehen. Ihre korrekte Beantwortung setzt wiederum eine einheitliche und allgemein anerkannte Modellstruktur voraus. Es kann auch in diesem Fall nicht darum gehen, alle verschiedenen monetaristischen Theorieansätze darzustellen, geschweige denn, sie im Detail zu analysieren, sondern vielmehr nur darum, ein Standardmodell auszuwählen und seine wesentlichsten Merkmale herauszuarbeiten. Vor diesem Hintergrund gilt es dann erneut, im Einzelfall zu prüfen, ob die Konvergenzkriterien untereinander harmonieren, sich neutral verhalten oder konkurrieren.

Der Güter- und Arbeitsmarkt

Im Gegensatz zum keynesianischen Modell ist dieser Ansatz gekennzeichnet durch eine vollkommene Lohnflexibilität und somit durch ein beständiges Arbeitsmarktgleichgewicht.

(6.14) $N^s = N^d = N_0$

Diese Gleichgewichtsbeziehung gilt auch bei vorhandener Arbeitslosigkeit, die nach monetaristischer Meinung als natürliche Rate der Unterbeschäftigung zu bezeichnen ist. Damit ist das Potential an Erwerbspersonen gemeint, das nicht mit Hilfe der Geld- oder Fiskalpolitik dauerhaft beeinflußt werden kann. Die Monetaristen begründen diese normale Arbeitslosigkeit u.a. mit einer zu geringen Arbeitsmobilität, friktionalen Anpassungsproblemen, Marktunvollkommenheiten, Umstrukturierungsprozessen sowie sozioökonomischen Faktoren. Gleichwohl befindet sich die Volkswirtschaft im Vollbeschäftigungsgleichgewicht

(6.15) $Y^r = Y^{r^*}$,

d.h. die gesamte Produktion kann anders als im keynesianischen Unterbeschäftigungsgleichgewicht jederzeit auf dem Gütermarkt abgesetzt werden. Das reale Sozialprodukt reagiert bei der Annahme vollständig flexibler Preise und Löhne langfristig nicht auf Änderungen der Geldmenge und hierdurch induzierte Veränderungen des nominalen Zinssatzes; die Höhe des BIP wird ausschließlich von realen Faktoren determiniert.

Die Wirksamkeit der Fiskalpolitik ist unter den Monetaristen umstritten. Während Friedman[1] infolge eines totalen crowding–out keine realen Wirkungen erwartet, sind Brunner und Meltzer[2] beispielsweise der Meinung, daß die Fiskalpolitik kurzfristig Realeinkommensveränderungen herbeiführen kann. Um die vorliegende Analyse nicht von vornherein auf eine bestimmte Variante des Monetarismus zu reduzieren, wird im folgendem von der Möglichkeit ausgegangen, daß die Zielvariable Volkseinkommen auch mit Mitteln der Fiskalpolitik zumindest kurzfristig beeinflußt werden kann.

Dieses Modell läßt sich weiterhin durch die Gültigkeit der relativen Kaufkraftparitätentheorie[3] charakterisieren.

$$(6.16) \quad P_i = \alpha\, e_n P_a \qquad \text{mit } \alpha > 0 \ .$$

Sofern der Proportionalitätsfaktor α zu jedem Zeitpunkt konstant bleibt[4], wovon wir in diesem Modell ausgehen, verändert sich der Wechselkurs im Ausmaß der Inflationsdifferenz

$$(6.17) \quad de_n = dP_i - dP_a \ ,$$

---

[1] Vgl. Friedman (1973).

[2] Vgl. Brunner/ Meltzer (1974) und (1976).

[3] Dem Namen nach stammt dieser quantitätstheoretische Ansatz der Wechselkursbestimmung von Cassel (1922). Einige Autoren weisen darauf hin, daß der grundsätzliche Sachverhalt schon wesentlich früher bekannt war, vgl. u.a. Gries (1990). In der absoluten Form entspricht der Wechselkurs dem Verhältnis der Preisniveaus im In- und Ausland. Unter der Voraussetzung eines vollkommenen Weltmarktes, auf dem das Gesetz der Preisgleichheit (law of one price) gilt, bewirkt der Prozeß der Güterarbitrage einen Wechselkurs, bei dem die Kaufkraft des Geldes in beiden Ländern übereinstimmt und somit keine inländischen durch ausländische Güter oder umgekehrt substituiert werden.

[4] Der absolute Wert ist für die anschließende Analyse ohne Bedeutung. Aus Vereinfachungsgründen wird deshalb für alle weiteren Überlegungen immer $\alpha = 1$ gelten; der Aussagegehalt des Modells bleibt hiervon unberührt.

und der reale Wechselkurs bleibt unverändert. Die Variablen des Inlandes sind mit dem Buchstaben i und die des Auslandes mit dem Buchstaben a indiziert. Diesem monetaristischen Modell liegt die Annahme einer kleinen offenen Volkswirtschaft mit flexiblen Wechselkursen zugrunde. Demnach kann das Auslandspreisniveau nicht vom Inland beeinflußt werden; P_a ist somit eine exogene Größe.

Die Budgetgleichung des Staates

$$(6.5) \quad b = G + iB - T$$

ist identisch mit der des vorherigen keynesianischen Modells.

Der Geldmarkt

Ein weiterer Baustein des monetaristischen Theoriegebäudes ist die quantitätstheoretische Erklärung der Preisniveauentwicklung. Ausgangspunkt hierfür ist die Fishersche Verkehrsgleichung

$$(6.18) \quad M \cdot v = Y \cdot P \ .$$

Nach der Quantitätstheorie des Geldes entspricht das Produkt aus Geldmenge (M) und Geldumlaufsgeschwindigkeit (v) dem Produkt aus dem inländischen Preisniveau (P) und dem realen Inlandsprodukt (Y). Demnach führt unter der Annahme v = konst. und einer von der Geldmenge unabhängigen realen Produktion eine Erhöhung der Geldmenge (dM) zu einem gleichgerichteten proportionalen Preisanstieg (dP):[5]

$$(6.19) \quad dM = dP$$

Die Zentralbank kann die nominale, nicht jedoch die reale Geldmenge beeinflussen. Die privaten Haushalte reagieren auf Veränderungen der Geldmenge mit Ausgabenentscheidungen, die den gewünschten Wert an Realkasse wiederherstellen. Das Geldmarktgleichgewicht ist erreicht, wenn die gesamte Geldnachfrage L_r das reale Geldangebot $\frac{M^s}{P}$ absorbiert:

$$(6.20) \quad L_r(\overset{-}{i}, \overset{+}{Y}) = \frac{M^s}{P}$$

Das Angebot an Geld ist in der bekannten Weise als

---

[5] Die Preis- und Wechselkurselastizitäten in bezug auf die Geldmenge sind gleich eins.

(6.21) $M^s = mM_0$ mit $M_0 = H + WR$

und $m = 1$

zu formulieren. Die Geldnachfrage kann alternativ auch als

(6.22) $L_n = k(\overset{-}{i}, \overset{+}{Y})PY^r$

beschrieben werden, wobei k die durchschnittliche Kassenhaltungsdauer angibt. Im Geldmarktgleichgewicht ist das Geldangebot gleich dem Produkt aus dem Kassenhaltungskoeffizienten und dem nominalen Volkseinkommen. Die Wirtschaftssubjekte halten eine von Zins und Realeinkommen abhängige Realkasse.

Nationaler und internationaler Kapitalmarkt

Auf den nationalen Kapitalmärkten entspricht die Zinshöhe den ökonomischen Gesetzmäßigkeiten des Fisher–Theorems:[6]

(6.23) $i_i = r_i^e + dP_i^e$

(6.24) $i_a = r_a^e + dP_a^e$

Wenn die Wirtschaftssubjekte die zukünftige Inflationsrate korrekt erwarten und antizipieren[7], wird sich der Zinssatz im langfristigen Gleichgewicht parallel zum Preisniveau entwickeln. In Veränderungsraten ausgedrückt ergibt sich

(6.25) $di = dP$.

Der Nominalzinsunterschied ist gleich der erwarteten und tatsächlichen Inflationsdifferenz. Dieser Zusammenhang wird ersichtlich, wenn man die Bestimmungsgleichung für das Zinsniveau im Inland (6.23) von der entsprechenden Gleichung für das Ausland (6.24) subtrahiert:

(6.26) $i_i - i_a = dP_i - dP_a$.

Der monetäre Theorieansatz unterstellt einen vollkommenen internationalen Kapitalmarkt und betrachtet in- und ausländische Wertpapiere als

---

[6] Vgl. hierzu auch die ausführliche Darstellung in Kapitel 5.2.1.

[7] In diesem Fall gilt

(a) $dP_i^e = dP_i$ und $dP_a^e = dP_a$.

perfekte Substitute.[8] Die Beziehungen zwischen den Zinssätzen im Inland sowie im Ausland und dem Wechselkurs folgen der Zinsparitätentheorie.[9] Die Bedingung der Zinsparität ist erfüllt, wenn sich in- und ausländische Zinssätze nur um die rational gebildete Wechselkursänderungserwartung voneinander unterscheiden:

$$(6.27)\quad i_i = i_a + \frac{e_n^e - e_n}{e_n} \quad \text{bzw.} \quad i_i - i_a = de_n^e .$$

Die Devisenmärkte bilden ihre Wechselkurserwartungen nach der Kaufkraftparität der Währungen, so daß folgende Gleichung gilt:

$$(6.28)\quad de_n^e = dP_i^e - dP_a^e .$$

Der Wechselkurs ist in dieser Form ein ausschließlich monetäres Phänomen. Reale Faktoren wie beispielsweise eine Einkommensveränderung wirken auf den Wechselkurs lediglich indirekt über die Geldnachfrage gemäß Gleichung (6.22).

In diesem Modell handeln die Wirtschaftssubjekte unter vollkommener Sicherheit, so daß die tatsächliche der erwarteten Änderungsrate der inländischen Währung entspricht:

$$(6.29)\quad de_n^e = de_n .$$

Demnach wird der rational erwartete Wechselkurs bereits heute realisiert und entspricht dem kaufkraftparitätischen Wechselkurs. Im Endergebnis stimmen Kaufkraft- und Zinsparitätentheorie überein und bilden zusammen mit dem Fisher-Theorem ein konsistentes Modellgebäude. Die Geldpolitik steuert über die Geldmenge das Preisniveau und formt damit auch entsprechend der Kaufkraftparitätentheorie die Wechselkurserwartung. Höhere Preise als in den Nachbarstaaten führen auf den Devisenmärkten zu einer Abwertungserwartung, so daß der induzierte Kapitalabfluß nur über ein höheres Zinsniveau gestoppt werden kann. Im Gleichgewichtszustand ist die Zinsparität wieder erfüllt. In diesem Modellrahmen variieren deshalb die Preise, Zinsen und Wechselkurse nach einer Veränderung der Geldmenge prozentual gleich.[10]

---

[8] Die Substitutionselastizität ist gleich unendlich.

[9] Vgl. zu den modelltheoretischen Grundlagen der Zinsparitätentheorie Kapitel 5.3.1.

[10] Die Elastizitäten des Preisniveaus, des Zinssatzes und des Wechselkurses in bezug auf eine Änderung der Geldmenge sind jeweils gleich eins.

Aus den dargestellten modellspezifischen Grundlagen läßt sich jetzt das Gleichgewichtsmodell als ein System von fünf Gleichungen formulieren:

(6.5) $b = G + iB - T$

(6.15) $Y^r = Y^{r^*}$,

(6.16) $P_i = \alpha e_n P_a$ mit $\alpha = 1$

(6.22) $L_n = k(\overset{-}{i}, \overset{+}{Y}) PY^r$

(6.27) $i_i = i_a + \dfrac{e_n^e - e_n}{e_n}$.

Das Gleichungssystem enthält fünf endogene Größen bei fünf Gleichungen, womit das Modell determiniert und lösbar ist, und vier exogene Größen:

Variablen: i, e_n, P, Y, b

Parameter: i_a, P_a, M^s, G .

6.3.2 Die Erfolgsaussichten einer bilateralen Konsistenz

Den Ausgangspunkt der nachfolgenden Untersuchung bilden wiederum die Tabellen 6.1 und 6.2, die einerseits die möglichen Konfliktfelder zwischen den Konvergenzkriterien zusammenstellen und andererseits die jeweiligen Ausgangskonstellationen aufführen. Das weitere Vorgehen orientiert sich an dem bereits bekannten Analyseverfahren, um am Ende der Untersuchung die Ergebnisse beider verwendeten Modelle miteinander vergleichen zu können. Im Unterschied zum vorangehenden Kapitel wird das Budgetkriterium von Anfang an als eine Konvergenzbedingung zusammengefaßt und mit Δb bezeichnet, weil auch in einem monetaristischen Modell übereinstimmende Schlußfolgerungen für die Defizit- und Schuldenquote zu erwarten sind.

Defizit- und Preiskriterium

Die drei Anfangskonstellationen $\Delta b \Delta P$ = +0, 0+ und ++ sind für ein Mitgliedsland die auslösenden Momente einer möglichen Strategie, um ein höheres Konvergenzniveau zu erreichen. Die Regierung des betrachteten Landes ist der Meinung, die Volkswirtschaft folge monetaristischen Gesetzmäßigkeiten, so daß folgende Politikmaßnahmen Bestandteil eines Konvergenzprogramms sein können: Eine restriktive oder expansive Fiskalpolitik, eine restriktive Geldpolitik oder ein Policy-mix-

Ansatz aus restriktiver Fiskal- und Geldpolitik. Betrachten wir zunächst die Ausgangslage $\Delta b \Delta P = +0$. Die Defizitquote ist die einzige zu korrigierende Größe, so daß eine die Ausgaben senkende Nachfragepolitik des Staates angebracht erscheint. Hiermit sinkt sowohl der tatsächliche Neuverschuldungsbedarf als auch das Volkseinkommen.[11] Der Gesamteffekt ist unter den nach wie vor gültigen Annahmen des Kapitels 6.2 eindeutig positiv, d.h. die Defizitquote erreicht das vorgeschriebene Konvergenzniveau. Die zweite Frage ist nun, wie sich die andere Größe ΔP entwickelt. Bei einem nachfragebedingten Rückgang des Realeinkommens im Inland nimmt die reale Geldnachfrage kY^r gemäß Gleichung (6.22) ab. Das Geldmarktgleichgewicht kann nur wiederhergestellt werden, wenn das inländische Preisniveau bei konstantem nominalen Geldangebot steigt. Für unsere Fragestellung ist es dabei unerheblich, ob die erhöhte Preissteigerungsrate noch den Anforderungen des Preiskriteriums genügt, entscheidend ist allein die Wirkungsrichtung. In diesem Fall erzeugt eine restriktive Fiskalpolitik gegenläufige Effekte, so daß es lediglich zu einem Vorzeichenwechsel kommt.

Tabelle 6.16: Die Erfolgsaussichten einer (b,P) - Konsistenz

	$\Delta b \Delta P$	$\Delta b \Delta P$	$\Delta b \Delta P$
Ausgangslage	+ 0	0 +	+ +
Politikmaßnahme	$-\Delta N_G$	$+\Delta N_G$	$-\Delta N_G$
Endzustand	0 +	+ 0	0 ++
Erfolg	nein	nein	nein

Bei einer Ausgangslage von $\Delta b \Delta P = 0+$, bei der das Mitgliedsland mit Hilfe einer expansiven Nachfragepolitik reagiert, stellt sich das Ergebnis in paralleler Weise ein. Die primäre Steuerungsgröße ΔP kann zwar auf das Zielniveau zurückgeführt werden, aber nur um den Preis, daß das Budgetkriterium verletzt wird. Werden zu Beginn beide Konvergenzkriterien nicht erfüllt, bleibt unabhängig von der Ausrichtung der Fiskalpolitik nur die Möglichkeit, sich für ein Kriterium zu entscheiden. Der Zielabweichungsgrad des jeweils anderen Kriteriums erhöht sich (in unserem Beispiel $\Delta b \Delta P = 0\ ++$) sogar noch.

[11] Die vollständige Flexibilität der Preise und Löhne garantiert auch bei einem niedrigeren Sozialprodukt weiterhin Vollbeschäftigung.

Inwieweit sich derartige Zielkollisionen umgehen lassen, wenn statt dessen eine Geldmengenpolitik verfolgt wird, ist jetzt Gegenstand der Untersuchung. Eine Geldmengenreduktion im Inland löst einen Nachfrageüberschuß auf dem Geldmarkt aus, der entsprechend dem quantitätstheoretischen Transmissionsprozeß zu einem Angebotsüberschuß an Gütern führt. Die vollständige Preisflexibilität senkt das Preisniveau, bis das Gütermarktgleichgewicht wiederhergestellt ist.

	ΔbΔP	ΔbΔP	ΔbΔP
Ausgangslage	0 +	+ +	+ +
Politikmaßnahme	$-\Delta M$	$-\Delta M$	$-\Delta N_G - \Delta M$
Endzustand	0 0	+ 0	0 +
Erfolg	ja	nein	nein

In dem monetaristischen Modellrahmen hat eine Geldmengenverknappung keine Wirkung auf das reale Volkseinkommen, sondern ausschließlich Preiseffekte. Mit der Geldpolitik verändert sich mithin weder Zähler noch Nenner der Defizit- oder Schuldenquote, so daß sich das Budgetkriterium insgesamt neutral verhält. Dementsprechend kann der geforderte Endzustand ΔbΔP = 00 nur erreicht werden, wenn sich das Budgetkriterium von vornherein auf dem Zielniveau befindet.

Bei einer Konstellation ΔbΔP = + + erscheint deshalb im ersten Augenblick ein Policy–mix aus restriktiver Fiskal- und Geldpolitik erfolgversprechend: Eine die Ausgaben senkende Finanzpolitik reduziert die Defizitquote, und die kontraktive Geldpolitik senkt das Preisniveau auf das erforderliche Maß. Diese Politikmaßnahme führt jedoch nur zu einem Teilerfolg, weil die preissteigernde Wirkung der Fiskalpolitik die preissenkende Reaktion der Geldpolitik unter der Annahme gleich großer Wirkungen aufhebt. Ein unterschiedlicher Einsatz der Fiskal- und Geldpolitik oder ein mehrperiodiges Konvergenzprogramm aus einer Strategie $-\Delta N_G - \Delta M$ und $-\Delta M$ wären denkbare Lösungsansätze, auf die wir an anderer Stelle noch zurückkommen werden. Vorerst ist die Schlußfolgerung zu ziehen, daß mit Ausnahme der Konstellation ΔbΔP = 0+ weder Geld- noch Fiskalpolitik wirkungsvolle Mittel für einen Konvergenzerfolg darstellen. Zwischen dem Konvergenzkriterium der Preisstabilität und der Budgetdefizite besteht Zielkonkurrenz; sie sind also nicht miteinander konsistent.

EWS-Kriterium und Preis-, Budget- und Zins-kriterium

In einem weiteren Schritt sind jetzt alle Fragen in Verbindung mit dem Wechselkurskriterium zu behandeln. Wir werden dabei die Fälle ΔeΔP = 0+ und ΔeΔi = 0+ zusammen betrachten. Diese Vorgehensweise wird durch die dargestellten Modellzusammenhänge verständlich, wonach eine Variation der Geldmenge zu einer prozentual gleich großen Reaktion der Preise, der Zinsen und des Wechselkurses führt. Damit kann das Ergebnis bereits vorweggenommen werden. Das Preisniveau wird auf den gewünschten Konvergenzgrad sinken und die Währung aufwerten. Die ökonomischen Zusammenhänge können folgendermaßen verbalisiert werden. Die kontraktive Geldpolitik reduziert die Nachfrage auf dem Gütermarkt in Folge kurzfristiger Zins- und Realkasseneffekte. Die Flexibilität der Preise sorgt über eine Senkung des Preisniveaus umgehend für ein neues Marktgleichgewicht. Im Verhältnis zu den ausländischen Gütern existiert jetzt allerdings ein inländischer Preisvorteil, so daß die Wirtschaftssubjekte Auslandsgüter gegen Inlandsgüter substituieren werden. Der so induzierte Exportanstieg und Importrückgang führt auf dem Devisenmarkt zu einer Aufwertung der heimischen Währung. Dieser Prozeß der Güterarbitrage findet in dem Moment sein Ende, wo wieder Preisparität zwischen In- und Ausland herrscht. Die Reaktion des Zinssatzes wird langfristig durch die Fisher–Relation determiniert: Der Zins reduziert sich parallel zum sinkenden Preisniveau. Als Ergebnis erhalten wir die identische Konstellation ΔeΔP = –0 und ΔeΔi = –0, d.h. die Politik der Zentralbank hat Erfolg gehabt.

Tabelle 6.17:
Die Erfolgsaussichten einer (e,P)-, (e,b)-, (e,B)-, (e,i)- Konsistenz

	ΔeΔP	ΔeΔi	ΔeΔP
Ausgangslage	0 +	0 +	0 +
Politikmaßnahme	– ΔM	– ΔM	$+ \Delta N_G$
Endzustand	– 0	– 0	– 0
Erfolg	ja	ja	ja

Es bleibt dabei aber zu berücksichtigen, daß zwar ein Land dem gefordertem Konvergenzniveau näher gekommen ist, in bezug auf das EWS-Kriterium allerdings auf Kosten der anderen EU–Staaten. Der Währungsaufwertung in dem betrachteten Mitgliedstaat steht eine Abwertung aller anderen Währungen gegenüber. Bei länderspezifischer Betrachtungsweise muß als Ergebnis jedoch eine Konsistenz des Wechselkurskriteriums mit dem Preis- bzw. Zinskriterium konstatiert werden.

Inwieweit dieses Ergebnis auch für eine Fiskalpolitik Gültigkeit besitzt, ist jetzt Gegenstand der Untersuchung. Betrachten wir hierzu die einzig erfolgversprechende Strategie einer expansiven Fiskalpolitik. Die zusätzliche staatliche Nachfrage erhöht das Realeinkommen, das wiederum gemäß der Geldnachfragefunktion in Gleichung (6.22) zu einem Anstieg der realen Geldnachfrage führt. Bei gegebenem Geldangebot kann das Gleichgewicht auf dem Geldmarkt nur über ein gesunkenes Preisniveau hergestellt werden. Der Wechselkurs reagiert entsprechend der Kaufkraftparität und sinkt bzw. die Währung wertet auf, während der Zinssatz wiederum der Fishergleichung zufolge sinkt. Ein anderer möglicher Anpassungsprozeß könnte mit Hilfe einer Realkassenreaktion formuliert werden. Das gestiegene reale Volkseinkommen als Folge der Produktionsausweitung erhöht den Bedarf an Realkasse. Die Wirtschaftssubjekte reduzieren daraufhin die Güternachfrage, damit fällt das Preisniveau, und zwar so lange, bis der tatsächliche dem gewünschten Kassenbestand entspricht. Die Preisniveausenkung führt wieder zu der beschriebenen Reaktion des Wechselkurses bzw. des Zinssatzes. Dieses Ergebnis steht diametral entgegengesetzt zu den vorherigen Resultaten bei einem keynesianischen Denkansatz. Während die Keynesianer infolge eines Anstiegs des Sozialprodukts in der Regel eine Preiserhöhung, eine Währungsabwertung und einen Zinsanstieg erwarten, ist es in einem monetaristischen Modellrahmen gerade umgekehrt: die Preise sinken, die Währung wertet auf und der Zinssatz reduziert sich.

Zusammenfassend gilt für die Fiskalpolitik das gleiche Ergebnis wie für die Geldpolitik. Die Abweichungskonstellationen in der Ausgangslage kann erfolgreich auf den Endzustand $\Delta e \Delta P = -0$ und $\Delta e \Delta i = -0$ geführt werden, d.h. es besteht zwischen Preis-, Zins- und Wechselkurskriterium Zielharmonie.

	$\Delta e \Delta i$	$\Delta e \Delta b$	$\Delta e \Delta b$
Ausgangslage	0 +	0 +	0 +
Politikmaßnahme	$+\Delta N_G$	$-\Delta N_G$	$-\Delta N_G - \Delta M$
Endzustand	− 0	+ 0	0 0
Erfolg	ja	nein	ja

In einem weiteren Schritt wird jetzt der Versuch unternommen, die Beziehung zwischen dem EWS- und dem Haushaltskriterium zu analysieren, um auch aus diesen Konsistenzergebnissen Schlußfolgerungen für ein sinnvolles Konvergenzprogramm ableiten zu können. Bei einer Ausgangslage $\Delta e \Delta b = 0+$ erscheint allein eine die Ausgaben senkende Haushaltspolitik des Staates zum Erfolg zu führen, weil sich der Wechselkurs bereits auf dem Zielniveau befindet. Unter der Voraussetzung eines prozentual stärkeren Rückgangs der Neuverschuldung gegenüber dem Sozialprodukt verringert sich die Defizitquote und erreicht unter der Annahme eines ausreichenden Politikeinsatzes das geforderte Zielniveau. Der Staat muß darüber hinaus aber auch die Reaktion der sekundären Steuerungsvariablen Δe beachten. Die staatliche Ausgabensenkung reduziert die Nachfrage nach Inlandsgütern und verringert infolgedessen das Sozialprodukt. Diese exogenen Störungen führen ein Überschußangebot an Geld herbei und bewirken als Folge des wiederholt geschilderten Realkasseneffekts eine Überschußnachfrage nach Auslandswährung am Devisenmarkt. Der Wechselkurs steigt, d.h. die heimische Währung wertet ab, bis sich ein neues Gleichgewicht einstellt. Diese Wechselkursreaktion ist allerdings unerwünscht, weil jetzt das Kriterium der Wechselkursstabilität nicht mehr erfüllt wird. Somit hat sich der Erfolgsgrad insgesamt nicht erhöht, lediglich die Vorzeichen haben gewechselt.

Ziel einer weitergehenden Strategie muß es deshalb sein, die erreichte Zielverfehlung $\Delta e \Delta b = +0$ auf $\Delta e \Delta b = 00$ zu korrigieren. Dazu muß eine Maßnahme gefunden werden, die den Wechselkurs auf das erforderliche Niveau führt, ohne gleichzeitig wieder Δb in die entgegengesetzte Richtung zu beeinflussen. Offensichtlich kann eine restriktive Geldpolitik eine Währungsaufwertung herbeiführen, ohne langfristig das Sozialprodukt und damit das Budgetkriterium negativ zu tangieren. Eine erfolgreiche Politikstrategie verlangt also einen kombinierten Einsatz aus restriktiver Fiskal- und Geldpolitik, andernfalls ist zwischen beiden Eintrittsvoraussetzungen einer zukünftigen WWU keine Konsistenz zu erzielen.

Zins- und Preiskriterium

Bei der Betrachtung der bilateralen Konsistenz von Zins- und Preiskriterium sind erneut zwei grundlegende Fragen zu beantworten. Einmal ist zu prüfen, ob die Geldpolitik eine vorgegebene Zielabweichung erfolgreich korrigieren kann, und zum anderen, ob die Fiskalpolitik Bestandteil eines erfolgversprechenden Konvergenzprogramms sein kann.

Tabelle 6.18: Die Erfolgsaussichten einer (i,P) - Konsistenz

	ΔiΔP	ΔiΔP	ΔiΔP
Ausgangslage	+ 0	0 +	+ +
Politikmaßnahme	– ΔM	– ΔM	– ΔM
Endzustand	0 –	– 0	0 0
Erfolg	ja	ja	ja

Folgende Kombinationen sind denkbar: Entweder ist das Zins- bzw. Preisniveau zu hoch oder beide Zielvariablen weichen gleichzeitig vom Referenzwert ab. Die Geldpolitik kann die umlaufende Geldmenge reduzieren und führt somit bei entsprechender Stärke der Maßnahme die Inflationsrate unter die Konvergenzobergrenze zurück. Zu diesem Preisniveau steigt auf dem Kapitalmarkt das Angebot an, bis ein niedrigeres Zinsniveau wieder einen Gleichgewichtszustand herbeiführt. Beide Zielvariablen bewegen sich demnach gemäß dem Fisher–Theorem in die gleiche Richtung, so daß in allen drei aufgeführten Fällen das Zielniveau erreicht oder sogar unterschritten wird.

	ΔiΔP	ΔiΔP	ΔiΔP
Ausgangslage	+ 0	0 +	+ +
Politikmaßnahme	+ ΔN_G	+ ΔN_G	+ ΔN_G
Endzustand	0 –	– 0	0 0
Erfolg	ja	ja	ja

Eine derartige Zielharmonie stellt sich auch bei einer expansiven Fiskalpolitik ein. Sie erhöht das Realeinkommen, so daß die Wirtschaftssubjekte ihre Realkasse für zu gering halten und deshalb die Nachfrage auf dem Gütermarkt reduzieren, um so die gewünschte Kassenhaltung zu realisieren. Aufgrund der Preisflexibilität sinken die Preise bis zum Gleichgewichtswert der Realkasse. Entsprechend dem Fisher–Theorem sinken im gleichen Ausmaß auch die Nominalzinsen. Mit der Fiskalpolitik können folglich beide Zielvariablen auf das erforderliche Konvergenzniveau geführt werden. Insgesamt betrachtet, besteht zwischen dem Zins- und Preiskriterium unabhängig von der konkret gewählten Politikstrategie immer Zielharmonie; sie sind beide miteinander konsistent.

Zins- und Defizitkriterium

In einem letzten Analyseschritt innerhalb der bilateralen Betrachtungsweise soll ein Blick auf das Verhältnis von Zinssatz und Defizitquote geworfen werden. Dazu sind im weiteren drei verschiedene Anfangsbedingungen zu betrachten. Entweder weicht der Zins oder das Budgetdefizit von dem Zielniveau ab, und die jeweils andere Größe befindet sich auf dem geforderten Standard, oder als dritte Möglichkeit überschreiten beide Zielgrößen die Referenzwerte. Die Frage ist nach wie vor, ob und inwieweit geld- oder fiskalpolitische Maßnahmen oder ein Policy–Mix aus beidem geeignet sind, Zins und Verschuldungsgrad in Richtung auf die jeweilige Konvergenzobergrenze zu führen, um hieraus Schlußfolgerungen hinsichtlich der Konsistenzeigenschaften ziehen zu können.

Bei einer Ausgangskonstellation ΔiΔb = +0 hat der Staat zwei Möglichkeiten, um mindestens das Zielniveau ΔiΔb = 00 zu erreichen. Eine restriktive Geldpolitik reduziert aus der Sicht der Monetaristen aufgrund quantitätstheoretischer Anpassungsvorgänge das Preisniveau und infolgedessen Zinsniveau, wie es das Fisher–Theorem verlangt. Die monetären Faktoren haben, wie gesagt, keinen Einfluß auf die realen Wirtschaftsgrößen. Eine Veränderung der Geldmengenwachstumsrate bestimmt die erwartete Inflationsrate und die Lohnforderungen der Wirtschaftssubjekte. Die Steigerungsrate des Geldlohnsatzes entspricht der Geldmengenänderung, und das Volkseinkommen sowie das Beschäftigungsniveau verbleiben auf dem langfristigen Gleichgewichtsniveau. Damit ist es dem Mitgliedstaat möglich, positiven Einfluß auf den Zinssatz zu nehmen, ohne gleichzeitig Gefahr zu laufen, die zweite Zielgröße vom bereits erreichten Zielniveau wegzuführen.

Tabelle 6.19: Die Erfolgsaussichten einer (i,b) - Konsistenz

	ΔiΔb	ΔiΔb	ΔiΔb
Ausgangslage	+ 0	+ 0	0 +
Politikmaßnahme	– ΔM	+ ΔN_G	– ΔN_G
Endzustand	0 0	0 +	+ 0
Erfolg	ja	nein	nein

Die zweite Möglichkeit, um den Nominalzins zu reduzieren, besteht in einer expansiven Fiskalpolitik. In diesem Fall kann zwar der Zinssatz im geforderten Maße beeinflußt werden, hingegen wird die Defizitquote in die "falsche" Richtung gelenkt. Im Endergebnis kommt es lediglich zu einem Vorzeichenwechsel; ein höheres Konvergenzniveau ist nicht erreichbar.

Wie sind jetzt die Erfolgsaussichten bei einer umgekehrten Ausgangslage $\Delta i \Delta b = 0+$? Diese Konstellation kann der Staat zunächst mit Mittel einer die Ausgaben reduzierenden Finanzpolitik bewältigen, die die Neuverschuldungshöhe auf das abverlangte Niveau zurückführt, so daß die Defizitquote unter den formulierten Annahmen trotz geringeren Sozialprodukts sinkt. Er muß aber feststellen, daß sich der nominale Zins gemäß der Fisher–Relation als Folge des geldmarktinduzierten Preisanstiegs erhöht hat. Ein Ausweg aus dieser Dilemmasituation ist nur möglich, wenn die in diesem Fall passive Größe Δi auf dem bereits ausreichenden Konvergenzniveau verbleibt. Betrachten wir hierzu als Lösungsansatz einen Policy–Mix aus restriktiver Geld- und Fiskalpolitik. Der anfängliche Mißerfolg einer ausschließlich auf das Budgetkriterium zielenden Strategie führt jetzt zum gewünschten Erfolg, weil die Geldmengenreduzierung die fiskalpolitische Wirkung auf den Zinssatz neutralisiert, ohne gleichzeitig die Neuverschuldungsquote negativ zu tangieren.

	$\Delta i \Delta b$	$\Delta i \Delta b$	$\Delta i \Delta b$	$\Delta i \Delta b$
Ausgangslage	0 +	+ +	+ +	+ +
Politikmaßnahme	$-\Delta N_G - \Delta M$	$-\Delta N_G$	$-\Delta M$	$-\Delta N_G - \Delta M$
Endzustand	0 0	++ 0	0 +	+ 0
Erfolg	ja	nein	nein	nein

Die Anforderungen sind für ein Mitgliedsland bei einer Ausgangslage $\Delta i \Delta b = ++$ ungleich höher, weil es eine Politikmaßnahme erfordert, die beide Zielvariablen auf das Zielniveau führt. Nach monetaristischen Vorstellungen kommen hierfür folgende Möglichkeiten in Betracht: $-\Delta N_G$, $-\Delta M$ und $-\Delta N_G - \Delta M$. Dennoch vermag keine der aufgeführten Strategien eine vollständige Konvergenz beider Kriterien zu ermöglichen. Die restriktive Fiskalpolitik beeinflußt zwar das Budgetkriterium positiv, allerdings um den Preis eines höheren Zinssatzes. Eine Geldmengenreduzierung ist zwar hinsichtlich des Zinskriteriums erfolgreich, bei der Budgetnorm bleibt allerdings der anfängliche Mißerfolg bestehen. Ein kombinierter Einsatz von restriktiver Fiskal- und Geldpolitik führt im Gegensatz zu der behandelten Ausgangskonstellation $\Delta i \Delta b = 0+$ nicht zum endgültigen Erfolg, weil sich unter der Annahme gleichgewichteter Wirkungen der fiskal- und geldpolitischen Maßnahmen beide Einflüsse auf den Nominalzins gegenseitig aufheben, d.h. der bestehende Zinssatz verharrt auf dem Ausgangsniveau.

Der Staat kann somit insgesamt betrachtet die beiden Zielgrößen Zins und Defizitquote nur im Ausnahmefall gleichzeitig in die geforderte Richtung beeinflussen. Das Zins- und Budgetkriterium sind nur teilweise miteinander konsistent; im Regelfall besteht zwischen beiden Beitrittsbedingungen bei einer einperiodigen Betrachtungsweise Zielkonkurrenz.

Zusammenfassung der Ergebnisse

Vor dem Hintergrund der Reaktionsmuster aus den einzelnen Unterabschnitten kann jetzt in einer Zusammenfassung der Resultate eine Antwort auf die Frage nach der bilateralen Konsistenz der Konvergenzkriterien in einem monetaristischen Modellrahmen gefunden werden. Dazu tragen wir wieder in Anlehnung an die Vorgehensweise in einem keynesianischen Modell die jeweiligen Teilergebnisse in die Tabelle 6.1 ein. Aus Gründen der Vereinfachung sind die Teilbedingungen des Budgetkriteriums zusammengefaßt worden. Die Übersichtstabelle 6.20 ist dementsprechend ohne die Unterteilung in eine Defizit- und Schuldenquote aufgebaut.

Tabelle 6.20: Die Interdependenzen zwischen den Konvergenzkriterien

Preisstabilität				
Haushalts-disziplin	– (+)			
Wechsel-kursstabilität	+	– +		
Langfristige Zinssätze	+	– (+)	+	
	Preisstabilität	Haushalts-disziplin	Wechsel-kursstabiltät	Langfristige Zinssätze

Legende:

+ = Konvergenzkriterien sind konsistent
– = Konvergenzkriterien sind nicht konsistent
– + = Konsistenz abhängig von der verfolgten Politikstrategie
–(+) = überwiegend keine Konsistenz

Im Unterschied zum vorangehenden Modell, bei dem das Gesamtergebnis wenig homogen ausfiel, sind jetzt eindeutigere Schlußfolgerungen möglich, von denen nur die drei wichtigsten genannt seien: Erstens kann in allen Fällen unter der Voraussetzung einer bestimmten Ausgangslage und unter Verwendung einer geeigneten Strategie das geforderte Zielniveau grundsätzlich erreicht werden, so daß es für einen Mitgliedstaat nicht von vornherein unmöglich ist, alle Maastricht–Kriterien zu erfüllen. Zweitens ist zwischen dem EWS- und Preiskriterium, dem Zins- und Preiskriterium und zwischen dem Zins- und EWS–Kriterium immer Zielharmonie vorhanden und damit eine zweifelsfreie Konsistenz dieser Konvergenzkriterien festzustellen. In den drei anderen Fällen der Tabelle 6.21 sind die jeweiligen Konvergenzbedingungen sowohl konsistent als auch nicht konsistent. Das Ergebnis hängt von der verfolgten Politikmaßnahme ab, wobei das Symbol (+) darauf hinweist, daß eine Zielkomplementarität nur im Ausnahmefall vorzufinden ist. Drittens ist keine Konstellation denkbar, bei der die bilaterale Konsistenz der Kriterien nicht genau bestimmbar wäre.

Aber schon der Begriff der bilateralen Konsistenz macht auch hier deutlich, worauf wir bereits an gleicher Stelle im keynesianischen Modell hingewiesen haben. Für eine abschließende Interpretation der Interdependenzen ist darüber hinaus auch eine mehrdimensionale Betrachtungsweise vonnöten, die deshalb im nächsten Kapitel vorgenommen wird.

6.3.3 Die Erfolgsaussichten einer umfassenden Konsistenz

Ausgangspunkt der weiteren Überlegungen zu einer allgemeinen Betrachtung der Interdependenzen ist wiederum die folgende Tabelle, die alle für die weitere Analyse geeigneten Politikmaßnahmen einschließlich ihrer Wirkungen auf die Zielvariablen aufführt.

Tabelle 6.21: Die Wirkungen der Geld- und Fiskalpolitik auf die Zielvariablen ΔP, Δb, Δe und Δi

	ΔP	Δb	Δe	Δi
$-\Delta M$	–	0	–	–
$+\Delta N_G$	–	+	–	–
$-\Delta N_G$	+	–	+	+
$-\Delta N_G - \Delta M$	0	–	0	0

Sie zeigt, in welche Richtung sich die Größen ΔP, Δb, Δe und Δi von einer neutralen Ausgangslage (0) bewegen, wenn eine der in der linken Spalte aufgeführten fiskal- und/ oder geldpolitischen Strategien angewendet wird. Das weitere Vorgehen ist wie im ersten Modell keynesianischer Prägung nach der Anzahl der Korrekturgrößen gegliedert, um so eine übersichtliche und vergleichende Analyse vornehmen zu können. Wir betrachten dabei nur eine Periode. Inwieweit ein anfänglicher Mißerfolg durch ein mehrjähriges Konvergenzprogramm beseitigt werden kann, wird Gegenstand einer gesonderten Betrachtung am Ende dieses Kapitels sein.

Im ersten Fall gibt es nur eine Zielvariable, die auf das vorgeschriebene Konvergenzniveau geführt werden muß, alle anderen erfüllen die Anforderungen der Maastrichter Verträge. Unter Berücksichtigung nur der erfolgversprechenden Maßnahmen sind acht Zielabweichungskonstellationen zu betrachten.

Tabelle 6.22: Die Erfolgsaussichten einer umfassenden Konsistenz bei einer Korrekturgröße

	ΔPΔbΔeΔi	ΔPΔbΔeΔi	ΔPΔbΔeΔi
Ausgangslage	+ 0 0 0	+ 0 0 0	+ 0 0 0
Politikmaßnahme	$-\Delta M$	$+\Delta N_G$	$-\Delta N_G - \Delta M$
Endzustand	0 0 – –	0 + – –	+ – 0 0
Zielabweichung	0	1	1

	ΔPΔbΔeΔi	ΔPΔbΔeΔi	ΔPΔbΔeΔi
Ausgangslage	0 + 0 0	0 + 0 0	0 0 0 +
Politikmaßnahme	$-\Delta N_G$	$-\Delta N_G - \Delta M$	$+\Delta N_G$
Endzustand	+ 0 + +	0 0 0 0	– + – 0
Zielabweichung	3	0	1

	ΔPΔbΔeΔi	ΔPΔbΔeΔi
Ausgangslage	0 0 0 +	0 0 0 +
Politikmaßnahme	$-\Delta M$	$-\Delta N_G - \Delta M$
Endzustand	– 0 – 0	0 – 0 +
Zielabweichung	0	1

In drei Fällen hat der Politikeinsatz Erfolg, in drei weiteren kann das Konvergenzniveau nicht erhöht werden, und bei der Konstellation ΔPΔbΔeΔi = 0+00 verschlechtert sich der Zielerreichungsgrad. Hier befindet sich ein Mitgliedstaat in einem Dilemma, weil es nur mit Hilfe einer restriktiven Fiskalpolitik das Konvergenzkriterium der Budgetdefizite erfüllen kann, gleichzeitig mit dieser Maßnahme aber alle anderen drei Kriterien wieder von dem bereits erreichten Konvergenzgrad abweichen. Dieser Fall ist für einen EU-Staat nur lösbar, wenn gleichzeitig eine restriktive Geldpolitik verfolgt wird. In bezug auf das Preis-, Wechselkurs- und Zinskriterium heben sich dann die entgegengesetzten Wirkungen auf, und das Budgetkriterium wird allein von der Fiskalpolitik auf das geforderte Zielniveau geführt, weil die Geldpolitik in einem monetaristischen Modell, wie eingangs erläutert, dauerhaft keine realen Wirkungen hervorruft.

Betrachten wir als nächstes die Erfolgsaussichten einer umfassenden Konsistenz bei zwei Korrekturgrößen. Hierbei sind insgesamt zehn verschiedene Abweichungskonstellationen und vier unterschiedliche Anpassungsstrategien zu berücksichtigen.

Tabelle 6.23: Die Erfolgsaussichten einer umfassenden Konsistenz bei zwei Korrekturgrößen

	ΔPΔbΔeΔi	ΔPΔbΔeΔi	ΔPΔbΔeΔi
Ausgangslage	+ + 0 0	+ + 0 0	+ + 0 0
Politikmaßnahme	$-\Delta M$	$+\Delta N_G$	$-\Delta N_G$
Endzustand	0 + − −	0 ++ − −	++ 0 + +
Zielabweichung	1	1	3

	ΔPΔbΔeΔi	ΔPΔbΔeΔi	ΔPΔbΔeΔi
Ausgangslage	+ + 0 0	+ 0 0 +	+ 0 0 +
Politikmaßnahme	$-\Delta N_G - \Delta M$	$+\Delta N_G$	$-\Delta M$
Endzustand	+ 0 0 0	0 + − 0	0 0 − 0
Zielabweichung	1	1	0

	ΔPΔbΔeΔi	ΔPΔbΔeΔi
Ausgangslage	0 + 0 +	0 + 0 +
Politikmaßnahme	$-\Delta M$	$-\Delta N_G$
Endzustand	− + − 0	+ 0 + ++
Zielabweichung	1	3

	ΔPΔbΔeΔi	ΔPΔbΔeΔi
Ausgangslage	0 + 0 +	0 + 0 +
Politikmaßnahme	$+\Delta N_G$	$-\Delta N_G - \Delta M$
Endzustand	− ++ − 0	0 0 0 +
Zielabweichung	1	1

Die Ergebnisse sind uneinheitlich. In einem einzigen Fall hat das betrachtete Mitgliedsland die Möglichkeit, alle vier Konvergenzkriterien gleichzeitig zu erfüllen. In sieben anderen Fällen ist lediglich ein Teilerfolg zu registrieren, d.h. ein Stabilitätskriterium wird weiterhin nicht erfüllt, wobei der Budgetnorm in fünf von diesen Fällen nicht entsprochen wird. Will ein Mitgliedstaat dieses Beurteilungskriterium erfüllen und verfolgt deshalb eine restriktive Fiskalpolitik, so ist ein diesbezüglicher Erfolg zwar theoretisch möglich, dafür weichen jetzt wiederum die drei restlichen Variablen vom Zielniveau ab, d.h. das Konvergenzniveau insgesamt verschlechtert sich in diesen zwei letzten relevanten Fällen gegenüber dem Ausgangsniveau.

Die letzten fünf Fälle zeigen alle zu berücksichtigenden Zielabweichungskonstellationen bei drei zu korrigierenden Variablen und jeweils die hierzu erfolgversprechenden Politikmaßnahmen. Die Reaktion der Zielgrößen ist auch in diesem Fall nicht immer einheitlich.

Tabelle 6.24: Die Erfolgsaussichten einer umfassenden Konsistenz bei drei Korrekturgrößen

	ΔPΔbΔeΔi	ΔPΔbΔeΔi	ΔPΔbΔeΔi
Ausgangslage	+ + 0 +	+ + 0 +	+ + 0 +
Politikmaßnahme	$-\Delta M$	$+\Delta N_G$	$-\Delta N_G$
Endzustand	0 + − 0	0 ++ − 0	++ 0 + ++
Zielabweichung	1	1	3

	$\Delta P \Delta b \Delta e \Delta i$	$\Delta P \Delta b \Delta e \Delta i$
Ausgangslage	+ + 0 +	+ + 0 +
Politikmaßnahme	$-\Delta N_G - \Delta M$	$-\Delta N_G - \Delta M^2$
Endzustand	+ 0 0 +	0 0 − 0
Zielabweichung	2	0

Zweimal kann das Land bis auf das Kriterium der Haushaltsdisziplin allen weiteren Anforderungen entsprechen. Jeweils einmal werden zwei bzw. drei Auswahlkriterien verfehlt. Damit stellt sich die Frage, ob und, wenn ja, wie ein Mitgliedstaat trotzdem alle vier Zugangskriterien zur Europäischen Währungsunion erfüllen kann? Betrachten wir hierzu als Einstieg in eine weiterführende Diskussion den letzten der angeführten Fälle. Die dargestellte Konvergenzmaßnahme $-\Delta N_G - \Delta M^2$ besteht aus einer kombinierten Strategie über zwei Perioden. In einer Periode verfolgt der Staat eine restriktive Fiskal- und Geldpolitik und in einer anderen Periode nur eine restriktive Geldpolitik, wobei die Reihenfolge für den Ausgang unerheblich ist. Theoretisch könnte dieses Strategiepaket auch sofort verwirklicht werden, angesichts der geldpolitischen "Vollbremsung" ist hiermit allerdings realistischerweise nicht zu rechnen. Für unsere Fragestellung ist ohnehin nur relevant, ob das Mitgliedsland insgesamt die aufgestellten Schwellenwerte unterschreiten kann. Die angeführte Maßnahme ist hierfür geeignet, was die Schlußfolgerung zuläßt, daß kein Dilemma–Fall existiert, bei dem auch eine mehrperiodige Strategie nicht zum Ziel geführt hätte.

Die drei Teilergebnisse einer umfassenden Konsistenzbetrachtung sind in der bereits aus dem keynesianischen Modell bekannten Tabelle aufgeführt.

Tabelle 6.25: Die Interdependenzen zwischen den Konvergenzkriterien in einem monetaristischen Modell bei einer Gesamtbetrachtung

	$\Delta P \Delta b \Delta e \Delta i$	$\Delta P \Delta b \Delta e \Delta i$	$\Delta P \Delta b \Delta e \Delta i$	$\Delta P \Delta b \Delta e \Delta i$
Politikmaßnahme	$-\Delta M$	$+\Delta N_G$	$-\Delta N_G$	$-\Delta N_G - \Delta M$
Einzelerfolg	1/0, 1/0 2/1, 2/0 2/1, 3/1	1/1 1/1, 2/1 2/1, 3/1	1/3, 2/3 3/3, 2/3	1/1 1/0, 2/1 2/1, 3/2
Gesamterfolg	ja	(ja)	nein	(ja)

In der ersten Zeile sind wiederum die verfolgten Politikmaßnahmen und in den beiden folgenden Zeilen der daraus resultierende Einzel- und Gesamterfolg aufgeführt. Die erste Ziffer beinhaltet wie gehabt die Anzahl der Korrekturgrößen in der Ausgangslage, und die hinter dem Schrägstrich stehende Größe sagt aus, wie viele Zielvariablen nach erfolgter Konvergenzstrategie nicht unter den beschlossenen Referenzwerten liegen.

Das Endergebnis lautet dann wie folgt: Die besten Erfolgsaussichten ergeben sich für einen Staat der Europäischen Union, wenn er eine restriktive Geldpolitik verfolgt. Mit Einschränkungen gilt diese Aussage auch für eine expansive Fiskalpolitik und für einen Policy–mix aus restriktiver Fiskal- und Geldpolitik. Wenngleich den Konvergenzanforderungen nicht in allen Punkten sofort Genüge getan werden kann, so entwickeln sich die Zielvariablen aber zumindest auf das geforderte Konvergenzniveau hin und erreichen unter Umständen auch nach einem längeren Anpassungszeitraum alle Schwellenwerte. Hiervon ist eine restriktive Fiskalpolitik, die in drei von vier Fällen den bereits erreichten Erfüllungsgrad noch verschlechtert, auszunehmen. Die Ergebnisse in einem Modell monetaristischer Prägung unterscheiden sich somit diametral von denen keynesianischer Prägung.

7. Schlußbemerkungen

Die Konvergenzkriterien sind für den Einstieg in die Europäische Wirtschafts- und Währungsunion von großer Bedeutung, weil davon ausgegangen werden kann, daß der Erfolg einer einheitlichen europäischen Währung von der Zusammensetzung der Länder in dem geplanten Währungsverbund abhängt. Ziel der vorliegenden Arbeit war es, neben einer inhaltlichen Darstellung spezielle Probleme in bezug auf jedes einzelne Kriterium herauszugreifen und die Konvergenzkriterien insgesamt auf ihre Konsistenz hin zu überprüfen.

Das Kriterium der Preisstabilität wurde danach beurteilt, ob die Feststellung der Konvergenz auf der Basis von Konsumentenpreisen diejenigen Mitgliedstaaten zu einer Währungsunion zusammenschließt, die unter ökonomischen Gesichtspunkten einen geeigneten Währungsraum bilden. Diese Frage wurde mit Hilfe eines Modells beantwortet, das in erster Linie auf die preisliche Wettbewerbsfähigkeit eines Landes abzielte. Hiermit konnte nachgewiesen werden, daß Fälle denkbar sind, in denen Mitgliedstaaten von einer Teilnahme an der Währungsunion ausgeschlossen werden, weil ihre allgemeine Preissteigerungsrate über dem geforderten Konvergenzniveau liegt, sie aber tatsächlich auf den Wechselkurs als Anpassungsvariable besser verzichten könnten als andere Mitgliedsländer, die sich für eine Teilnahme qualifizieren, obwohl ihre Volkswirtschaft sukzessive an Wettbewerbsfähigkeit verlieren würde.

Das Kriterium der Budgetdefizite verlangt von jedem Mitgliedstaat eine tragbare Haushaltsführung. In diesem Kapitel stand im Mittelpunkt der Betrachtungen die Frage, ob diese Forderung überhaupt an der Defizit- und Schuldenquote abgelesen werden kann. Mit Hilfe des Modells einer tragbaren Staatsverschuldung von Blanchard konnte der Primärsaldo als eine geeignete Größe zur Feststellung einer angemessenen Fiskalpolitik ermittelt werden, weil darin der Einfluß der Zinsen und des wirtschaftlichen Wachstums einer Volkswirtschaft auf den Grad der noch tolerierbaren Verschuldungspolitik berücksichtigt wird. Weiterhin konnte in diesem Zusammenhang festgestellt werden, daß die vorgesehenen Referenzwerte für die Defizit- und Schuldenquote nur dann ein in sich schlüssiges Konzept darstellen, wenn bestimmte Annahmen über die Höhe des Zinssatzes und der Wachstumsrate des Bruttoinlandsprodukts getroffen werden.

Ausgangspunkt der Analyse im fünften Kapitel war die häufig geäußerte Behauptung, das Kriterium der Zinskonvergenz wäre kein eigenständiger Konvergenzmaßstab, sondern würde immer dann erfüllt werden, wenn auch das Preis- bzw. Wechselkurskriterium eingehalten wird. Die Beziehung zwischen Zins- und Preiskriterium wurde im Rahmen des Fisher-Theorems untersucht, wobei festgestellt werden konnte, daß die Fragestellung nicht losgelöst von der zugrunde gelegten Erwartungsbildungshypothese beantwortet werden kann. Bei rationaler Erwartungsbildung der Wirtschaftssubjekte ist das Zinskriterium ein eigenständiges Auswahlkriterium, das darüber hinaus auch eine dauerhafte Konvergenz anzeigen kann. Dieses Ergebnis gilt bei extrapolativer und adaptiver Erwartungsbildung nur noch eingeschränkt, bei statischen Erwartungen der Marktteilnehmer nicht mehr, d.h. das Zinskriterium ist vollkommen vom Preiskriterium abhängig und damit redundant. Die Beziehung zwischen Zins- und EWS-Kriterium wurde im Rahmen der Zinsparitätentheorie untersucht mit dem Ergebnis, daß die Frage, inwieweit das Kriterium der Zinskonvergenz eigenständig ist und eine dauerhafte Wechselkursstabilität anzeigen kann, nur unter Berücksichtigung der jeweiligen Zinsdifferenz, des vorhandenen Abwertungsspielraums, der Laufzeit staatlicher Schuldverschreibungen und des Zeitraums zwischen Konvergenzprüfung und Beginn der Währungsunion beantwortet werden kann.

Untersuchungsgegenstand des sechsten Kapitels waren die Interdependenzen zwischen den einzelnen Konvergenzkriterien, womit gleichzeitig der Schritt zu einer umfassenden Bewertung der Bedingungen vollzogen wurde. Die Frage nach der Konsistenz der Konvergenzbedingungen stellt nichts geringeres, als die von jedem Land der EU anzustellende Überlegung dar, ob es die Konvergenznormen überhaupt alle gleichzeitig erfüllen kann und, wenn ja, welche wirtschaftspolitischen Maßnahmen getroffen werden müssen. Die Analyse wurde auf der Grundlage eines keynesianischen und eines monetaristischen Modells durchgeführt. In diesem Rahmen wurden jeweils die Erfolgsaussichten einer bilateralen und einer umfassenden Konsistenz untersucht und dabei festgestellt, daß die Frage nach der Konsistenz der Konvergenzkriterien nur im Zusammenhang mit der verfolgten Wirtschaftspolitik beantwortet werden kann. Ein erfolgversprechendes Konvergenzprogramm in einem keynesianischen Modell sollte eine restriktive Fiskalpolitik beinhalten, in einem monetaristischen Modell muß ein Mitgliedstaat demgegenüber eine restriktive Geldpolitik verfolgen.

Die Kenntnis der ökonomischen Wirkungsmechanismen wird somit zur Voraussetzung einer Wirtschaftspolitik, die darauf abzielt, zum Zeitpunkt der Konvergenzprüfung alle vier Eintrittskriterien gleichzeitig zu erfüllen. Doch bleibt festzuhalten, daß die fiskal- und geldpolitisch induzierten makroökonomischen Effekte in beiden gewählten Modellen nur im Einzelfall, nicht aber generell ausreichen, um bestehende Zielkonflikte zu lösen. Hier kann ein entscheidenes Problem auf dem Weg zu einer einheitlichen europäischen Währung liegen.

Im Frühjahr 1998 entscheidet der Europäische Rat auf der Basis der Ist-Daten des Jahres 1997, welche Länder an der am 1. Januar 1999 beginnenden Währungsunion teilnehmen können. Damit sind seit der Unterzeichnung der Maastricht-Verträge sechs Jahre vergangen, ohne daß aus heutiger Sicht zu erwarten ist, daß die Mitgliedstaaten mehrheitlich zum Zeitpunkt der Konvergenzprüfung alle Kriterien erfüllen werden. Dem Konvergenzfortschritt bei der Preis- und Zinsentwicklung steht eine unzureichende Konvergenz bei der Finanzlage der öffentlichen Haushalte entgegen. Die Eingangsvoraussetzungen werden zu einer unter Umständen unüberwindbaren Hürde auf dem Weg zur Eurowährung, wenn der fehlende Konvergenzerfolg darauf zurückzuführen ist, daß die vier Kriterien nicht gleichzeitig erfüllbar sind. Die vorliegende Arbeit liefert dann die ökonomische Begründung dafür, warum ein Mitgliedstaat der Europäischen Union, mit dem Hinweis auf die mit dem verfügbaren wirtschaftspolitischen Instrumentarium nicht lösbaren Konsistenzprobleme der Maastricht–Kriterien, seine Teilnahme an der Einheitswährung in Europa einfordern könnte. Damit kann gleichzeitig der Versuch, die politische Entscheidung über die Teilnehmerstaaten zu Beginn der EWWU mit den Konvergenzkriterien ökonomisch zu rechtfertigen, als gescheitert angesehen werden.

Die bisher in diesem Zusammenhang behandelte Frage, inwieweit die Prüfkriterien eine notwendige und hinreichende Bedingung für eine im Geldwert stabile Eurowährung in Europa darstellen, rückt damit in den Hintergrund. Die modelltheoretische Analyse der einzelnen Kriterien sowie die abschließende Gesamtbetrachtung haben gezeigt, daß eine Untersuchung der Kriterien nur zusammen mit anderen volkswirtschaftlichen Größen und der Erwartungsbildung der Wirtschaftssubjekte zu ökonomisch sinnvollen Ergebnissen führt.

Anhang 1: Die Verbraucherpreisentwicklung von 1979 bis 1995

Land	1979	1980	1981	1982	1983	1984	1985	1986	1987	1988	1989	1990	1991	1992	1993	1994	1995
Belgien	3,9	6,4	8,7	7,8	7,1	5,7	5,9	0,7	1,9	1,6	3,6	3,7	2,5	2,1	2,6	3,0	1,5
Dänemark	10,4	10,7	12,0	10,2	6,8	6,4	4,3	2,9	4,6	4,0	4,3	2,7	2,2	2,1	1,7	1,0	2,0
BR Deutschland .	4,2	6,1	6,3	4,7	3,0	2,7	2,0	-0,1	0,7	1,8	2,1	2,8	4,0	4,7	3,8	2,7	1,8
Frankreich	10,7	13,3	13,0	11,5	9,7	7,7	5,8	2,7	3,1	2,6	3,4	2,8	3,1	2,4	2,1	1,8	1,9
Griechenland	16,5	21,9	22,7	20,7	18,1	17,9	18,3	22,1	15,7	14,2	14,4	19,2	18,8	15,1	13,6	10,8	9,2
Großbritannien ..	13,7	16,3	11,2	8,7	4,8	5,0	5,3	4,0	4,3	5,0	5,9	5,5	7,4	4,2	3,4	2,4	2,9
Irland	14,9	18,6	19,6	14,9	9,2	7,3	5,0	4,6	2,3	2,9	3,2	1,4	2,5	2,8	1,6	2,7	2,5
Italien	14,5	20,4	18,0	17,0	14,8	12,1	9,0	6,2	5,3	5,7	6,5	5,9	6,9	5,2	5,1	4,8	5,6
Luxemburg	4,9	7,5	8,6	10,6	8,3	6,5	4,3	1,3	1,7	2,7	3,6	3,6	2,9	2,8	3,6	2,6	1,9
Niederlande	4,3	6,9	5,8	5,5	2,9	2,2	2,2	0,3	0,2	0,5	1,2	2,2	3,2	3,0	2,1	2,4	1,6
Portugal	25,2	21,6	20,2	20,3	25,8	28,5	19,4	13,8	10,0	10,0	12,1	12,6	11,1	9,8	7,9	5,5	4,2
Spanien	16,5	16,5	14,3	14,5	12,3	11,0	8,2	9,4	5,7	5,0	6,6	6,5	6,3	6,4	5,7	5,1	4,9
$\varnothing dP_3^n$	4,1	6,5	6,9	6,0	3,6	3,3	2,8	0,3	0,9	1,3	2,2	2,1	2,4	2,2	1,8	1,7	1,6
KogP	5,6	8,0	8,4	7,5	5,1	4,8	4,3	1,8	2,4	2,8	3,7	3,6	3,9	3,7	3,3	3,2	3,1

Jährliche Veränderung in Prozentpunkten

Quelle: Europäische Kommission (1995), Europäische Wirtschaft, Jahreswirtschaftsbericht 1995, Nr. 59, S. 229
Europäische Kommission (1996), Europäische Wirtschaft, Beiheft A, Nr. 1, Tabelle 2.
Eigene Berechnungen

Anhang 2: Die Entwicklung der Defizitquote von 1979 bis 1995

Lar		1979	1980	1981	1982	1983	1984	1985	1986	1987	1988	1989	1990	1991	1992	1993	19	95
Belgien ...	..	-7,5	-9,3	-13,0	-11,0	-11,5	-9,2	-8,8	-9,2	-7,4	-6,6	-6,2	-5,4	-6,5	-6,7	-6,6	-5,	-,5
Dänemark	..	-1,7	-3,3	-6,9	-9,1	-7,2	-4,1	-2,0	3,4	2,4	0,6	-0,5	-1,5	-2,1	-2,5	-4,4	-3,	,0
BR Deuts	.	-2,6	-2,9	-3,7	-3,3	-2,6	-1,9	-1,2	-1,3	-1,9	-2,2	0,1	-2,1	-3,4	-2,3	-2,9	-2,	,5
Frankreich	.	-0,8	0,0	-1,9	-2,8	-3,2	-2,8	-2,9	-2,7	-1,9	-1,7	-1,2	-1,6	-2,2	-3,9	-5,8	-6,	,0
Griechenl	..	-2,1	-2,4	-8,5	-6,4	-7,1	-8,4	-11,7	-10,4	-9,7	-12,4	-14,7	-14,0	-13,0	-11,7	-13,3	-11	,3
Großbritai	..	-3,3	-3,5	-4,0	-2,9	-3,4	-3,9	-2,8	-2,8	-1,4	0,1	-0,1	-1,5	-2,6	-6,1	-7,7	-6,	,1
Irland	..	-11,1	-12,3	-12,9	-13,3	-11,4	-9,5	-10,8	-10,7	-8,5	-4,5	-1,7	-2,2	-2,1	-2,2	-2,5	-2,	,7
Italien	..	-8,3	-8,6	-11,4	-11,3	-10,6	-11,6	-12,6	-11,6	-11,0	-10,7	-9,9	-10,9	-10,2	-9,5	-9,5	-9,	,4
Luxembur	..	0,7	-0,5	-3,6	-1,2	2,3	3,7	7,2	5,1	3,3	-	-	5,9	2,3	0,3	1,1	2,	,4
Niederlan	.	-3,7	-4,0	-5,5	-7,1	-6,4	-6,3	-3,6	-5,1	-5,9	-4,6	-4,7	-5,1	-2,9	-3,9	-3,3	-3,	,1
Portugal .	..	-6,1	5,6	-9,3	-10,4	-9,0	-12,0	-10,1	-7,2	-6,8	-5,4	-3,4	-3,5	-6,6	-3,3	-7,2	-5,	,4
Spanien .	..	-1,6	-2,6	-3,9	-5,6	-4,7	-5,4	-6,9	-6,0	-3,1	-3,3	-2,8	-3,9	-4,9	-4,2	-7,5	-6,	,9

Jährliche derung in Prozentpunkten des BIP zu Marktpreisen. Finanzierungsüberschuß (+) oder -defizit (-).
Quelle: E sche Kommission (1995), Europäische Wirtschaft, Jahreswirtschaftsbericht 1995, Nr. 59, S. 264 und
E sche Kommission (1996), Europäische Wirtschaft, Beiheft A, Nr. 1, Tabelle 7.
C 1995), Wirtschaftsausblick Nr. 57, Seite A33 (für Werte Portugal 1980).
(- en nicht verfügbar

Anhang 3: Die Entwicklung der Schuldenquote von 1979 bis 1995

Lar		1979	1980	1981	1982	1983	1984	1985	1986	1987	1988	1989	1990	1991	1992	1993	19!	95
Belgien ...	..	75,2	81,6	95,5	97,5	107,4	111,7	119,7	123,9	133,2	133,8	130,7	130,8	132,9	133,8	138,9	13!	4,4
Dänemark	..	27,0	33,5	43,7	64,5	74,3	78,0	76,8	69,0	59,6	61,4	59,5	59,6	64,6	68,8	79,5	75	,6
BR Deutsc	.	30,8	32,8	36,5	39,3	40,9	41,8	42,5	42,5	42,6	43,1	41,8	43,5	41,5	44,1	48,1	50	,8
Frankreich	.	31,4	30,9	30,1	27,9	29,5	31,8	45,5	45,7	33,6	33,7	34,4	35,4	35,8	39,6	45,8	48	,5
Griechenl:	..	27,6	27,7	32,8	36,1	41,2	49,5	62,5	65,0	60,3	66,4	69,7	82,6	86,1	92,3	115,2	11:	4,4
Großbritar	.	54,9	54,1	54,3	58,1	57,7	59,2	59,0	58,0	49,5	43,1	37,5	35,3	35,7	41,9	48,3	50	,5
Irland	..	71,0	72,5	77,2	87,2	97,3	102,1	107,9	119,9	116,0	111,9	101,8	96,8	96,2	93,4	96,1	91	,9
Italien	.	61,5	59,0	61,1	66,4	72,0	77,1	82,2	86,2	90,5	92,6	95,6	97,9	101,3	108,4	118,6	12!	4,9
Luxembur	.	–	–	–	14,5	14,8	15,0	14,0	13,5	12,5	10,1	8,3	5,4	4,9	6,0	7,8	5,	,4
Niederlanc	.	42,0	45,1	49,5	55,6	62,0	66,1	71,6	73,1	76,1	79,2	79,2	78,8	78,9	79,9	81,4	78	,4
Portugal .	.	25,7	37,5	47,3	50,1	56,0	61,4	70,9	69,5	72,9	75,2	72,1	67,7	69,3	61,7	66,9	69	,5
Spanien ..	..	16,5	18,3	24,0	28,7	35,1	41,9	45,2	46,2	45,5	41,7	43,2	45,1	45,9	48,2	59,8	63	,8

Angaben i :entpunkten des BIP zu Marktpreisen.

Quelle: K ssion der Europäischen Gemeinschaft (1989), Europäische Wirtschaft, Jahreswirtschaftsbericht 1989–199C 42,
E sche Kommission (1993), Europäische Wirtschaft, Jahreswirtschaftsbericht 1993, Nr. 54, S. 256-266 und
E sche Kommission (1995), Europäische Wirtschaft, Jahreswirtschaftsbericht 1995, Nr. 59, S. 271-279 und
E sche Kommission (1996), Europäische Wirtschaft, Beiheft A, Nr. 1, Tabelle 8.
O :conomic Outlook, Nr. 55, June 1994, S. A35.
(- ən nicht verfügbar

Anhang 4: Die Entwicklung der langfristigen Nominalzinssätze von 1979 bis 1995

Lar	1979	1980	1981	1982	1983	1984	1985	1986	1987	1988	1989	1990	1991	1992	1993	19!	95
Belgien	9,7	12,2	13,8	13,5	11,8	12,0	10,6	7,9	7,8	7,9	8,7	10,1	9,3	8,6	7,2	7,	,9
Dänemark ..	16,7	18,7	19,3	20,5	14,4	14,0	11,6	10,6	11,9	10,6	10,2	11,0	10,1	10,1	8,8	8,	,6
BR Deuts .	7,4	8,5	10,4	9,0	7,9	7,8	6,9	5,9	5,8	6,1	7,0	8,9	8,6	8,0	6,3	6,	,1
Frankreich .	10,9	13,1	15,9	15,7	13,6	12,5	10,9	8,4	9,4	9,0	8,8	9,9	9,0	8,6	6,8	7,	,8
Griechenl ..	11,2	17,1	17,7	15,4	18,2	18,5	15,8	15,8	17,4	16,6	-	-	-	-	-	-	,4
Großbrita ..	13,0	13,9	14,8	12,7	10,8	10,7	10,6	9,8	9,5	9,3	9,6	11,1	9,9	9,1	7,8	8,	,4
Irland	15,1	15,4	17,3	17,0	13,9	14,6	12,7	11,1	11,3	9,4	9,0	10,1	9,2	9,1	7,7	8,	,5
Italien	14,1	16,1	20,6	20,9	18,0	15,0	14,3	11,7	11,3	12,1	12,9	13,4	13,0	13,7	11,3	10	,3
Luxembur .	6,8	7,4	8,7	10,4	9,8	10,3	9,5	8,7	8,0	7,1	7,7	8,6	8,2	7,9	6,9	6,	,2
Niederlan .	9,2	10,7	12,2	10,5	8,8	8,6	7,3	6,4	6,4	6,3	7,2	9,0	8,7	8,1	6,7	7,	,2
Portugal . ..	-	-	-	-	-	-	27,7	19,5	16,8	15,5	16,3	16,8	18,3	15,4	12,5	10	,7
Spanien	13,3	16,0	15,8	16,0	16,9	16,5	13,4	11,4	12,8	11,7	13,7	14,7	12,4	12,2	10,2	9,	,5
$\varnothing i_3^{np}$	8,8	10,5	10,4	11,0	9,2	9,0	8,8	6,7	6,7	6,8	7,7	10,0	9,5	9,1	7,5	7,	,4
Kog i	10,8	12,5	12,4	13,0	11,2	11,0	10,8	8,7	8,7	8,8	9,7	12,0	11,5	11,1	9,5	9,	,4

Alle Anga Prozentpunkten

Quelle: E sche Kommission (1995), Europäische Wirtschaft, Jahreswirtschaftsbericht 1995, Nr. 59, S. 256

E sche Kommission (1996), Europäische Wirtschaft, Beiheft A, S. 2 (für 1995).

V dem Datenmaterial auch die unterschiedlichen Erhebungsmethoden, aufgeführt auf S. 256.

Anhang 5: Die Entwicklung der langfristigen Realzinsen von 1979 bis 1995

Lan	1979	1980	1981	1982	1983	1984	1985	1986	1987	1988	1989	1990	1991	1992	1993	199	95
Belgien	5,8	5,8	5,1	5,7	4,7	6,3	4,7	7,2	5,9	6,3	5,1	6,4	6,8	6,5	4,6	4,8	4
Dänemark	6,3	8,0	7,1	10,3	7,6	7,6	7,3	7,7	7,3	6,6	5,9	8,3	7,9	8,0	7,1	7,5	6
BR Deutsc	3,2	2,4	4,1	5,3	4,9	5,1	4,9	6,0	5,1	4,3	4,9	6,1	4,6	3,3	2,5	4,0	3
Frankreich	0,2	-0,2	2,9	4,2	3,9	4,8	5,1	5,7	6,3	6,4	5,4	7,1	5,9	6,2	4,7	5,7	9
Griechenla	-5,3	-4,8	-5,0	-4,7	0,1	0,6	-2,5	-6,3	1,7	2,4	-	-	-	-	-	-	2
Großbritan	-0,7	-2,4	3,6	4,0	6,0	5,7	5,3	5,8	5,2	4,3	3,7	5,6	2,5	4,9	4,4	5,8	5
Irland	0,2	-3,2	-2,3	2,1	4,7	7,3	7,7	6,5	9,0	6,5	6,8	8,7	6,7	6,3	6,1	5,4	0
Italien	-0,4	-4,3	2,6	3,9	3,2	2,9	5,3	5,5	6,0	6,4	6,4	7,5	6,1	8,5	6,2	5,8	7
Luxemburg	1,9	-0,1	0,1	-0,2	1,5	3,8	5,2	7,4	6,3	4,4	4,1	5,0	5,3	5,1	3,3	3,8	3
Niederland	4,9	3,8	6,4	5,0	5,9	6,4	5,1	6,1	6,2	5,8	6,0	6,8	5,5	5,1	4,6	4,8	6
Portugal ..	-	-	-	-	-	-	8,3	5,7	6,8	5,5	4,2	4,2	7,2	5,6	4,6	5,4	5
Spanien ...	-3,2	-0,5	1,5	1,5	4,3	5,5	5,2	2,0	7,1	6,7	6,1	8,2	6,1	5,8	4,5	4,6	6
EU – Durch… tt	1,2	0,4	2,4	3,4	4,3	5,1	5,2	5,0	6,1	5,5	5,3	6,7	5,9	5,9	4,8	5,2	3

Quelle: An… 1 und 4, eigene Berechnungen.
(–) Daten n… erfügbar..

Anhang 6: Die jährliche Wachstumsrate des nominalen BIP von 1979 bis 1995

Lan	1979	1980	1981	1982	1983	1984	1985	1986	1987	1988	1989	1990	1991	1992	1993	199	)5
Belgien	6,7	8,2	3,7	8,7	6,1	7,5	7,0	5,2	4,4	6,8	8,4	6,5	5,0	5,3	2,6	4,(	4
Dänemark .	11,4	7,8	9,1	13,9	10,4	10,3	8,8	8,4	5,0	4,6	4,8	4,2	3,5	3,3	3,2	6,5	4
BR Deutsc .	8,2	6,0	4,3	3,5	5,1	4,9	4,1	5,6	3,4	5,3	6,1	9,1	9,1	7,8	2,7	5,3	3
Frankreich	13,7	13,2	12,7	14,6	10,5	8,9	7,8	7,9	5,3	7,5	7,4	5,7	3,9	3,5	1,4	3,9	4
Griechenla .	23,0	19,7	19,8	25,6	19,6	23,6	21,3	19,4	13,7	20,7	19,1	19,8	22,2	15,1	13,0	11,	,0
Großbritan .	17,7	16,9	10,0	9,4	9,1	7,0	9,6	7,7	10,0	11,3	9,5	6,8	4,4	3,8	5,5	6,(	4
Irland	17,2	18,2	21,3	17,8	10,4	11,0	8,4	6,1	8,0	7,5	12,1	6,7	4,0	6,4	7,7	9,1	2
Italien	22,2	25,1	19,7	17,5	16,2	14,6	11,7	11,0	9,3	11,0	9,3	9,9	8,9	5,2	3,7	5,9	4
Luxembur(.	8,8	8,8	6,6	12,1	10,0	10,9	6,0	8,8	1,9	10,0	13,0	6,2	6,1	6,5	2,8	5,1	5
Niederland	6,4	6,6	4,8	4,5	3,3	5,0	4,5	2,9	0,7	3,8	6,0	6,5	5,0	3,8	2,0	4,1	4
Portugal .. .	26,2	26,5	19,5	23,3	24,4	22,3	25,2	25,4	17,1	16,0	18,8	19,3	16,5	14,7	6,1	6,2	0
Spanien .. .	17,0	15,6	11,7	15,2	13,6	12,9	11,1	14,6	11,8	11,1	12,2	11,3	9,4	7,4	3,5	5,8	2
EU - Durch tt	14,9	14,4	11,9	13,8	11,6	11,6	10,5	10,3	7,6	9,6	10,6	9,3	8,2	6,9	4,5	6,1	6

Quelle: Eu che Kommission (1995), Europäische Wirtschaft, Nr. 59, S. 209, eigene Berechnungen.

Anhang 7: Die jährliche Wachstumsrate des realen BIP von 1979 bis 1995

Lan	1979	1980	1981	1982	1983	1984	1985	1986	1987	1988	1989	1990	1991	1992	1993	199	5
Belgien	2,1	4,3	-1,0	1,5	0,5	2,2	0,8	1,4	2,0	4,9	3,5	3,2	2,3	1,9	-1,6	2,2	3
Dänemark .	3,5	-0,4	-0,9	3,0	2,5	4,4	4,3	3,6	0,3	1,2	0,6	1,4	1,0	1,3	1,5	4,4	4
BR Deutsc .	4,2	1,0	0,1	-0,9	1,8	2,8	2,0	2,3	1,5	3,7	3,6	5,7	5,0	2,2	-1,1	2,9	1
Frankreich	3,2	1,6	1,2	2,5	0,7	1,3	1,9	2,5	2,3	4,5	4,3	2,5	0,8	1,2	-1,5	2,7	8
Griechenla .	3,7	1,8	0,1	0,4	0,4	2,8	3,1	1,6	-0,5	4,4	4,0	-1,0	3,2	0,8	-0,5	1,5	7
Großbritan	2,8	-2,2	-1,3	1,7	3,6	2,5	3,5	4,4	4,8	5,0	2,2	0,4	-2,0	-0,5	2,0	3,8	6
Irland	3,1	3,1	3,3	2,3	-0,2	4,4	3,1	-0,4	5,7	4,3	7,4	8,6	2,9	5,0	3,1	6,7	7
Italien	6,0	4,2	0,6	0,2	1,0	2,7	2,6	2,9	3,1	4,1	2,9	2,1	1,2	0,7	-1,2	2,2	2
Luxemburg	2,3	0,8	-0,6	1,1	3,0	6,2	2,9	4,8	2,9	5,7	6,7	3,2	3,1	1,9	0,3	4,4	1
Niederland	2,4	0,9	-0,6	-1,4	1,4	3,1	2,6	2,7	1,2	2,6	4,7	4,1	2,3	1,3	0,2	2,7	0
Portugal ..	5,6	4,6	1,6	2,1	-0,2	-1,9	2,8	4,1	5,3	3,9	5,2	4,4	2,1	1,1	-1,2	1,1	7
Spanien	-0,1	1,2	-0,2	1,2	1,8	1,8	2,3	3,2	5,6	5,2	4,7	3,6	2,2	0,8	-1,1	2,0	0
EU – Durcl tt	3,2	1,7	0,2	1,1	1,4	2,7	2,6	2,8	2,9	4,1	4,2	3,2	2,0	1,5	-0,1	3,0	1

Quelle: Eu sche Kommission (1995), Europäische Wirtschaft, Nr. 59, S. 212,
Eu sche Kommission (1996), Europäische Wirtschaft, Beiheft A, Nr.1, Tabelle 1 für 1993 bis 1995).
Ei Berechnungen

Anhang 8: Das Zinskriterium bei unterschiedlichen Meßmethoden

Länder	EL	BRD	DAN	ESP	FRA	GRI	IRL	ITA	LUX	NED	PTG	UK	Ø Zinsen	K
1979 a	.7	7,4								9,2			8,8	1
b		7,4							6,8	9,2			7,8	9
1980 a	,2	8,5								10,7			10,5	1
b		8,5							7,4	10,7			8,9	1
1981 a		10,4							8,7	12,2			10,4	1
b		10,4							8,7	12,2			10,4	1
1982 a	,5	9,0								10,5			11,0	1
b		9,0							10,4	10,5			10,0	1
1983 a		7,9								8,8		10,8	9,2	1
b		7,9							9,8	8,8			8,8	1
1984 a		7,8								8,6		10,7	9,0	1
b		7,8							10,3	8,6			8,9	1
1985 a		6,9	11,6						9,5	7,3			8,8	1
b		6,9							9,5	7,3			7,9	9
1986 a	,9	5,9								6,4			6,7	8
b	,9	5,9								6,4			6,7	8
1987 a		5,8							8,0	6,4			6,7	8
b	,8	5,8								6,4			6,7	8
1988 a	,9	6,1								6,3			6,8	8
b		6,1							7,1	6,3			6,5	8
1989 a		7,0					9,0			7,2			7,7	9
b		7,0							7,7	7,2			7,3	9
1990 a			11,0				10,1			9,0			10,0	1
b		8,9							8,6	9,0			8,8	1
1991 a	,3		10,1				9,2						9,5	1
b		8,6							8,2	8,7			8,5	1
1992 a	,6		10,1		8,6								9,1	1
b		8,0							7,9	8,1			8,0	1
1993 a			8,8		6,8		7,7			6,7			7,5	9
b		6,3			6,8					6,7			6,6	8
1994 a			8,5		7,5					7,2		8,2	7,9	9
b		6,7							6,4	7,2			6,8	8
1995 a	,9	7,1								7,2			7,4	9
b		7,1							6,2	7,2			6,8	8

Erläuterung: In der Zeile a sind die langfristigen Nominalzinssätze der drei preisstabilsten Länder und in der Zeile b sind die langfristig Nominalzinssätze der drei Länder mit dem niedrigsten Zinsniveau aufgeführt. Alle Angaben in Prozentpunkten.

Quelle: siehe Anhänge 1 und 4, eigene Berechnungen.

Anhang 9: Das Konvergenzriterium der Preisstabilität auf der Grundlage unterschiedlicher Preisindizes von 1981 bis 1990

1981	Verbraucherpreise	Exportpreise	Großhandelspreise	Produzentenpreise	Ausfuhrpreise
Belgien	8,7	**8,7**	**4,7**	10,4	9,6
BR. Deutschland	**6,2**	**6,2**	**4,1**	**6,0**	**5,7**
Dänemark	12,0	11,9	10,1	16,0	12,7
Frankreich	13,4	13,4	11,4	11,7	14,1
Griechenland	22,7	22,8	19,8	25,9	25,5
Großbritannien	11,2	**8,3**	11,4	**9,6**	**8,4**
Irland	19,6	14,5	17,4	15,9	16,4
Italien	18,0	22,9	19,0	15,7	20,0
Luxemburg	8,6	**8,7**	7,2	-	9,6
Niederlande	**5,8**	15,6	**5,5**	11,0	13,4
Portugal	20,2	13,6	17,6	19,4	18,5
Spanien	14,3	16,4	12,0	15,7	17,9
$\varnothing dP_3^n$	6,9	7,7	4,8	8,7	7,9
KogP	8,4	9,2	6,3	10,2	9,4
Kriterium erfüllt	**2**	**4**	**3**	**2**	**2**

1982	Verbraucherpreise	Exportpreise	Großhandelspreise	Produzentenpreise	Ausfuhrpreise
Belgien	7,8	13,7	**7,1**	12,3	13,1
BR. Deutschland	**5,1**	**4,4**	**4,4**	**4,8**	**3,7**
Dänemark	10,2	11,1	10,6	10,5	10,6
Frankreich	11,8	12,8	12,0	10,7	12,7
Griechenland	20,7	21,1	25,1	16,0	20,7
Großbritannien	8,7	**6,4**	7,6	7,7	6,9
Irland	14,9	12,4	15,2	11,8	10,8
Italien	17,1	15,1	17,2	14,8	16,9
Luxemburg	10,6	13,7	10,8	-	15,5
Niederlande	**5,5**	**4,1**	**6,1**	**3,0**	**4,2**
Portugal	20,3	15,3	20,7	13,8	19,8
Spanien	14,5	10,1	13,8	12,4	13,8
$\varnothing dP_3^n$	6,1	5,0	5,9	5,2	4,9
KogP	7,6	6,5	7,4	6,7	6,4
Kriterium erfüllt	**2**	**3**	**3**	**2**	**2**

1983	Verbraucherpreise	Exportpreise	Großhandelspreise	Produzentenpreise	Ausfuhrpreise
Belgien	7,1	7,2	5,6	4,9	7,3
BR. Deutschland	**3,3**	**1,3**	**3,5**	**1,5**	**1,8**
Dänemark	6,8	4,9	7,6	5,0	5,2
Frankreich	9,7	10,0	9,6	8,8	9,9
Griechenland	18,1	20,0	19,1	19,8	19,3
Großbritannien	**4,8**	7,5	5,2	5,5	7,9
Irland	9,2	8,5	10,7	6,8	9,1
Italien	14,8	6,2	15,1	11,6	9,1
Luxemburg	8,3	7,2	6,8	-	5,9
Niederlande	**2,9**	**-0,3**	**1,9**	**0,5**	**0,1**
Portugal	25,8	29,0	24,6	33,2	30,0
Spanien	12,3	15,9	11,6	14,0	16,8
$\varnothing dP_3^n$	3,7	2,0	3,5	2,3	2,4
KogP	5,2	3,5	5,0	3,8	3,9
Kriterium erfüllt	**3**	**2**	**2**	**2**	**2**

1984	Verbraucherpreise	Exportpreise	Großhandelspreise	Produzentenpreise	Ausfuhrpreise
Belgien	5,7	7,0	5,2	**6,2**	8,1
BR. Deutschland	**2,6**	**3,4**	**2,1**	**2,8**	**3,4**
Dänemark	6,4	**6,1**	5,7	7,1	7,2
Frankreich	7,9	9,6	7,3	9,2	9,6
Griechenland	17,9	14,8	20,3	21,4	15,7
Großbritannien	5,0	7,0	4,6	**6,1**	7,7
Irland	7,3	9,0	6,4	6,8	8,1
Italien	12,1	11,1	11,6	9,8	9,6
Luxemburg	6,5	7,0	4,4	-	**5,2**
Niederlande	**2,2**	**5,9**	**1,9**	**5,6**	**5,5**
Portugal	28,5	30,7	24,7	22,7	30,2
Spanien	11,0	13,1	10,9	12,2	12,6
$\varnothing dP_3^n$	3,3	5,1	2,8	4,8	4,7
KogP	4,8	6,6	4,3	6,3	6,2
Kriterium erfüllt	**2**	**3**	**2**	**4**	**3**

1985	Verbraucherpreise	Exportpreise	Großhandelspreise	Produzentenpreise	Ausfuhrpreise
Belgien	5,9	**1,5**	6,1	**3,1**	**2,9**
BR. Deutschland	**2,1**	3,9	**2,2**	**2,0**	**2,8**
Dänemark	**4,3**	3,4	4,3	**2,6**	**3,6**
Frankreich	6,0	4,2	5,8	4,4	4,6
Griechenland	18,3	14,9	17,7	20,6	17,0
Großbritannien	5,3	5,2	5,7	5,6	5,1
Irland	5,0	4,1	5,2	3,5	**3,1**
Italien	9,0	9,2	8,9	8,2	8,7
Luxemburg	**4,3**	**1,5**	**3,0**	-	**3,9**
Niederlande	**2,2**	**1,3**	**1,8**	**1,0**	**1,5**
Portugal	19,4	15,7	21,7	10,7	17,6
Spanien	8,2	6,1	8,5	8,0	6,7
$\emptyset dP_3^n$	2,9	1,4	2,3	1,9	2,4
KogP	4,4	2,9	3,8	3,4	3,9
Kriterium erfüllt	4	3	3	4	6

1986	Verbraucherpreise	Exportpreise	Großhandelspreise	Produzentenpreise	Ausfuhrpreise
Belgien	**0,7**	-6,9	**3,7**	**-9,4**	-8,4
BR. Deutschland	**-0,3**	-3,3	**3,3**	-2,4	-1,4
Dänemark	2,9	-4,3	4,6	-6,8	-5,4
Frankreich	2,9	-3,5	5,3	-2,8	-3,1
Griechenland	22,1	8,4	17,5	17,9	10,6
Großbritannien	4,3	**-10,5**	**3,5**	4,3	-8,1
Irland	4,6	-6,1	6,6	-1,2	-6,3
Italien	6,2	-4,3	7,9	3,6	-2,7
Luxemburg	**1,3**	-6,9	**3,8**	-	-2,2
Niederlande	**0,2**	**-16,9**	**0,5**	**-10,4**	**-15,3**
Portugal	13,8	3,3	20,5	7,2	4,5
Spanien	9,4	-4,3	11,1	0,9	-1,7
$\emptyset dP_3^n$	0,2	-11,4	2,4	-8,9	-10,6
KogP	1,7	-9,9	3,9	-7,4	-9,1
Kriterium erfüllt	4	2	5	2	1

1987	Verbraucherpreise	Exportpreise	Großhandelspreise	Produzentenpreise	Ausfuhrpreise
Belgien	**1,9**	**-4,7**	2,2	**-2,9**	-3,8
BR. Deutschland .	**0,8**	-2,7	1,9	-0,4	-1,1
Dänemark	4,6	-0,9	4,7	-	-1,9
Frankreich	3,3	-0,6	3,0	0,6	-0,3
Griechenland	15,7	5,4	14,3	9,2	7,5
Großbritannien	4,4	3,9	5,0	3,9	3,0
Irland	2,9	-3,4	2,7	1,7	0,4
Italien	5,3	0,3	6,0	4,0	1,1
Luxemburg	**1,7**	**-4,7**	**-0,6**	-	**-6,4**
Niederlande	**-0,9**	**-6,1**	**-0,4**	**-2,6**	**-6,3**
Portugal	10,0	8,4	11,2	6,5	11,4
Spanien	5,7	2,4	5,8	0,8	2,5
$\varnothing dP_3^n$	0,5	-5,2	0,3	-2,0	-5,5
KogP	2,0	-3,7	1,8	-0,5	-4,0
Kriterium erfüllt	**4**	**3**	**2**	**2**	**2**

1988	Verbraucherpreise	Exportpreise	Großhandelspreise	Produzentenpreise	Ausfuhrpreise
Belgien	**1,6**	2,7	**1,5**	**1,6**	2,9
BR. Deutschland .	**1,4**	**0,9**	**1,5**	**1,6**	**1,9**
Dänemark	4,0	**0,2**	3,4	3,6	**0,7**
Frankreich	2,9	2,7	3,3	5,2	2,5
Griechenland	14,3	22,2	15,6	10,2	7,5
Großbritannien	5,1	**0,4**	6,6	4,5	**0,7**
Irland	**2,5**	5,4	3,1	4,1	5,6
Italien	5,7	2,2	6,6	4,9	4,2
Luxemburg	2,7	2,7	3,2	-	3,6
Niederlande	**0,5**	**0,4**	**1,9**	**1,4**	**0,5**
Portugal	10,0	10,4	11,6	-	8,9
Spanien	5,0	4,6	5,7	**3,0**	3,0
$\varnothing dP_3^n$	1,2	0,3	1,6	1,5	0,6
KogP	2,7	1,8	3,1	3,0	2,1
Kriterium erfüllt	**4**	**4**	**3**	**4**	**4**

1989	Verbraucherpreise	Exportpreise	Großhandelspreise	Produzentenpreise	Ausfuhrpreise
Belgien	**3,5**	7,9	4,7	6,7	7,1
BR. Deutschland	**3,1**	**4,5**	**2,6**	**3,4**	**2,8**
Dänemark	5,0	**5,7**	4,3	6,3	5,8
Frankreich	**3,6**	**4,9**	**3,5**	**5,4**	**4,7**
Griechenland	15,2	15,1	12,7	13,4	10,6
Großbritannien	5,9	8,4	6,9	**5,1**	9,2
Irland	**3,7**	8,8	4,7	**4,8**	7,3
Italien	6,5	9,6	6,0	6,6	7,3
Luxemburg	**3,6**	7,9	5,7	7,6	7,3
Niederlande	**1,2**	**5,1**	**1,6**	**4,8**	**4,5**
Portugal	12,1	**5,8**	13,0	-	10,7
Spanien	6,6	**4,8**	7,0	**4,2**	**4,5**
$\varnothing dP_3^n$	2,6	4,7	2,6	4,1	3,9
KogP	4,1	6,2	4,1	5,6	5,4
Kriterium erfüllt	**6**	**6**	**3**	**6**	**4**

1990	Verbraucherpreise	Exportpreise	Großhandelspreise	Produzentenpreise	Ausfuhrpreise
Belgien	**3,1**	-3,1	3,0	0,0	-1,7
BR. Deutschland	**2,7**	-1,1	3,4	1,5	0,4
Dänemark	**2,1**	-1,5	**2,1**	0,7	-1,8
Frankreich	**3,2**	-1,9	3,0	**-1,2**	-1,2
Griechenland	19,7	8,3	19,3	15,9	11,9
Großbritannien	5,3	3,9	6,8	5,9	4,2
Irland	**1,7**	**-8,7**	**-1,3**	**-1,6**	**-8,4**
Italien	5,9	2,4	7,5	4,3	3,2
Luxemburg	3,6	-3,1	**2,1**	**-2,0**	-0,8
Niederlande	**2,3**	-0,9	2,9	**-0,6**	-0,5
Portugal	12,6	2,9	14,3	-	6,0
Spanien	6,4	-2,6	7,3	2,2	1,7
$\varnothing dP_3^n$	2,0	-5,0	1,0	-1,6	-4,0
KogP	3,5	-3,5	2,5	-0,1	-2,5
Kriterium erfüllt	**6**	**1**	**3**	**4**	**1**

Quelle:
Verbraucher-/Konsumentenpreise und Ausfuhrpreise für Waren und Dienstleistungen: Europäische Kommission (1993), Europäische Wirtschaft, Jahreswirtschaftsbericht 1993, Nr.54, S. 221 und 222.

Exportpreise: OECD (1995), Wirtschaftsausblick Nr. 58, S. A44, Tabelle 41

Erzeuger-/Großhandelspreise: OECD (1991), Historical Statistics 1960-1990, Tabelle 8.1, S. 82.

Produzentenpreise im Verarbeitenden Gewerbe: OECD (1991), Historical Statistics 1960-1990, Tabelle 8.15, S. 89 und OECD Economic Outlook, Nr. 52, December 1992, Tabelle 56, S. 152.

Erklärungen: (–) Daten nicht verfügbar

Anhang 10: Primärsalden der öffentlichen Haushalte von 1979 bis 1995

Lan		1979	1980	1981	1982	1983	1984	1985	1986	1987	1988	1989	1990	1991	1992	1993	199	95
Belgien ...	..	-2,8	-3,8	-5,8	-2,5	-2,8	0,0	0,9	1,0	2,3	2,7	3,2	4,1	2,8	2,8	3,8	5,(	5
Dänemark	..	-1,2	-2,8	-5,1	-6,5	-2,9	1,7	4,1	8,5	6,9	6,8	3,3	1,8	1,4	0,0	3,3	3,:	7
BR Deutsc	.	-1,4	-1,6	-2,1	-1,3	-0,3	0,4	1,1	1,0	0,5	0,2	2,3	-0,1	-1,3	-2,7	-0,2	0,{	8
Frankreich	.	0,0	0,8	-0,7	-1,6	-1,4	-0,9	-0,8	-0,6	0,3	0,5	1,0	0,8	0,4	-1,2	-2,5	-2,	,1
Griechenl	..	-0,3	-0,3	-5,6	-4,0	-3,8	-4,3	-6,7	-5,0	-2,9	-4,4	-7,1	-3,8	-1,7	0,4	1,0	3,:	2
Großbritar	.	-0,5	0,3	0,7	0,7	-0,2	-0,5	0,5	0,7	1,7	3,6	3,3	1,1	-0,5	-4,1	-4,9	-3,	,6
Irland	.	-7,6	-8,5	-8,3	-7,6	-5,7	-3,5	-4,3	-4,2	-1,8	1,9	4,3	3,8	3,4	2,7	4,3	3,{	8
Italien	.	-5,8	-3,9	-6,7	-4,8	-3,7	-4,1	-5,2	-3,8	-3,6	-3,1	-1,5	-1,8	-0,5	1,4	2,6	1,:	6
Luxembur	.	-	-	-	-	-	-	-	-	-	-	-	-	-	-	2,2	2,!	8
Niederlanc	.	-1,0	-1,9	-2,4	-2,7	-1,5	-1,0	1,1	-0,3	-1,0	0,3	-0,3	-0,7	1,7	0,7	3,2	2,{	7
Portugal ..	.	-3,8	-8,4	-6,0	-3,0	-4,7	0,2	0,9	2,3	2,2	3,5	4,1	3,2	2,1	4,4	-0,4	-0,	2
Spanien ..	..	-1,6	-1,9	-3,3	-5,0	-3,8	-3,8	-4,2	-2,7	-0,3	-0,3	0,3	-0,8	-1,3	-0,2	-2,2	-1,	,6

Alle Angal Prozentpunkten des BIP (Überschuß (+), Defizit (-))
Quelle: O 1995), Wirtschaftsausblick Nr. 58, S. A35, Tabelle 32.
E sche Kommission (1996), Europäische Wirtschaft, Beiheft A, S. 12, Tabelle 11 (für 1993 - 1995).
(- ›n nicht verfügbar.

Anhang ' odellentwicklung der Schuldenquote (B) in Abhängigkeit von der Höhe der jährlichen Neuverschu (b in v.H. des BIP) bei einer jährlichen nominalen Wachstumsrate des BIP von 6,0 v.H. für Italiei

b = 3,0

	dB	B
1995		124,9
1996	-4,5	120,4
1997	-4,2	116,2
1998	-4,0	112,2
1999	-3,7	108,5
2000	-3,5	105,0
2001	-3,3	101,7
2002	-3,1	98,6
2003	-2,9	95,7
2004	-2,7	93,0
2005	-2,6	90,4
2006	-2,4	88,0
2007	-2,3	85,7
2008	-2,1	83,6
2009	-2,0	81,6
2010	-1,9	79,7
2011	-1,8	77,9
2012	-1,7	76,2
2013	-1,6	74,6
2014	-1,5	73,1
2015	-1,4	71,7
2016	-1,3	70,4
2017	-1,2	69,2
2018	-1,2	68,0
2019	-1,1	66,9
2020	-1,0	65,9
2021	-1,0	64,9
2022	-0,9	64,0
2023	-0,8	63,2
2024	-0,8	62,4
2025	-0,7	61,7
2026	-0,7	61,0
2027	-0,7	60,3
2028	-0,6	59,7

b = 2,0

	dB	B
1995		124,9
1996	-5,5	119,4
1997	-5,2	114,2
1998	-4,9	109,3
1999	-4,6	104,7
2000	-4,3	100,4
2001	-4,0	96,4
2002	-3,8	92,6
2003	-3,6	89,0
2004	-3,3	85,7
2005	-3,1	82,6
2006	-3,0	79,6
2007	-2,8	76,8
2008	-2,6	74,2
2009	-2,5	71,7
2010	-2,3	69,4
2011	-2,2	67,2
2012	-2,0	65,2
2013	-1,9	63,3
2014	-1,8	61,5
2015	-1,7	59,8

b = 1

	dB
1995	
1996	-6,5
1997	-6,1
1998	-5,7
1999	-5,4
2000	-5,1
2001	-4,8
2002	-4,5
2003	-4,2
2004	-4,0
2005	-3,7
2006	-3,5
2007	-3,3
2008	-3,1
2009	-2,9
2010	-2,7

Quelle f unddaten: Europ. Kommission (1996), S. 10, Tab. 9, eig. Berechnungen, Angaben in Pro

Anhang zuı ʌodellentwicklung der Schuldenquote (B) unter den Referenzwert von B = 60,0 v.H. des ›is ır 2005 für Belgien und Italien in Abhängigkeit von der nominalen Wachstumsrate des Bl

g = 4,0	Belgien		g = 5,0	Belgien		g = 6,0	Belgie
b = +3,6	dB	B	b = +2,6	dB	B	b = +1,7	dB
1995		134,4	1995		134,4	1995	
1996	-9,0	125,4	1996	-9,3	125,1	1996	-9,8
1997	-8,6	116,8	1997	-8,9	116,2	1997	-9,2
1998	-8,3	108,5	1998	-8,4	107,8	1998	-8,6
1999	-7,9	100,6	1999	-8,0	99,8	1999	-8,1
2000	-7,6	93,0	2000	-7,6	92,2	2000	-7,6
2001	-7,3	85,7	2001	-7,2	85,0	2001	-7,2
2002	-7,0	78,7	2002	-6,9	78,1	2002	-6,7
2003	-6,7	72,0	2003	-6,5	71,6	2003	-6,3
2004	-6,5	65,5	2004	-6,2	65,4	2004	-6,0
2005	-6,2	59,3	2005	-5,9	59,5	2005	-5,6

g = 4,0	Italien		g = 5,0	Italien		g = 6,0	Italieı
b = +2,8	dB	B	b = +1,9	dB	B	b = +1,0	dB
1995		124,9	1995		124,9	1995	
1996	-7,8	117,1	1996	-8,1	116,8	1996	-8,5
1997	-7,5	109,6	1997	-7,7	109,1	1997	-8,0
1998	-7,2	102,4	1998	-7,4	101,7	1998	-7,5
1999	-6,9	95,5	1999	-7,0	94,7	1999	-7,1
2000	-6,6	88,9	2000	-6,6	88,1	2000	-6,6
2001	-6,4	82,5	2001	-6,3	81,8	2001	-6,2
2002	-6,1	76,4	2002	-6,0	75,8	2002	-5,9
2003	-5,9	70,5	2003	-5,7	70,1	2003	-5,5
2004	-5,6	64,9	2004	-5,4	64,7	2004	-5,2
2005	-5,4	59,5	2005	-5,1	59,6	2005	-4,9

Quelle fı unddaten: Europ. Kommission (1996), S. 10, Tab. 9, eig. Berechnungen, Angaben in Pro

A ɟ 13: Modellentwicklung der Schuldenquote (B) für ausgewählte Staaten der Europäischen Unior
Annaŀ ᐤrimärüberschuß 5,0 v.H. des BIP, realer Zinssatz 4,0 v.H. und reale Wachstumsrate 3,0 v.H. de

	Belgien			Italien			Irlanc
	dB	B		dB	B		dB
1995		134,4	1995		124,9	1995	
1996	3,7	130,7	1996	-3,8	121,1	1996	-4,1
1997	3,7	127,0	1997	-3,8	117,3	1997	-4,2
1998	3,7	123,3	1998	-3,8	113,5	1998	-4,2
1999	3,8	119,5	1999	-3,9	109,6	1999	-4,3
2000	3,8	115,7	2000	-3,9	105,7	2000	-4,3
2001	3,8	111,9	2001	-3,9	101,8	2001	-4,4
2002	3,9	108,0	2002	-4,0	97,8	2002	-4,4
2003	3,9	104,1	2003	-4,0	93,8		
2004	4,0	100,1	2004	-4,1	89,7		
2005	4,0	96,1	2005	-4,1	85,6		
2006	4,0	92,1	2006	-4,1	81,5		
2007	4,1	88,0	2007	-4,2	77,3		
2008	4,1	83,9	2008	-4,2	73,1		
2009	4,2	79,7	2009	-4,3	68,8		
2010	4,2	75,5	2010	-4,3	64,5		
2011	4,2	71,3	2011	-4,4	60,1		
2012	4,3	67,0	2012	-4,4	55,7		
2013	4,3	62,7					
2014	4,4	58,3					

Quelle f runddaten: Europäische Kommission (1996), S. 10, Tabelle 9, eigene Berechnunge lle
Angaber rozent.

Anhang 14

Aus der Gleichung für den realen Wechselkurs

$$(a) \qquad e_r = e_n \frac{P_a}{P_i}$$

ergibt sich die Ableitung nach der Zeit t durch Anwendung der Produkt- und Quotientenregel:

$$(b) \qquad \frac{de_r}{dt} = \frac{de_n}{dt}\frac{P_a}{P_i} + \left(\frac{\frac{dP_a}{dt} P_i - P_a \frac{dP_i}{dt}}{P^2} \right) \cdot e_n$$

Die relative Änderung des realen Wechselkurses ergibt sich aus dieser Gleichung nach Auflösen des Klammerausdrucks und Division durch e_r bzw. $e_n \frac{P_a}{P_i}$ zu

$$(c) \qquad \frac{\frac{de_r}{dt}}{e_r} = \frac{\frac{de_n}{dt} P_a P_i}{P_i e_n P_a} + \frac{e_n P_i \frac{dP_a}{dt} P_i}{P^2 e_n P_a} - \frac{e_n P_a \frac{dP_i}{dt} P_i}{P^2 e_n P_a} .$$

Diese Gleichung läßt sich nach Kürzen zu

$$(d) \qquad \frac{\frac{de_r}{dt}}{e_r} = \frac{\frac{de_n}{dt}}{e_n} + \frac{\frac{dP_a}{dt}}{p_a} - \frac{\frac{dP_i}{dt}}{P_i}$$

vereinfachen. Die aufgeführten Summanden stellen die Veränderungsraten des realen und nominalen Wechselkurses sowie des in- und ausländischen Wechselkurses dar. Unter Verwendung der Symbole de_r, de_n, dP_a und dP_i folgt unmittelbar die Beziehung

$$(e) \qquad de_r = de_n + dP_a - dP_i \quad .$$

Literaturverzeichnis

Aliber, R. Z. (1976), Equilibrium and Desequilibrium in the International Money Market, in: Weltwirtschaftliches Archiv, Bd. 112, S. 73-90.

Aschinger, G. (1993), Die Theorie optimaler Währungsgebiete und die europäische monetäre Integration, in: E. Kantzenbach, B. Molitor, O. G. Mayer (Hrsg.), Hamburger Jahrbuch für Wirtschafts- und Gesellschaftspolitik, Tübingen, S. 9-28.

Ausschuß der Präsidenten der Zentralbanken der Mitgliedstaaten der Europäischen Wirtschaftsgemeinschaft (1993), Jahresbericht 1992, Basel.

Ausschuß der Präsidenten der Zentralbanken der Mitgliedstaaten der Europäischen Wirtschaftsgemeinschaft (1994), Jahresbericht 1993, Basel.

Ausschuß zur Prüfung der Wirtschafts- und Währungsunion (1989), Bericht zur Wirtschafts- und Währungsunion in der Europäischen Gemeinschaft ("Delors-Bericht"), Brüssel, abgedruckt in: Europa-Archiv, 10/1989, S. D283-304.

Badura, J. R. (1977), Der Fishersche Preiserwartungseffekt als Erklärungsansatz für das Gibson–Paradoxon: Kritische Analyse und empirischer Test für die Bundesrepublik Deutschland, Berlin.

Balassa, B. (1964), The Purchasing-Power Parity Doctrine: a Reappraisal, in: Journal of Political Economy, Bd. 72 (1964), Chicago, S. 584-596.

Ball, R., Burns, T., Laury, J. (1977), The role of exchange rate changes in balance of payments adjustment. The United Kingdom case, in: Economic journal, Vol. 87, S. 1-28, London.

Bandulet, B. (1993), Das Maastricht Dossier. Deutschland auf dem Weg in die dritte Währungsreform, München.

Blanchard, O. J. (1984), Current and Anticipated Deficits, Interest Rates and Economic Activity, in: European Economic Review, Nr. 25, S. 7-27.

Blanchard, O. J. (1990), Suggestions for a New Set of Fiscal Indicators, OECD Working Paper, No. 79, Paris.

Blanchard, O. J. u.a. (1990), The Sustainability of Fiscal Policy: New Answers to an Old Question, OECD Economic Studies, No. 15.

Bofinger, P. (1989), Zum "Bericht zur Wirtschafts- und Währungsunion in der Europäischen Gemeinschaft" des "Ausschusses zur Prüfung der Wirtschafts- und Währungsunion" – "Delors–Bericht", in: Kredit und Kapital, 22. Jg., 1989, S. 429-447.

Bofinger, P. (1994), Der Übergangsprozeß zur Europäischen Währungsunion, in: Caesar und Scharrer (1994), 445-467.

Bofinger, P., Collignon, S., Lipp, E.-M. (1993), Währungsunion oder Währungschaos? – Was kommt nach der D-Mark, Wiesbaden.

Bosch, S. (1993), Von Rom bis Maastricht – Zur Problematik der monetären Integration Europas, zugl. Dissertation an der Universität Passau, Frankfurt/M.

Braun–Moser, U. (1990), Die Erfolgsaussichten einer europäischen Währungsunion im Lichte der politischen Theorie der schleichenden Inflation, Darmstadt.

Brechling, F. (1973), Investment and Employment Decisions, Littlefield.

Bundesministerium der Finanzen (1995), Stabilitätspakt für Europa – Finanzpolitik in der dritten Stufe der WWU, in: BMF informiert, Nr. 7/95, November 1995.

Bundesministerium der Finanzen (1996), Bericht über die Entwicklung der Konvergenz in der Europäischen Union im Jahre 1995, 20. Februar 1996.

Burda, M. und Wyplosz, C. (1994), Makroökonomie – Eine europäische Perspektive, München.

Caesar, R. (1974), Das Zahlungsbilanzgleichgewicht im Konjunkturverlauf, in: Kredit und Kapital, 7. Jg. (1974), Berlin, S. 69-105.

Caesar, R. (1993), Koordinierung der nationalen Finanzpolitiken in der Wirtschafts- und Währungsunion, in: Diskussionsbeiträge aus dem Institut für Volkswirtschaftslehre Universität Hohenheim, Nr. 90/1993.

Caesar, R., Scharrer H.-E. (1994), Maastricht: Königsweg oder Irrweg zur Wirtschafts- und Währungsunion, Bonn.

Cagan, P. (1956), The Monetary Dynamics of Hyperinflation, in: M. Friedman (Hrsg.), Studies in the Quantity Theory of Money, Chicago, S. 23-117.

Caspers, R. (1978), Grundlagen der Preiserwartungstheorie, in: Wirtschaftswissenschaftliches Studium, Bd. 7, 1978, S. 510-517.

Cezanne, W. und Maenning, W. (1994), Zur Makroökonomik der Staatsverschuldung, in: Hamburger Jahrbuch für Wirtschafts- und Gesellschaftspolitik, Tübingen, S. 43-82.

Chouraqui, J.-P. u.a. (1990), Indicators of Fiscal Policy: A Re-examination, OECD Working Papers, No. 78, Paris.

Claasen, (1980), Grundlagen der makroökonomischen Theorie, München.

Collignon, S. (1994), Das Europäische Währungssystem im Übergang: Erfahrungen mit dem EWS und politische Optionen, Wiesbaden.

Deutsche Bundesbank (10/1990), Stellungnahme der Deutschen Bundesbank zur Errichtung einer Wirtschafts- und Währungsunion, in: Monatsberichte, 42. Jg., Nr. 10, S. 41-45.

Deutsche Bundesbank (1996), Szenarium für den Übergang auf die einheitliche europäische Währung, in: Monatsberichte, 48. Jg., Nr. 1, S. 55-63.

Dieckheuer, G. (1993), Makroökonomik – Theorie und Politik, Berlin, Heidelberg, New York, Tokyo.

DIW (1995), Die Maastrichter Konvergenzkriterien aus deutscher Sicht, in: DIW Wochenbericht, 62. Jg., 34/1995, Bearbeiter: F. Franzmeyer, Berlin.

DIW (1996), Wie wichtig sind die finanzpolitischen Konvergenzkriterien?, in: DIW Wochenbericht, 63. Jg., 6/1996, Bearbeiter: M. Stremme, Berlin.

Domar, E. D. (1955), The Burden of the Debt and the National Income, in; A. Smithies und J. K. Butters (Hrsg.), Readings in Fiscal Policy, S. 451-501.

Duwendag, D. (1991), Zur Frage eines tragfähigen Policy mix: Sind adäquate Regeln für die Fiskalpolitik unentbehrlich?, in: M. Weber (Hrsg.), Europa auf dem Weg zur Währungsunion, Darmstadt, S. 220-248.

Duwendag, D. (1992), Budgetpolitik, Kapitalmärkte und Kapitalallokation: Implikationen für die Europäische Wirtschafts- und Währungsunion, in: C. Köhler und R. Pohl (Hrsg.), Währungspolitische Probleme im integrierten Europa, Berlin, S. 63-94.

Ethier, W. J. (1991), Moderne Außenwirtschaftstheorie, 2. Auflage, München, Wien.

Europäische Kommission (1993a), Europäische Wirtschaft, Jahreswirtschaftsbericht 1993, Nr. 54, Brüssel.

Europäische Kommission (1993b), Europäische Wirtschaft, Grundzüge der Wirtschaftspolitik und Konvergenzbericht, Nr. 55, Brüssel.

Europäische Kommission (1995), Eine Währung für Europa: Grünbuch über die praktischen Verfahren zur Einführung der Einheitswährung, Brüssel, Luxemburg.

Europäische Kommission (1995), Europäische Wirtschaft, Jahreswirtschaftsbericht 1995, Nr. 59, Brüssel.

Europäische Kommission (1996), Bericht über die Konvergenz in der Europäischen Union im Jahr 1995, in: Europäische Wirtschaft Beiheft A Wirtschaftsanalysen Nr. 1 - Januar 1996, Brüssel.

Europäisches Währungsinstitut (1995a), Jahresbericht 1994, Frankfurt/M.

Europäisches Währungsinstitut (1995b), Der Übergang zur Einheitlichen Währung, Frankfurt/M.

Europäisches Währungsinstitut (1996), Jahresbericht 1995, Frankfurt/M.

Felderer, B., Homburg, S. (1994), Makroökonomik und neue Makroökonomik, 6. Aufl., Berlin, Heidelberg, New York.

Fisher, I. (1896), Appreciation and Interest, New York.

Fisher, I. (1930), The Theory of Interest, New York.

Fleming, J. M. (1962), Domestic Financial Policies Under Fixed and Under Floating Exchange Rates, in: IMF Staff Papers, Vol. 9, S. 369-380.

Franzmeyer, F. (1994), Das Konvergenzproblem – Wirtschaftspolitik im Europa von Maastricht, Deutsches Institut Für Wirtschaftsforschung, Sonderheft 151, Berlin.

Frenkel, J. A. und Johnson, H. G. (1976), The Monetary Approach to the Balance of Payments, London.

Frenkel, M. und Klein, M. (1991), Fiskalpolitischer Harmonisierungszwang durch die Europäische Währungsunion? in: Wirtschaftsdienst, 3/1991, S. 137-143.

Frenkel, M. und Klein, M. (1992), Europäische Währungsunion mit oder ohne Beschränkung der staatlichen Finanzierungsdefizite? in: WiSt, Heft 3, 1992, S. 113-117.

Friedman, M. (1968), The role of monetary policy, in: American Economic Review, Bd. 58, S. 1-17; deutsch: Die Rolle der Geldpolitik, in: M. Friedman (1970), S. 135-156.

Fröhlich, H.-P. (1992), Geldwertsstabilität in der Europäischen Währungsunion – Eine Analyse des Vertrags von Maastricht, in: Institut der deutschen Wirtschaft (Hrsg.), Beiträge zur Wirtschafts- und Sozialpolitik, Nr. 201, Köln.

Fröhlich, H.-P. (1993), Die wirtschaftliche Konvergenz in Europa im Spiegel der Maastricht–Kriterien, in: Institut der Deutschen Wirtschaft, iw-trends, Quartalshefte zur empirischen Wirtschaftsforschung, 20 Jg., 2/1993, Köln.

Fuest, C. (1993), Budgetdefizite in einer Europäischen Währungsunion: Bedarf es gemeinsamer Verschuldungsregeln?, in: Zeitschrift für Wirtschaftspolitik, 42. Jg., Heft 2, S. 123-149.

Gäckle, T. (1992a), Die Weiterentwicklung des Europäischen Währungssystems zur Europäischen Währungsunion – Geld- und budgetpolitische Voraussetzungen, in: D. Duwendag (Hrsg.), Schriften zur monetären Ökonomie, Bd. 32, Baden-Baden.

Gäckle, T. (1992b), Die Begrenzung von Budgetdefiziten in einer Europäischen Währungsunion, in: Wirtschaftsdienst, 5/1992, S. 264-270.

Gahlen, E., Hesse, H., Ramser, H. J. (1994), Europäische Integrationsprobleme aus wirtschaftswissenschaftlicher Sicht, Tübingen.

Gaude, B. (1992), Europäische Währungsunion und finanzpolitische Konvergenz, in: D. Dickertmann und M. Lehmann (Hrsg.), Diskussionsbeiträge der Universität Trier, Fachbereich IV.

Gaudenberger, O. (1992), Europäische Währungsunion und öffentliche Finanzen, in: Münchener Wirtschaftswissenschaftliche Beiträge, Nr. 92-23.

Gebauer, W. (1973), Die Determinanten des Zinsniveaus in der Bundesrepublik Deutschland: Ein Kommentar, in: Kredit und Kapital, S. 187-202.

Gebauer, W. (1982), Realzins, Inflation und Kapitalzins – Eine Neuinterpretation des Fisher-Theorems, Berlin, Heidelberg, New York.

Gößl, M. und Vogl, R. (1995), Die Maastrichter Konvergenzkriterien – eine kritische Qualitätsprüfung, in: Forschungsinstitut der Internationalen Wissenschaftlichen Vereinigung Weltwirtschaft und Weltpolitik (IWVWW), Berichte September 1995, S. 7-21)

Gramlich, E. W. (1990), Fiscal Indicators, OECD Working Papers, No. 80, Paris.

Gries, T. (1990), Wechselkurstheorie und internationale monetäre Transmissionen – Eine Übersicht, in: Jahrbuch für Sozialwissenschaft, 41/1990, S. 3-41.

Grosche, G. (1994), Die Konvergenzkriterien – Rolle, Erfüllungsstand und Perspektiven, in: Caesar, R. und Scharrer, H.-E. (1994), S.468-481.

Grubel, H. G. (1970), The Theory of Optimum Currency Areas, in: The Canadian Journal of Economics, Vol. 3, Toronto, S. 318-324.

Haberler, G. (1970), The International Monetary System: Some Recent Developments and Discussion, in: G. H. Halm (Hrsg.), Approaches to Greater Flexibility of Exchange Rates, The Bürgerstock Papers, Princton, New Jersey, S. 115-123.

Hasse, R. H. (1992), Europäische Zentralbank. Europäische Währungsunion ante portas? In: Aus Politik und Zeitgeschichte, Beilage zur Wochenzeitung "Das Parlament", Nr. 7-8, 07. Februar 1992, S. 23-32.

Hasse, R. H. (1994), Konvergenzkriterien des Maastricht–Vertrages: Können sie Glaubwürdigkeit erzeugen?, in: F. Franzmeyer (Hrsg.), Das Konvergenzproblem – Wirtschaftspolitik im Europa von Maastricht, DIW–Sonderheft, Nr. 151, Berlin, S. 73-93.

Hedrich, C.-C. (1994), Die Kritik an den Maastrichter Beschlüssen über die Europäische Währungsunion: Rechtliche und ökonomische Argumente, in: Jahrbuch für Sozialwissenschaft, Nr. 45, S. 68-91.

Heitger, B. (1983), Strukturwandel und realer Wechselkurs: Ein Zwei-Sektoren-Modell im Test, in: H. Giersch (Hrsg.), Kieler Studien 183, Tübingen.

Heubes, J. (1989), Inflationstheorie, München.

Heubes, J. (1995), Grundlagen der modernen Makroökonomie, München.

Issing, O. (1993), Einführung in die Geldtheorie, 9. Aufl., München.

Jarchow, H.-J. (1993), Theorie und Politik des Geldes: I. Geldtheorie, 9. Aufl., Göttingen.

Jarchow, H.-J., Rühmann, P. (1994), Monetäre Außenwirtschaft: I. Monetäre Außenwirtschaftstheorie, 4. Aufl., Göttingen.

Jochimsen, R. (1994), Perspektiven der europäischen Wirtschafts- und Währungsunion, Köln.

Jüttner, J. E. (1975), Zinssätze und Inflationserwartungen in der Bundesrepublik Deutschland, in: Jahrbücher für Nationalökonomie und Statistik, Bd. 188, S. 385-395.

Kees, A. (1992), Die Verhandlungen zur Wirtschafts- und Währungsunion, in: D. Duwendag (Hrsg.), Auf dem Wege zur Europäischen Währungsunion, Schriften zur monetären Ökonomie, Bd. 33, Baden-Baden, S. 19-36.

Kees, A. (1994), Die Konvergenzkriterien als wirtschaftspolitische Imperative des Maastricht–Vertrages, in: F. Franzmeyer (Hrsg.), Das Konvergenzproblem – Wirtschaftspolitik im Europa von Maastricht, DIW–Sonderheft Nr. 151, Berlin, S. 52-72.

Keynes, J. M. (1955), Vom Gelde (Originalausgabe 1930), Berlin.

Klein, M. (1993), Bieten die Konvergenzkriterien von Maastricht die Grundlage für eine stabile europäische Währung?, in: Ifo–Studien, S. 1-18.

Klein, M., Halle–Wittenberg und Neumann, M. J. M. (1993), Fiskalpolitische Regel und Beitrittsbedingungen für die Europäische Währungsunion: Eine Analyse der Beschlüsse von Maastricht, in: D. Duwendag u. J Siebke (Hrsg.), Europa vor dem Eintritt in die Wirtschafts- und Währungsunion, Berlin.

Kommission der Europäischen Gemeinschaft (1989), Europäische Wirtschaft Nr. 42, Jahreswirtschaftsbericht 1989–1990.

Kommission der Europäischen Gemeinschaft (1990), Generaldirektion Wirtschaft und Finanzen, Ein Markt – Eine Währung, Potentielle Nutzen und Kosten der Errichtung einer Wirtschafts- und Währungsunion – eine Bewertung, in: Europäische Wirtschaft, Oktober 1990, Nr. 44, Brüssel.

Krägenau, H. und Wetter, W. (1993), Europäische Wirtschafts- und Währungsunion – vom Werner Plan zum Vertrag von Maastricht (Analysen und Dokumentation), Baden-Baden.

Laaser, C.-F., Soltwedel, R. u.a. (1993), Europäische Integration und nationale Wirtschaftspolitik, Kieler Studien 255, Hrsg. H. Siebert, Tübingen.

Lehment, H. und Scheide, J. (1992), Die Europäische Wirtschafts- und Währungsunion: Probleme des Übergangs, in: Die Weltwirtschaft, Heft 2, 1992, Kiel.

Leibfritz, W. (1991), EG–Währungsunion: Welche Grenzen für die Staatsverschuldung sind sinnvoll? in: IFO–Schnelldienst, Nr. 24/1991, S. 3-6.

Lesch, H. (1993), Konvergenzkriterien einer Europäischen Währungsunion: Zur Logik der Bestimmungen von Maastricht, hrsg. vom Institut "Finanzen und Steuern", Nr. 317, Bonn.

Lucas, R. E. (1994), Econometric Testing of the Natural Rate Hypothesis, in: O. Eckstein (Hrsg.), The Econometrics of Price Determination, Board of the Governors of the Federal Reserve System, Washington, S. 50-59.

Malkiel, B. G. (1970), The Term Structure of Interest Rates: Theory, Empirical Evidence and Applications, Morristown (N.J.).

Mankiw, N. G. (1993), Makroökonomik, Wiesbaden.

Marsh, D. (1992), Die Bundesbank – Geschäfte mit der Macht, München.

Meade, J. E. (1951), The Theory of International Economic Policy, Vol. I: The Balance of Payments, Oxford University Press, London, New York, Toronto.

Müller, C. (1993), Chancen und Gefahren der Europäischen Wirtschafts- und Währungsunion, in: Forschungsinstitut der Friedrich-Ebert-Stiftung (Hrsg), Reihe: Wirtschaftspolitische Diskussion, Bonn.

Mundell, R. A. (1962), The Appropriate Use of Monetary and Fiscal Policy for Internal and External Balance, in: IMF Staff Papers, Vol. 9, S. 70-79.

Mundell, R. A. (1963), Capital Mobility and Stabilization Under Fixed and Flexible Exchange Rates, in: Canadian Journal of Economics and Political Science, Vol. 29, S. 475-485.

Mundell, R. A. (1964), Capital Mobility and Size: A Repley, in: Canadian Journal of Economics and Political Science, Vol. 30, S. 421-432.

Muth, J. F. (1961), Rational Expectations and the Theory of Price Movements, in: Econometrica, Bd. 29, S. 315-335.

Neumann, M. J. M. (1977), Inflationserwartungen und andere Determinanten des Zinsniveaus, in: Konjunkturpolitik, 23. Jg., S. 216-241.

Neumann, W. (1991), Auf dem Weg zu einer Europäischen Wirtschafts- und Währungsunion, Gesellschaft zur Förderung der wissenschaftlichen Forschung über das Spar- und Girowesen e.V., Wissenschaft für die Praxis. Abt. 2, Dokumentation, Bd. 2, Stuttgart.

Neuthinger, E. (1980), Bestimmungsgründe und gesamtwirtschaftliche Auswirkungen der staatlichen Kreditfinanzierung in der Bundesrepublik Deutschland seit 1974/75, in: IFO-Studien – Zeitschrift für empirische Wirtschaftsforschung, 26. Jg., 1980, Berlin, München.

Ochel, W. (1996), Die Europäische Wirtschafts- und Währungsunion - Chancen und Risiken, in: IFO Schnelldienst 9/1996, S. 21-35.

OECD (1991), Economic Outlook, Historical Statistics 1960–1990.

OECD (1995), Wirtschafts – Ausblick, Nr. 58, Dezember 1995.

Ohr, R. (1991), Finanzpolitik, Leistungsbilanzdefizit und realer Wechselkurs, in: J. Siebke (Hrsg.), Monetäre Konfliktfelder der Weltwirtschaft, Schriften des Vereins für Socialpolitik, N.F., Bd. 210, Berlin, S. 99-112.

Ohr, R. (1993a), Integration in einem nicht–optimalen Währungsraum, in: E. Kantzenbach, B. Molitor, O. G. Mayer (Hrsg.), Hamburger Jahrbuch für Wirtschafts- und Gesellschaftspolitik, Tübingen, S. 29-47.

Ohr, R. (1993b), Die ökonomische Kritik am Vertrag von Maastricht, in: Bundeskammer der gewerblichen Wirtschaft (Hrsg.), Wirtschaftspolitische Blätter, 40. Jg., Nr.1.

Ohr, R. (1995), Eurowährung kein Schutz vor Spekulation – Eine einheitliche Geldpolitik kann keine Binnen- und Außenwertstabilität garantieren, in: Deutsche Bundesbank AaP Nr. 30, 20. April 1995, S. 6-7.

Peschutter, G. (1992), Geldpolitik bei multipler Zielsetzung, Sozioökonomische Forschungen, Bd. 26, Bern, Stuttgart, Wien.

Phylaktis, K. und Blake, D. (1993), The Fisher Hypothesis: Evidence from Three High Inflation Economies, in: Weltwirtschaftliches Archiv, Bd. 129, Heft 2, S. 591-599.

Pohl, R. (1981), Theorie der Inflation, München.

von Poser, A. M. (1994), Europäische Währungsunion – Die EWWU zwischen Maastricht und Frankfurt, Sparkassenheft 137, Stuttgart.

Presley, J. R., Dennis, G.E.J. (1976), Currency Areas, London.

Radü, A. (1994), Fiskalpolitik in einer EG–Währungsunion – Eine Analyse der Interdependenzen, Kooperationsnotwendigkeiten und -möglichkeiten, Berlin u.a.

Revelas, K. (1980), Optimale Währungsräume und Währungsunionen – eine theoretische, empirische und wirtschaftspolitische Analyse, Berlin.

Rose, K., Sauernheimer, K. (1992), Theorie der Außenwirtschaft, 11. Aufl., München.

Rosenstock, A. H. (1988), Der internationale Zinszusammenhang: Eine theoretische Untersuchung in der Tradition von Irving Fisher, Frankfurt/M.

Sachverständigenrat zur Begutachtung der gesamtwirtschaftlichen Entwicklung **(1995)**, Im Standortwettbewerb, Jahresgutachten 1995/96, Stuttgart.

Salin, P. (1977), Die Theorie des optimalen Währungsgebiets, in: E.-M. Claassen (Hrsg.), Kompendium der Währungstheorie, München.

Sargent, T. J. (1973), Rational Expectations, the Real Rate of Interest and the Natural Rate of Unemployment, in: Brookings Papers on Economic Activity, S. 429-472 und 799-800.

Sargent, T. J. und Wallace, N. (1973), Rational Expectations and the Dynamics of Hyperinflation, in: International Economic Review, Bd. 14, S. 328-350.

Schäfer, W. (1990), Binnenmarkt und Wechselkurs, in: Aussenwirtschaft, 45. Jg., Heft III, S. 353-370.

Schäfer, W. und Ohr, R. (1992), Manifest von 60 deutschen Wirtschaftwissenschaftlern gegen Maastricht, bspw. abgedruckt in: Bofinger, Collignon, Lipp (1993), S. 233f.

Scharrer, H.-E. (1992), Probleme einer Europäischen Wirtschafts- und Währungsunion nach Maastricht, in: Hamburger Jahrbuch für Wirtschafts- und Gesellschaftspolitik, 37. Jahr, S. 207-224.

Scheide, J. und Trapp, P. (1990), Erfordert eine europäische Währungsunion die Harmonisierung der Finanzpolitik? in: J. Siebke (Hrsg.), Monetäre Konfliktfelder der Weltwirtschaft, Schriften des Vereins für Socialpolitik, Berlin, S. 429-446.

Schlotthauer, K.-H. (1981), Inflationserwartungen – Wirtschaftspolitische Bedeutung, theoretische Erklärungsansätze und empirische Befunde, Hamburg.

Schmidt, C. und Straubhaar, T. (1995), Maastricht II: Bedarf es realer Konvergenzkriterien? In: Wirtschaftsdienst, 8/1995, S. 434-442.

Schmidt, S. (1977), Kapitalverkehrskontrollen und ihre Wirkung: Eine Analyse der Maßnahmen in der Bundesrepublik Deutschland 1971-1973, Hamburg.

Schönfelder, W. und Thiel, E. (1994), Ein Markt – Eine Währung. Die Verhandlungen zur Europäischen Wirtschafts- und Währungsunion, Baden-Baden.

Siebert, H. (1993), Die zweifache Integration: Deutschland und Europa, Tübingen.

Siebke, J. und Willms, M. (1972), Zinsniveau, Geldpolitik und Inflation, in: Kredit und Kapital, S. 171-205.

Thiele, C.-L. (1996), Von der D-Mark zum Euro – Finanzausschuß und Europaausschuß des Deutschen Bundestages beraten den Übergang zur Europäischen Währungsunion, Frankfurt/M.

Thiemer, A. (1987), Der Zusammenhang zwischen Realzins und Inflationserwartung: Theoretische Erklärungsansätze und empirische Schätzungen für die Bundesrepublik Deutschland, Dissertation Universität Münster, Bergisch-Gladbach, Köln.

Thiemer, A. (1994), Zinseffekte von Inflationserwartungen – Ein Überblick, in: WISU, 2/1994, S. 117-118.

Thomasberger, C. (1993), Europäische Währungsintegration und globale Währungskonkurrenz, Tübingen.

Vertrag über die Europäische Union vom 7. Februar 1992, Vertrag zur Gründung der Europäischen Gemeinschaft in der Fassung vom 7. Februar 1992, Protokolle zum Vertragswerk.

Währungsausschuß der Europäischen Gemeinschaften (1986), Kompendium von Gemeinschaftstexten im Bereich der Währungspolitik, Brüssel/Luxemburg.

Waigel, T. (1995a), Rede anläßlich der 2. Lesung des Bundeshaushalts 1996 im Deutschen Bundestag am 7. November in Bonn.

Waigel, T. (1995b), Stellungnahme bei der gemeinsamen Sitzung des EU- und Finanzausschussses dse Bundestages, Bonn, am 29. November 1995, abgedruckt in: Deutsche Bundesbank, AaP, Nr. 81, 4. Dezember 1995.

Walters, A. A. (1971), Consistant Expectations, Distributed Lags and the Quantity Theory, in: The Economic Journal, Bd. 81, S. 273-281.

Weeber, J. (1995), Europäische Wirtschafts- und Währungsunion: Die Problematik der Konvergenzkriterien, in: WISU 10/1995, S. 788-792.

Weniger, L. (1987), Kapitalverkehrskontrollen im Europäischen Währungssystem, Dissertation Universität Kiel, Frankfurt/M., Bern, New York, Paris.

Wetter, W. und Krägenau, H. (1995), Ordnungs- und strukturpolitische Anforderungen beim Aufbau der Europäischen Wirtschafts- und Währungsunion, Baden-Baden.

Willett, T. D., Tower, E. (1970), Currency Areas and Exchange-Rate Flexibility, in: H. Giersch (Hrsg.), Weltwirtschaftliches Archiv, Bd. 104, Tübingen.

Willms, M. (1990), Der Delors–Plan und die Anforderungen an eine gemeinsame Europäische Geldpolitik, in: Kredit und Kapital, 23. Jg., Heft 1, S. 30-59.

Willms, M. (1992), Internationale Währungspolitik, München.

Wissenschaftlicher Beirat beim Bundesministerium der Finanzen (1994), Zur Bedeutung der Maastricht – Kriterien für die Verschuldungsgrenzen von Bund und Ländern, Schriftenreihe des Bundesministeriums der Finanzen, Heft 54, Bonn.

Wissenschaftlicher Beirat beim Bundesministerium für Wirtschaft (1989), Stellungnahme des Wissenschaftlichen Beirats beim Bundesministerium für Wirtschaft zum Delors–Bericht vom 05.06.1989, abgedruckt in: Krägenau und Wetter (1993), S. 321-324.

Wissenschaftlicher Beirat beim Bundesministerium für Wirtschaft (1989), Europäische Währungsordnung, Studienreihe des Bundesministeriums für Wirtschaft, Heft 61, Bonn.

Wissenschaftlicher Beirat beim Bundesministerium für Wirtschaft (1992), Wirtschaftspolitische Konsequenzen der Wirtschafts- und Währungsunion (WWU), Studienreihe des Bundesministeriums für Wirtschaft, Heft Nr. 79 , Bonn.

Zippel, W. (1993), Ökonomische Grundlagen der europäischen Integration, München.

SCHRIFTEN ZUR WIRTSCHAFTSTHEORIE UND WIRTSCHAFTSPOLITIK

Herausgegeben von Rolf Hasse, Wolf Schäfer,
Thomas Straubhaar, Klaus W. Zimmermann

Band 1 Lars Bünning: Die Konvergenzkriterien des Maastricht-Vertrages unter besonderer Berücksichtigung ihrer Konsistenz. 1997.

Printed by
CPI books GmbH, Leck

FSC
www.fsc.org
MIX
Papier | Fördert
gute Waldnutzung
FSC® C083411

Kolibri 360 GmbH
Ferdinand-Jühlke-Straße 7
99095 Erfurt, Deutschland
produktsicherheit@kolibri360.de